生命科学实验指南系列

植物生物学与生态学实验

（第二版）

石福臣　赵念席　等　编著

科学出版社

北　京

内 容 简 介

在广泛吸纳第一版使用反馈和建议，以及植物科学领域最新研究成果的基础上，我们精心修订并推出了《植物生物学与生态学实验》第二版。本书继续依托南开大学生命科学学院植物生物学和生态学系深厚的实验教学底蕴，同时紧密跟踪国内外植物科学教育的发展趋势，旨在为学生提供一本更加全面、前沿且实用的实验指导图书。

本书不仅适合作为高等院校生物科学、生态学、农学等相关专业本科生的实验用书，也可作为植物学、植物生理学、植物生态学领域科研工作者及研究生的理想参考书。它将为学生打下坚实的实验基础，激发其探索植物世界奥秘的兴趣，并为其未来的科研道路提供有力支持。

图书在版编目（CIP）数据

植物生物学与生态学实验 / 石福臣等编著. -- 2版. 北京 ： 科学出版社，2025. 6. -- ISBN 978-7-03-081048-9

Ⅰ. Q94-33；Q948. 1-33

中国国家版本馆 CIP 数据核字第 20258V1B14 号

责任编辑：罗　静　刘　晶 / 责任校对：郑金红
责任印制：肖　兴 / 封面设计：刘新新

科学出版社 出版
北京东黄城根北街 16 号
邮政编码：100717
http://www.sciencep.com
北京中科印刷有限公司印刷
科学出版社发行　各地新华书店经销
*
2025 年 6 月第 一 版　开本：787×1092　1/16
2025 年 6 月第一次印刷　印张：16 3/4
字数：335 000
定价：128.00 元
（如有印装质量问题，我社负责调换）

前　言

　　在《植物生物学与生态学实验》第一版成功出版并广泛应用于教学实践之后，我们收到了来自全国各地师生宝贵的反馈与建议。这些反馈不仅肯定了本书在内容组织、实验设计及教学辅助方面的积极作用，也指出了其中存在的不足与改进空间。基于这些宝贵意见，结合近年来植物生物学及生态学领域的最新进展，我们经过精心修订与扩充，完成了该书的第二版。

　　植物生物学作为一门综合性学科，其发展与完善始终离不开传统基础学科的继承与创新。随着科学研究的深入，新的实验技术、方法和理论不断涌现，为植物生物学的教学与研究提供了更为广阔的舞台。因此，本书第二版在保持第一版核心内容的基础上，更加注重实验内容的时效性与前沿性，力求使学生能够在掌握基础知识的同时，接触到学科前沿动态。

　　本次修订中，我们对全书结构进行了优化调整，实验项目增至 52 个，不仅涵盖了植物解剖学、植物分类学、植物生理学及植物生态学的基础性与研究性实验，还特别增加了反映当前研究热点和技术进步的综合性与创新性实验，如实验 36（植物光合-光响应及光合-CO_2 响应曲线的测定）、实验 40（利用转基因烟草愈伤组织生产抗癌类吲哚生物碱的虚拟仿真实验）和实验 43（水体主要生态指标的测定）。这些新增实验旨在培养学生的创新思维、实践能力和解决问题的能力，使他们能够更好地适应未来科研与工作的需求。本次修订，除内容更新之外，还具有以下特色。

　　（1）结构优化与实验扩充：第二版在保留原有植物解剖、植物分类、植物生理和植物生态四大核心部分的基础上，对实验内容进行了全面梳理与扩充，调整了 10 余个精心设计的实验项目，涵盖了分子水平上的植物生物学研究，以及环境胁迫下的植物生理响应等前沿热点，使实验体系更加完整且贴近科研前沿。

　　（2）实验材料与技术更新：考虑到实验材料的可获得性和实验技术的快速发展，本书对部分实验材料进行了更新，引入了更多易于获取且具代表性的植物种类；同时，引入了最新的实验技术和方法，如非损伤性生理指标测量技术、植物转化体系及生物碱提取的虚拟仿真实验等，以提升学生的实践能力和科研素养。

　　（3）强化科研与创新能力培养：第二版特别加强了实验设计，这一方面体现在设置若干综合实验项目，另一方面体现在设置多种实验材料或设置不同处理。这不仅要求学生掌握实验操作步骤，还鼓励他们分析实验材料间的差异，以及不同处理对实验结果的影响及内在机制，从而培养学生的综合实验能力和解决复杂问题的能力。

　　（4）增强互动性与实用性：第二版增加了思考与作业，旨在引导学生主动思考、积极参与实验过程，并促进知识的深化与拓展。此外，部分实验还提供了详细的实验步骤图解、数据记录表格，以及结果计算公式中各个参数的含义和来源，提供了模型拟合的公式和在线网站等，便于学生操作、参考和理解。

本次修订，实验 1～实验 10 由赵念席、沈广爽编写，实验 11～实验 20 由石福臣、阮维斌编写，实验 21～实验 40 由朱晔荣、赵念席编写，实验 41～实验 52 由任安芝、赵念席编写，附录部分由赵念席编写，全书由石福臣教授和赵念席教授统稿。编写团队成员均为植物生物学与生态学实验教学的核心骨干力量，同时邀请了多位具有丰富教学经验和科研成果的专家教授进行审核、校对，不仅为本书注入了新的活力与思想，也确保了实验内容的科学性与准确性。同时，我们对所有实验步骤进行了细致的复核与验证，力求使每个实验都具有高度的可操作性和可重复性。

此外，本书第二版还增设了"注意事项"，针对实验过程中可能遇到的问题和难点进行了详细解答与指导。同时，我们也鼓励师生在使用过程中积极反馈，以便我们能够不断完善本书，更好地服务于教学与科研。

最后，我们要感谢所有为本书编写、修订及出版付出辛勤努力的同仁们，感谢广大师生在使用过程中提出的宝贵意见与建议。由于时间仓促和水平有限，书中难免存在不足之处，我们真诚地希望广大读者继续给予批评指正，共同推动植物生物学与生态学实验教学的进步与发展。

在未来的日子里，我们将继续秉承严谨求实的科学态度，不断探索与创新，落实立德树人根本任务，为培养更多优秀的植物生物学人才贡献绵薄之力。

编著者

2025 年 3 月

目　　录

第一部分　植物解剖实验

第二部分　植物分类实验

第三部分　植物生理实验

第四部分　植物生态实验

第一部分

植物解剖实验

实验 1　光学显微镜的构造和使用

【实验目的】

1. 了解光学显微镜的构造和功能。
2. 掌握显微镜的使用方法。

【实验材料】

1. 永久制片

洋葱根尖永久切片。

2. 新鲜材料

蒲公英花、种子等。

【器材和试剂】

1. 器材

光学显微镜、体视显微镜、载玻片、盖玻片、镊子、滤纸、擦镜纸。

2. 试剂

（1）香柏油。
（2）乙醚。
（3）无水乙醇。

【实验内容与步骤】

1. 光学显微镜的构造和使用方法

1）构造

光学显微镜的种类很多，但基本构造相同（图 1-1），由机械部分和光学部分组成。
（1）机械部分：包括镜座、镜臂、镜筒、焦距调节（粗调节和细调节）螺旋、载物台（镜台）五部分。
镜座：是显微镜基部的底座，起支持及固定镜体的作用。

镜臂：拿取显微镜时手握之处，上接镜筒，下接镜柱。

镜筒：与镜臂相连的、中空的圆形长筒，上接目镜，下接物镜转换器。镜筒的作用是保护成像的光路。

焦距调节螺旋：分粗调节螺旋与细调节螺旋。粗调节螺旋为镜柱上的两个大旋钮，用于较大幅度地升降载物台，以调节物镜与标本之间的距离，从而获得合适的焦距；细调节螺旋在粗调节螺旋的轴心，用以更精细地调节焦距，使用时，一般旋转不可超过一周。若遇到细调节螺旋向前方（或后方）不能旋转时，可向相反方向转动细调节螺旋数圈，然后重新用粗调节螺旋调整后，再微调细调节螺旋。

载物台（镜台）：是承载标本的方形平台，中央有一圆孔，称为通光孔，便于通过光线。载物台后侧有一标本移动器调节螺旋，是移动标本的机械装置，可使标本向前后、左右移动，用以调整标本的位置。

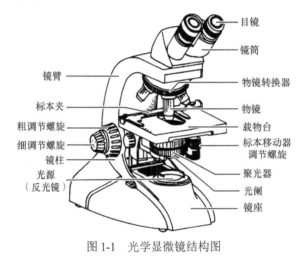

图 1-1　光学显微镜结构图

（2）光学部分：是构成显微镜的主要部分，由成像系统与照明系统组成。成像系统包括物镜和目镜，照明系统包括聚光器和反光镜。

物镜：位于镜筒的下方，可通过物镜转换器调换不同放大倍数的物镜；物镜的主要作用是将被观察的物体形成一个清晰、放大的实像，以供目镜进一步放大。由于接近被观察的物体，因此也被称为接物镜。物镜是决定显微镜质量的最重要部件，通常由多个透镜组合而成，嵌于金属筒内，这些透镜经过精密的设计和制造，以克服单个透镜的成像缺陷，从而提高成像质量。物镜的设计考虑到了光学原理和人眼的视觉特性，以确保观测的清晰度和舒适度。物镜的放大倍数是一个重要参数，通常以"×"表示，放大倍数刻在物镜金属筒上（如 4×、10×、20×、40×、100×），习惯上把放大倍数 10× 以下的物镜称为低倍物镜，放大倍数 40× 至 55× 的物镜称为高倍物镜。此外还有油浸物镜（简称油镜），放大倍数为 100×。物镜的金属筒越长，镜头与标本间的距离越近，焦距越短，放大倍数越大。

目镜：位于镜筒的上端，也被称为接目镜或观测镜。目镜的主要作用是将物镜所形成的实像进行放大，以供人眼观测。它由两块透镜组成（其中之一常附有一个指针，用于指示观察的目标物），常备有几个倍数不同的目镜（5×、10×、20×），根据需要可以更换使用，放大倍数刻在目镜金属筒上，目镜越长，放大倍数越小。观察者的视力对显微镜的使用有重要影响，如果观察者的视力不佳，可能会导致观察到的图像不清晰。在这种情况下，可以通过调整目镜的视度圈来校正视力差异，使图像变得清晰。

聚光器：位于载物台下方的中央部分，由数个透镜组成，其作用是聚集光线，使射入镜筒的光线增强以提高标本的亮度。聚光器可用调节螺旋进行上下调节，以得到适宜亮度：聚光器下降，亮度降低；反之，亮度增加。聚光器的下面附有虹彩光圈，上有操纵杆，利用操纵杆可调节光的强弱。

光源：显微镜的成像质量与照明光源有密切联系，照明光源可分为人工光源和天然光源。显微镜自带的人工光源安装在显微镜的镜座里，由一个灯泡和一组棱镜组成。灯泡发出的光经一组棱镜折射后，先后经过聚光器、通光孔、标本（玻片、切片等）、物镜、镜筒、目镜等，最后到达观察者的眼睛。镜座的侧面有一个光源开关和一个光强调节螺旋，镜座的通光孔处安装有一个金属圈，必要时，可以将黄色或蓝色等滤光玻片放于其中，以改变光源灯的色调（一般不使用）。人工光源还包括非显微镜自带的光源，如显微镜灯、日光灯或台灯。天然光源通常指太阳光。在使用显微镜灯、日光灯、台灯和太阳光作光源时，需要安装反光镜，且不能同时使用显微镜自带的人工光源。

反光镜：位于聚光器下方，含有旋转轴结构用来调节入射光的角度，使光源经反射进入聚光器。反射镜分为平凹两面，其中，凹面镜有聚光作用，多在弱光或有障碍物的环境中使用；平面镜无聚光作用，所反射光线均匀，因此，多在强光环境中使用。当使用显微镜自带的人工光源时，可将反光镜取下。

2）成像原理

光学显微镜是利用光学的成像原理来放大标本的结构特征。首先光射到聚光器上汇集成束，穿过标本后进入到物镜的透镜上；物镜将标本上的结构特征作第一次放大，此时结构特征为倒立的实像；这一倒立的实像经过目镜第二次放大，成为倒立的虚像；用眼睛观察到的标本的结构特征为经过两次放大后的倒立虚像。

3）使用方法

光学显微镜的使用包括光线的调节和焦距的调节，具体步骤如下。

（1）光学显微镜的转移和放置：从镜箱内取出显微镜时要用右手紧握镜臂，左手托住镜座并保持平衡状态，切勿只用一只手提取，以免目镜掉落或与它物相碰。显微镜取出后，将其放在离桌边 3～4 cm 处的左前方，左手绘图者与此相反。

（2）光源调节：一般情况下用显微镜自带的人工光源。使用其他光源时，需装上反光镜以调节光强度。对光时须用低倍物镜对着通光孔，一边通过目镜观察视野的明亮度，一边调节反光镜使视野中的颜色均匀且明亮。

（3）低倍物镜的使用：使用显微镜观察标本时（如洋葱根尖永久切片），须先在低倍物镜下找到需观察的部位。低倍物镜使用步骤如下：首先，把标本或观察物（切片、涂片等）放在载物台上，用标本夹卡住标本，使用标本移动器调节螺旋将标本中的目标结构对准通光孔中央；然后，用眼睛从侧面看物镜，调节低倍物镜与标本的距离至大约 5 mm；接下来，眼睛通过目镜观察目标结构，同时用粗调节螺旋使镜筒慢慢上升，直到能清楚地看到目标结构为止，随后还可通过轻微转动细调节螺旋以得到更清晰的物像。用显微镜观察标本时，一定要两眼睁开，以减少眼睛疲劳。

（4）高倍物镜的使用：当在低倍物镜下不能对较小物体或细微结构进行较清晰地观察时，需增加物镜的倍数，换高倍物镜观察。步骤如下：首先，在低倍物镜下找到目标结构并将其移至视野中心位置；然后小心地转动物镜转换器，换低倍物镜为高倍物镜；最后，旋转细调节螺旋直至视野中的物像清晰为止。

（5）油镜的使用：当高倍物镜不能满足观察需要时可换成油镜观察，具体方法如下：首先，在高倍物镜下找到目标结构，并将目标结构移至视野的中心位置；然后，在盖玻片上加1滴香柏油，并小心地转动物镜转换器，换高倍物镜为油镜（100×）；随后慢慢抬升载物台，将油镜镜头浸入油滴中，从侧面观察，使油镜镜头几乎与标本接触为止。接下来，眼睛通过目镜观察目标结构，同时通过轻微转动细调节螺旋以得到清晰物像。

香柏油干燥后不易擦净，且易损坏镜头，因此，油镜使用完毕，须立即将镜头上的香柏油擦净。具体方法：用棉棒或镜头纸蘸少许乙醚与无水乙醇的混合液（7:3）擦净镜头。虽然二甲苯也可将香柏油擦拭干净，但它会溶解固定镜头用的胶，长期使用将造成镜片脱落，因此，尽量避免使用二甲苯擦拭显微镜镜头。

（6）显微镜使用完毕后，关闭电源，将各个部分回归原样。具体步骤：旋转粗调节螺旋，使载物台下降，取下标本；转动物镜转换器，使两物镜镜头之间的位置正对通光孔；然后，旋转粗调节螺旋，使载物台上升；最后，右手紧握镜臂，左手托住镜座将显微镜置于镜箱中。

2. 体视显微镜的构造和使用方法

体视显微镜是一种具有正像立体感的显微镜，其倍率变化是由改变镜组之间的距离而获得的，因此又称为"连续变倍体视显微镜"。

1）构造

如图 1-2 所示，体视显微镜也可以分为机械部分和光学部分。

（1）机械部分：包括镜座、立柱、升降调焦旋钮、承物台等部分。

（2）光学部分：由成像系统与照明系统组成。成像系统包括目镜、棱镜组和物镜。

2）基本原理

标本或被观察物（如蒲公英花、种子等）无须加工制作，直接放在镜头下配合照明即可观察，像是直立的，便于操作和解剖。视场直径大，但观察物放大倍率在 200 倍以下。体视显微镜的特点如下：双目镜筒中的左右两光束不是平行的，而是具有一定的夹角（体视角一般为 12~15°）（图 1-3）：在目镜下方的棱镜把像倒转过来，因此成像具有三维立体感；虽然放大倍数不如光学显微镜，但其工作距离很长、焦深大、视场直径大，便于观察标本的三维立体层次与表面细节。

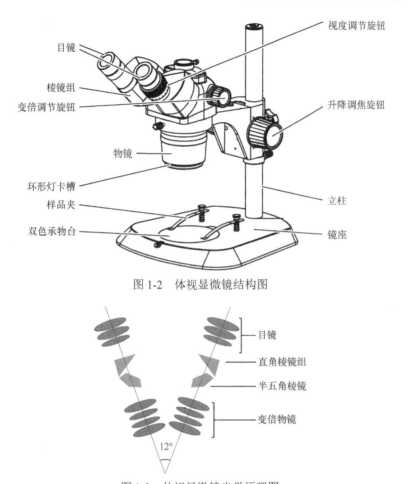

图 1-2　体视显微镜结构图

图 1-3　体视显微镜光学原理图

3）使用方法

（1）将体视显微镜置于实验台面，然后打开反射光源，调节亮度至所需水平。

（2）在承物台上放上一个标本（如蒲公英花、种子等），将体视显微镜的变倍调节旋钮调到最低倍数；调整目镜的观察瞳距，转动调焦旋钮使左侧光路成像清晰；再转动视度圈，使右侧光路成像清晰。此时，显微镜已经齐焦，即显微镜从低倍变到高倍，整个像都在焦距上。

（3）利用以上方法，逐渐调大变倍调节的倍数，适当调节显微镜的升降调焦旋钮找到对应的焦平面。调节过程中，需利用标本上比较明显的参照点比对成像的清晰度。

（4）调换目镜可获得不同倍率下的物像。

【注意事项】

1. 搬动或移动显微镜时，须一手握住镜臂，一手托住镜座。

2. 显微镜各部分要保持整洁，若镜头上有灰尘，必须用软绸布或擦镜纸轻轻擦拭；金属部分如有灰尘污垢，可用纱布轻轻擦拭；切勿用手巾或手指直接擦拭。

3. 观察标本时，一定要从低倍物镜开始，先看到一个全貌；然后，将选定要放大的目标结构调至视野的正中央，再换高倍物镜进行更细致地观察。

4. 标本要加盖玻片后方可在光学显微镜下观察，载玻片上的水滴、药液、乙醇等切勿过多并及时清理，以免污染载物台或腐蚀镜头。

5. 调换标本玻片时，须将载物台下移，转动物镜转换器，将高倍物镜换成低倍物镜，取出玻片，换上新玻片，然后再依次从低倍物镜至高倍物镜下观察。

6. 显微镜部分结构如不能正常工作，应立即报告教师，切勿自行修理。

【思考与作业】

1. 光学显微镜的构造分哪几部分？各部分有什么作用？

2. 如何计算光学显微镜的放大倍数？你现在所用的显微镜可以放大多少倍？

3. 使用光学显微镜的过程中，应做好哪些保养工作？应注意哪些问题？

实验 2　植　物　细　胞

【实验目的】

1. 了解植物细胞的基本构造，并掌握生物绘图的基本技术。
2. 了解植物细胞的原生质流动现象。
3. 了解细胞贮藏物质和细胞壁的形态及一般鉴别方法。
4. 掌握植物细胞有丝分裂过程中各个时期的特点。
5. 掌握徒手切片技术及临时装片的制作方法。

【实验材料】

1. 永久制片

洋葱根尖纵切片、柿胚乳切片、蓖麻种子纵切片、松茎纵切片、橡皮树叶横切片。

2. 新鲜材料

洋葱鳞片、番茄果实、红辣椒果实、胡萝卜根、马铃薯块茎、青椒果实、芝麻（花生、向日葵、蓖麻）种子、紫露草茎、天竺葵茎、橡皮树叶、秋海棠叶柄、绿鸭跖草茎、紫鸭跖草茎、橘果皮。

【器材和试剂】

1. 器材

显微镜、酒精灯、烧杯、棕色瓶、擦镜纸、玻璃棒、镊子、解剖针、载玻片、盖玻片、刀片、培养皿、滤纸、滴管、纱布、真空泵、样品瓶。

2. 试剂

（1）I_2-KI 溶液。
（2）蒸馏水。
（3）5%的 NaCl 溶液。
（4）苏丹Ⅲ染液。
（5）I_2-$ZnCl_2$ 溶液。
（6）5%～10%间苯三酚。
（7）HCl（36%～40%）、1 mol/L HCl。

（8）碱性品红。

（9）中性树胶。

（10）二甲苯。

（11）FAA 固定液。

（12）1 mol/L NaOH 溶液。

（13）30%甘油。

【实验内容与步骤】

1. 临时装片的制作和光学显微镜下植物细胞的观察

1）洋葱表皮细胞的观察

取洋葱用刀片切成 4～8 瓣。取其中的一片肉质鳞片，用刀片在其内表皮上划数个 2 mm×3 mm 的小格。在载玻片的中央部分加 1 滴蒸馏水，然后用镊子撕取鳞片上一个小格的薄膜置于蒸馏水中，保证撕裂面朝下，盖上盖玻片。用滤纸从盖玻片的一侧吸取蒸馏水至载玻片表面干燥，然后将制作的临时装片放在低倍物镜下观察。规范调节显微镜，可观察到一些网格状结构，即为细胞；找到背景清晰的细胞移至视野的正中央位置，然后换成高倍物镜，可观察到以下结构。

（1）细胞质：细胞质在生活细胞中为无色透明的、半流动的胶体，其中含有许多颗粒。调节细调节螺旋可观察到细胞质与液泡的界面，当视野较暗时，还可以观察到白色体。细胞质不是凝固静止的，而是缓缓流动着的。细胞质运动是一种消耗能量的生命现象。细胞的生命活动越旺盛，细胞质流动越快；反之，则越慢。细胞死亡后，其细胞质的流动也将停止。

（2）液泡：液泡很大，占据了细胞中央的大部分体积，每个细胞中有一个或几个液泡。在成熟的细胞中，液泡通常合并为一个中央大液泡，细胞质被挤到紧贴细胞壁的位置上形成一薄层。细胞质往往围绕液泡单方向循环流动，称为胞质环流（cytoplasmic streaming），这样不仅能促进细胞内物质的转运，还可增强细胞器之间的相互联系。如果细胞中有多个液泡，则细胞质可沿不同的方向流动。

（3）细胞核：细胞核一般为圆球形，颜色较深，始终包埋在细胞质中。在成熟细胞中，细胞核位于细胞的边缘，紧贴细胞壁，可观察到核内有 1～3 个核仁。

（4）细胞壁：细胞壁包在原生质体的最外层，在高倍物镜下，调节细调节螺旋可见细胞壁共三层，中间的一层为胞间层，胞间层两侧的分别为相邻两个细胞的初生壁。

如果在临时装片中观察到上述结构间界限不清晰，可将装片从显微镜上取下，从盖玻片的一侧加 1 滴 I_2-KI 溶液（该溶液可杀死活的细胞），用滤纸从对面一侧吸取多余的液体，此时部分器官已经着色，再重复上述观察过程。

2）番茄果肉细胞的观察

在载玻片的中央部分加 1 滴蒸馏水，然后用解剖针挑取番茄果肉细胞置于蒸馏水中，并用解剖针将其分散开,盖上盖玻片;用滤纸从盖玻片的一侧吸取蒸馏水至载玻片表面干燥,然后将制作的临时装片放在低倍物镜下观察。规范调节显微镜,可观察到圆球状离散的果肉细胞。成熟番茄果肉细胞之间的胞间层多数已经溶解,因此,能清楚地观察到每个细胞的细胞壁;如果在制片过程中细胞失水较多,那么在这些细胞的细胞壁上能观察到一条条褶皱。在番茄果肉细胞中,除了能观察到细胞质、细胞核、细胞壁及很大的液泡外,还可观察到细胞质中有很多橙红色的颗粒,即有色体。

2. 质体的观察

质体是植物细胞特有的一种细胞器,根据其色素组成、功能以及储存物质的不同,又可细分为叶绿体、有色体和白色体。

1)叶绿体的观察

叶绿体主要存在于植物体绿色的部分,是植物体进行光合作用的细胞器。用绿鸭跖草茎或叶做成临时装片,在显微镜下可观察到细胞内绿色的颗粒,即为叶绿体。也可用其他植物叶片(如玉米)制片,观察叶绿体。

2)有色体的观察

有色体存在于植物根、茎、果实或花瓣细胞中。取红辣椒果肉少许,按照植物细胞临时装片的操作方法做成临时装片,在显微镜下观察到的橙红色小颗粒即为有色体。也可用其他植物的有色部分(如胡萝卜的根)制片,观察有色体。

3)白色体的观察

白色体是不含色素的一类质体,主要存在于幼嫩组织中或者不见光的部分,在有些植物的叶和茎中也可见。用鸭跖草茎或叶表皮细胞、洋葱表皮细胞做成临时装片,在显微镜下均可观察到白色体小颗粒,即为白色体。

3. 植物细胞的代谢产物

在生命活动过程中,细胞内原生质不断进行新陈代谢,所产生的代谢产物称为细胞内含物,包括贮藏物质和代谢废物,它们存在于细胞质或液泡中。

1)淀粉

淀粉是植物体中最常见的一种贮藏物质,在质体的造粉体中发育形成。

轻轻用镊子刮取去皮马铃薯块茎表面固体物质做临时装片,在显微镜下可观察到淀粉粒的形态。每个淀粉粒上可以看到呈同心圆排列的轮纹和偏心的脐点。马铃薯中有简单淀粉粒、复合淀粉粒和半复合淀粉粒,其中最常见的是简单淀粉粒,后两种较少。加少许 I_2-KI 溶液对临时装片细胞进行染色,淀粉粒呈蓝紫色。

2)脂肪(油滴)

植物体内的脂肪常以油滴的形式存在于细胞质中。油滴遇苏丹III染液反应后呈橙红色或黄色。把芝麻、花生或向日葵种子放在载玻片上，用镊子柄将其捻碎，去掉残渣，加 1 滴苏丹III染液，封片后放在低倍物镜下观察，可观察到橙红色的圆球状油滴，即为脂肪；如果颜色不明显，可用酒精灯对临时装片微微加热以加快颜色反应。也可用植物的其他部位（如橘皮）进行制片，观察油滴。

3）蛋白质

植物细胞内贮藏的蛋白质常以糊粉粒的形式存在。

取蓖麻种子将种皮剥去，或用刀片将胚乳切成极薄的切片放在一张干净的载玻片上，然后加 1 滴 I$_2$-KI 溶液，盖上盖玻片置显微镜下观察，可见蓖麻胚乳细胞中大小不等、圆形或椭圆形的糊粉粒被染成黄色。每个糊粉粒都是一个特殊的液泡，其中贮藏着蛋白质。换高倍物镜观察糊粉粒的结构，可见每一糊粉粒外围有一层蛋白质薄膜包被，其中含有圆球形的球晶体和多角形的拟晶体，四周为无定形蛋白质胶层，这些是稳定的、无生命的、化学作用不活泼的蛋白质（注：结晶的蛋白质因具有晶体和胶体的二重性，被称为拟晶体，蛋白质拟晶体有不同的形状，但常呈方形）。

取蓖麻种子纵切片在高倍物镜下观察，经特殊染色呈紫红色的为糊粉粒。

4）晶体

晶体是植物细胞的代谢产物之一，有草酸钙结晶及碳酸钙结晶，前者较常见。

（1）单晶的观察：取干的膜质洋葱鳞叶剪成 2 mm×3 mm 小片，放在 30%甘油中浸泡 20 min，再取出制成临时装片，置于低倍物镜下，可观察到细胞中的长柱形单晶体。

用紫露草茎作为材料，按照上面的方法制成临时装片，在显微镜下可观察到针晶。

（2）簇晶的观察：取秋海棠叶柄做临时装片，在低倍物镜下可观察到簇晶。

单晶和簇晶均为草酸钙结晶。

（3）钟乳体的观察：取橡皮树叶横切片，在显微镜下可以观察到倒挂在上表皮细胞中的碳酸钙结晶——钟乳体。

5）花青素

花青素溶解在植物细胞液泡中，它的显色与细胞液的 pH 有关。pH 为酸性时，花青素呈红色；pH 为碱性时，花青素呈蓝色；而 pH 为中性时，花青素呈紫色。在植物细胞液泡不同的 pH 条件下，花青素使花瓣呈现五彩缤纷的颜色。

以紫鸭跖草有颜色的叶作为材料，取表皮制成 2 个临时装片，在显微镜下可观察到紫色液泡。取其中一个临时装片，在盖玻片的一侧加 1 滴 1 mol/L HCl，1 min 后，用滤纸从对侧吸干表面的液体，重新在显微镜下观察，可观察到液泡呈红色；取另一个临时装片，在盖玻片的一侧加 1 滴 1 mol/L NaOH 溶液，1 min 后，用滤纸从对侧吸干表面的液体，重新在显微镜下观察，可观察到液泡呈蓝色。这样可以证明分布于液泡中的有色物质为花青素。

花青素为小分子物质，在低倍或高倍物镜下很难分辨。如果想观察花青素分子，可以尝试油镜，也可以使用荧光显微镜和电子显微镜，这些方法都可以更清楚地观察到花青素的结构，从而更好地了解植物细胞的结构和功能。

虽然质体中的有色体颜色多样，但与花青素不同，它是一种细胞器，分布于细胞质中。在低倍物镜下观察到细胞质中有颜色的小颗粒即为有色体。因此，可通过观察有色物质在细胞内的分布位置将有色体和花青素进行区分。

4. 植物细胞的有丝分裂

取洋葱根尖纵切片，观察植物细胞有丝分裂的各个时期。由于细胞间有丝分裂进程不同步，因此，在同一张切片上即可观察到有丝分裂各个时期的典型结构。

首先，在低倍物镜下找到根尖的分生区；然后，选择某一时期有特征的典型细胞，移到视野的中央，转换成高倍物镜观察；当一个分裂时期细胞的典型结构观察完成后，重新调至低倍物镜下，再寻找另一个不同分裂时期的典型细胞，重复上面的操作直至所有分裂时期的细胞均被仔细观察为止。

（1）间期：是细胞有丝分裂前的准备阶段，该时期细胞近于等径、核大、质浓、核结构均匀一致、核仁清晰。

（2）前期：自细胞核开始消失到形成染色体的期间。核仁和核膜逐渐消失，核内染色质逐渐缩短变粗成为染色体，每条染色体含有两条染色单体，它们具有一个共同的着丝点。两极发出纺锤丝形成纺锤体，染色体散乱地分布在纺锤体的中央。

（3）中期：染色体形态比较稳定，数目比较清晰，便于观察，也是计算染色体数目的最佳时期。各染色体的着丝点排列在赤道板上，纺锤丝与染色体的着丝点相连。

（4）后期：各染色体的着丝点分裂为二，其每条染色单体也相应地分开，并各自随着纺锤丝的收缩而平均移向两极，每极有一组染色体，数目与原来的相同。

（5）末期：染色体到达两极后解螺旋呈现均一状态，核仁、核膜重新出现，形成了两个子核，与此同时，两个子核中间出现了细胞膜和细胞壁，它将两个子核分开，形成了两个子细胞。在有丝分裂后期，细胞核形态变得不规则，且位于细胞两端；而在有丝分裂间期，细胞核形态较为规则，且位于细胞中央。从这些特征可以区分细胞分裂间期和细胞分裂末期的细胞。

5. 植物细胞壁和胞间连丝

1）细胞壁的化学成分

（1）纤维素：切取一小块洋葱表皮放在载玻片上，加 1 滴 I_2-$ZnCl_2$ 溶液，盖上盖玻片放在低倍物镜下观察。有纤维素的细胞壁被染成蓝紫色，胞间层被染成淡黄色。

（2）木质化细胞壁：取天竺葵老茎做徒手切片，将切成的薄片放在载玻片上，加 1～2 滴 HCl，5 min 后再加 3～5 滴 5%～10%间苯三酚。肉眼观察切片由桃红色变为紫色时，加 1 滴蒸馏水，盖上盖玻片，放在低倍物镜下观察，具有木质化的细胞壁被染成桃红色。

（3）栓质化细胞壁：取马铃薯块茎做徒手切片，将切片放在载玻片上，加 1 滴苏丹Ⅲ染液，盖上盖玻片，放在低倍物镜下观察。栓质化的细胞壁被苏丹Ⅲ染液染成黄色。

（4）角质化细胞壁：取橡皮树叶做徒手切片，将切片放在载玻片上，加 1 滴苏丹Ⅲ

染液，盖上盖玻片，放在低倍物镜下观察。角质化的细胞壁被染成红色。

2）胞间连丝

取柿胚乳切片，低倍物镜下观察，找到最清晰的部位，换高倍物镜观察，找到原生质体消失的多边形柿胚乳细胞，可观察到许多黑色的细丝分布在厚的细胞壁上，这些细丝即为胞间连丝。

3）纹孔

（1）单纹孔：取青椒果实做平皮切，用水封片做成临时装片。将临时装片置于低倍物镜下观察，将最清晰的部分放在视野中央，再换高倍物镜，可观察到相邻细胞的细胞壁上有不连续的开口，这些开口即为单纹孔，它是胞间连丝的通道。

（2）具缘纹孔：取松茎纵切片，在显微镜下可观察到不同形态的具缘纹孔。

4）质壁分离现象

撕取 2 mm×3 mm 洋葱鳞叶内表皮，水封片后放在低倍物镜下观察，可观察到每个细胞的细胞质都紧贴细胞壁；将上述玻片从显微镜上取下来，用滤纸将水吸去后，加 1 滴 5% NaCl 溶液，盖上盖玻片。3 min 后重新观察，可看到细胞质呈一团状，且与细胞壁分离；再将上述玻片取下，用滤纸吸取 NaCl 溶液后，加 1 滴蒸馏水，重新盖上盖玻片，放在低倍物镜下可看到分离的质壁又逐渐恢复到原来的状态。

【注意事项】

制备装片时，要确保操作规范，如洋葱鳞片叶表皮的展平、盖玻片的放置等，以减少气泡和杂质的产生。

【思考与作业】

1. 绘制洋葱表皮细胞结构图，注明各部位名称。
2. 绘制淀粉粒的形态及结构图，注明各部位名称。
3. 绘制叶绿体的形态，标出其在细胞中的分布位置。
4. 如何理解植物细胞具有立体结构？通过实验说明。

实验 3　植 物 组 织

【实验目的】

1. 了解组织的主要类型及分布位置。
2. 观察并认识各种组织的细胞形态、结构特点，理解结构与功能的统一。
3. 掌握分生组织、保护组织、输导组织与机械组织的细胞形态及结构特征。

【实验材料】

1. 永久制片

洋葱根尖纵切片、丁香茎尖纵切片、黑藻茎尖纵切片、玉米茎居间分生组织纵切片、接骨木茎横切片、南瓜茎横切片、南瓜茎纵切片、木材离析装片、甘薯块根切片、蚕豆叶下表皮装片、棉花叶横切片、黑藻茎横切片、苹果叶下表皮装片、悬铃木叶表皮装片、天竺葵叶下表皮装片、薄荷叶表皮装片、菊叶上表皮装片、蒲公英根纵切片、蒜有节乳汁管切片、松树茎横切片（示树脂道）、橘果皮切片、生姜切片、黄芩横切片。

2. 新鲜材料

芹菜、梨、白菜、洋葱、马铃薯块茎或甘薯块根、天竺葵茎和叶、蚕豆或黄豆叶、小麦或玉米叶、橘果皮。

【器材和试剂】

1. 器材

显微镜、烧杯、擦镜纸、玻璃棒、镊子、解剖针、载玻片、盖玻片、刀片、培养皿、吸水纸、滴管、纱布。

2. 试剂

（1）钌红染液。
（2）HCl（40%）。
（3）5%～10%间苯三酚。
（4）番红水溶液。
（5）苏丹Ⅲ染液。
（6）I_2-KI 溶液。

【实验内容与步骤】

1. 分生组织

1）根尖分生组织

取洋葱根尖纵切片观察，根尖分生组织位于根冠的上方，是根尖纵切片上染色最深的部分。细胞排列紧密，近于等径，核大，细胞中充满了细胞质。可以观察到处于有丝分裂不同时期的细胞。

2）茎尖分生组织

取丁香茎尖纵切片或黑藻茎尖纵切片观察，茎尖分生组织位于茎的最前端，可以看到生长锥——顶端分生组织，其外围由幼叶包被。另外，仔细观察叶原基和腋芽原基的发生部位，并对比分析茎结构与根结构的差异。

3）居间分生组织（示范）

取玉米茎居间分生组织纵切片，观察位于节间基部的居间分生组织。绝大部分细胞为基本分生组织，染色较浅；原形成层的细胞纵列呈索状，染色较深，其内还可观察到原生木质部（环纹导管和螺纹导管）；薄壁组织细胞为横向扁平状，伴有不同程度的液泡化。

2. 薄壁组织

取天竺葵茎，制作徒手切片，水封片后放在低倍物镜下观察，可观察到茎中心部分的薄壁组织。

根据功能可将薄壁组织分为贮藏组织、贮水组织、同化组织、吸收组织和通气组织。

贮藏组织：主要存在于各类贮藏器官中。取马铃薯块根或甘薯块根制作徒手切片，在低倍物镜下，可观察到薄壁细胞内含有许多白色的颗粒即淀粉粒。换高倍物镜，可观察到淀粉粒的轮纹，可尝试寻找具有两个脐的淀粉粒。

同化组织：取蚕豆或黄豆叶制作徒手切片，制成水封片，或观察棉花叶横切片。显微镜下观察，可见位于上下表皮之间的同化组织——栅栏组织和海绵组织，并尝试理解栅栏组织和海绵组织的结构及功能特点。

通气组织：取黑藻茎横切片，在显微镜下可观察到薄壁组织之间有大小不等的空腔（气腔），具有通气作用，即为通气组织。

3. 保护组织

1）初生保护组织——表皮、气孔及其附属物

撕取天竺葵叶表皮，水封片后在低倍物镜下观察到表皮细胞由细胞壁、细胞核、细胞质和液泡组成。其中，细胞壁是波浪式的，使细胞以镶嵌的方式连接在一起。换高倍物镜观察，可观察到由两个肾形保卫细胞组成的气孔，保卫细胞中有细胞核和许多叶绿体；还可观察到腺毛和先端的表皮毛。成熟腺毛由 3～7 个细胞构成，顶端的腺细胞

膨大呈球形，细胞质浓，细胞核很大，基部细胞形成较细的柄；成熟表皮毛由 1～5 个细胞构成，基部细胞呈多面体，它的周围常与 5～8 个表皮细胞相连接。尝试理解表皮的这些结构与生理功能之间的联系。

取以下装片并在显微镜下观察叶表皮的附属物：蚕豆叶下表皮装片（示腺毛和表皮毛）、苹果叶下表皮装片（示表皮毛）、悬铃木叶表皮装片（示分枝星状毛）、天竺葵叶下表皮装片（示腺毛）、薄荷叶表皮装片（示腺鳞）、菊叶上表皮装片（示茸毛）。

2）次生保护组织——周皮及皮孔

取接骨木茎横切片置于低倍物镜下，可观察到最外面几层细胞被染成褐色，这些细胞为周皮细胞。换成高倍物镜后，观察到周皮由三部分组成，由外及内依次为木栓层、木栓形成层和栓内层。木栓层：最外面有数层染色较浅、没有细胞核和细胞质且细胞壁发生栓化的死细胞；木栓形成层：木栓层以内的 1～2 层生活细胞，细胞长轴沿圆周的方向排列；栓内层：木栓形成层以内的 2～3 层较大的薄壁细胞。

在周皮上还可以看到有些地方木栓形成层外不形成木栓层，而是形成许多薄壁细胞并留下一个孔，称为皮孔。

4. 机械组织

1）厚角组织

取芹菜叶柄制作徒手切片，钌红染色，封片后，在低倍物镜下可观察到钌红将相邻细胞的胞间层染成红色，在叶柄外围凸起的棱角处有厚角组织。可以根据以下两个特征进行厚角组织细胞的识别：一是细胞具有珠光壁，在显微镜下很容易与其他细胞区别；二是细胞壁在角隅处加厚，整个细胞呈星芒状，其中灰暗色的"洞穴"是细胞腔，里面充满原生质体。将一厚角组织细胞调至视野中心，换高倍物镜观察，可见其细胞壁为初生壁，主要成分为纤维素，有强烈的吸水性，故显微镜下观察有珠光色彩。

2）厚壁组织

纤维：取木材离析装片，观察纤维的形态，并区分木纤维和韧皮纤维。

石细胞：取梨核部分的石细胞团，放在载玻片上，用镊子柄将其压散，水封片后在低倍物镜下观察，可以看到具厚壁、空细胞腔的石细胞。加 1 滴 40% HCl 处理切片 5 min，再加间苯三酚数滴，盖上盖玻片，在低倍物镜下可观察到细胞壁上的纹孔道。

5. 输导组织

1）导管

取长度 2～3 mm 白菜叶柄中的"筋"（维管束）置于载玻片上，用镊子柄将其压散，然后加 1～2 滴 40% HCl，5 min 后再加间苯三酚数滴，盖上盖玻片后置于低倍物镜下可观察到许多被染成红色的管状结构，即为导管。

用南瓜茎纵切片可观察导管的类型。此外，用南瓜茎横切片也可观察到导管。将切片置于低倍物镜下观察，被染成红色的细胞即为导管，这部分细胞管腔大、壁较厚。

2）管胞

取松木离析装片，在显微镜下仔细观察管胞的结构特点。

3）筛管

取南瓜茎纵切片在低倍物镜下观察。南瓜茎的维管束是双韧维管束，因此，首先在低倍物镜下找到导管，在导管内外两侧被染成绿色的管状结构为筛管，筛管较导管细。相邻两个筛管的横壁为筛板，筛板上有筛孔。

用南瓜茎横切片也可观察到筛管，即在导管内外两侧被染成绿色的部分。筛管由一些大小不等的细胞组成，其中细胞腔较大，呈多角形或圆形的是筛管的横切面。有些筛管的横切面上可以看到筛板。换成高倍物镜观察染色较深的筛板，可以看到有若干个小孔即为筛孔，位于其旁边的染色较深的方形小细胞为伴胞。

6. 分泌组织

取橘果皮制作徒手切片或取橘果皮切片（示分泌腔），在低倍物镜下可以观察到分泌囊，它们是由一些分泌细胞形成的腔室（腔囊），囊内充满了挥发性油，因此，这一结构也称为"油室"。早期的研究认为柑橘类果实分泌囊以溶生型方式发生，2009年，华南农业大学吴鸿课题组利用生物化学、免疫细胞化学和分子生物学技术与方法揭示柑橘属分泌囊以裂溶生型方式发生。

松树茎横切片上可观察到韧皮部和木质部中的分泌道（树脂道），它是通过裂生型方式发生的。蒲公英根纵切片可观察到无节乳汁管，蒜有节乳汁管切片可观察到有节乳汁管，生姜切片可观察到分泌细胞及乳汁管。

【思考与作业】

1. 绘图表示天竺葵叶上表皮的表面观，注明各部位名称。
2. 绘3～5处芹菜叶柄的厚角组织细胞，并突出这些细胞的特征。
3. 绘图表示筛管与伴胞在横切面中的关系。
4. 表皮与周皮的细胞在形态结构及生理功能上有哪些异同？
5. 试列举一种组织，说明细胞的形态和结构是如何与生理功能相适应的。
6. 比较各种组织在形态、结构与生理功能方面的异同，并将结果填入表3-1中。

表 3-1　各种组织在形态、结构与生理功能上的比较

组织名称	细胞形态	细胞有无生命	细胞壁的特点	主要的生理功能	在植物体中的分布位置

实验 4 种子和幼苗

【实验目的】

1. 了解种子的基本形态、结构与类型。
2. 理解鉴定种子内贮藏物质的方法及原理。
3. 了解种子萌发、幼苗形成过程中主要器官的发育过程。

【实验材料】

1. 永久制片

玉米籽粒切片、蓖麻种子纵切片、油松种子纵切片。

2. 新鲜材料

菜豆种子、玉米种子、蓖麻种子、油松种子、向日葵种子。

3. 培养材料

大豆、玉米及小麦幼苗。

【器材和试剂】

1. 器材

显微镜、擦镜纸、载玻片、盖玻片、镊子、刀片、解剖针、培养皿、吸水纸、纱布、滴管。

2. 试剂

（1）蒸馏水。
（2）间苯三酚。
（3）番红水溶液。
（4）10%甘油。
（5）I_2-KI 溶液。
（6）50%乙醇、95%乙醇。
（7）苏丹Ⅲ染液。

【实验内容与步骤】

1. 种子的形态和结构

1）双子叶植物有胚乳种子的形态和结构

取一粒蓖麻种子，观察其外部形态：种子椭圆形，坚硬的种皮上有许多花纹。种子的一端有一浅色的海绵状突起，称为种阜，能吸水，有利于种子萌发。在种子腹面种阜内侧有一个小突起，称为种脐，它是种子成熟时与果实脱离后遗留的痕迹。在种脐一端的种皮上有一个小孔，称为种孔，即胚珠时期的珠孔，成熟蓖麻种子的种孔常被种阜遮盖。在种子腹面中央，从种脐到种子的上端有一长条隆起的种脊，是倒生胚珠的珠柄与一部分外珠被愈合，在成熟种子种皮上留下的痕迹（图 4-1A）。

剥去蓖麻种子坚硬的外种皮，其内还有一层白色膜质的内种皮。用刀沿种脊将蓖麻种子纵切为二，可以看到种子内有大量的胚乳，胚位于胚乳的中间，靠近种阜的一端自外向内依次为胚根、胚轴、胚芽和子叶。子叶很薄，紧贴胚乳（图 4-1B）。

再取一粒蓖麻种子，剥去种皮，沿与子叶表面平行的方向纵切或取蓖麻种子纵切片观察，可以看到两片完整的子叶平铺在胚乳上，上面有明显的脉纹（图 4-1C）。

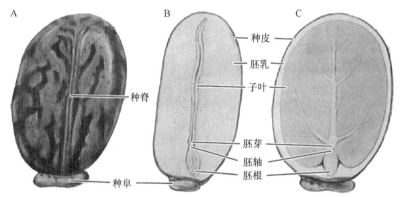

图 4-1 蓖麻种子的形态和结构
A. 种子的外形腹面观；B. 与子叶面垂直的正中纵切；C. 与子叶面平行的正中纵切

2）双子叶植物无胚乳种子的形态和结构

无胚乳种子是指在胚发育过程中，将胚乳储存的营养物质转移到子叶中的种子。这类种子成熟后，子叶较肥厚，胚乳仅剩下单层细胞或退化，没有明显的胚乳结构。无胚乳种子在双子叶植物中较普遍，如大豆、菜豆、杏仁、向日葵、南瓜的种子等。

取浸泡发胀的菜豆种子，观察其外部形态：种子外形略呈肾形，外面有革质的种皮包被，颜色依品种不同而不同。在种子的腹面（稍凹的一侧）有一条状的斑痕，即为种脐，它是种子脱离果皮时留下的痕迹。在种脐的一端有一个小孔，即为种孔，是胚珠时期的珠孔。吸水后的种子变软，用手轻轻挤压种子两侧时，可见有水泡自种孔溢出。种孔是种子萌发时胚根突破种皮的地方。在种脐的另一端种皮上有一条纵脊，即为种脊。剥去种皮，可见两片肥厚的子叶（豆瓣），掰开子叶可以看出这两片子叶着生在胚轴上。胚轴的上端为胚芽,有两片比较清晰的幼叶,如果用解剖针挑开幼叶,用放大镜观察,还可观察到胚芽的生长点和突起状的叶原基。胚轴下端为尾状的胚根,当种子萌发时,胚根最先突破种孔。由此可见,种皮里面的整个结构仅有胚而无胚乳,包括胚根、胚芽、胚轴和子叶(图 4-2)。

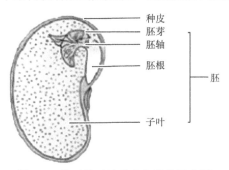

图 4-2　菜豆种子的形态和结构示意图

3)单子叶植物有胚乳种子的形态和结构

小麦、玉米等籽粒的外围保护层并不是单纯的种皮,还有果皮与之合生,二者互相愈合,不易分离。因此,小麦、玉米等籽粒实际上是果实,在果实的分类上称为颖果。

取一粒浸泡发胀的玉米种子,观察其外部形态:玉米籽粒黄色,近于三角形,下端有果柄。然后用刀片沿与玉米种子宽面相垂直的方向纵切将其分为两半,用放大镜观察,可以看到种子的最外层是愈合的种皮与果皮,果皮内的大部分是胚乳,胚偏居一侧。加 1 滴稀释的 I_2-KI 溶液于剖面,可以看到整个胚乳呈蓝色,胚呈黄色,并可以观察到胚根、胚轴、胚芽、子叶(盾片)(图 4-3)。

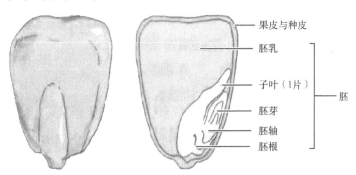

图 4-3　玉米种子的形态和结构示意图
左:外形;右:纵切面

再取一粒浸泡好的玉米种子,制作徒手切片(与上述纵切方向相同)或取玉米籽粒切片,放在低倍物镜下观察。最外面是由死去的厚壁组织与大多数被挤压变形的薄壁组织组成的果皮及种皮;紧贴其内侧的部分为糊粉层,细胞较大且充满糊粉粒;再往里为胚乳,它占据整个切片的大部分;偏于一侧的是胚。

4)裸子植物

取一粒油松种子观察其外形:种子椭圆形,棕黑色,具膜质翅,外种皮坚硬。剥去外种皮，可以看到膜质的内种皮。将种子纵剖为二，用放大镜观察，外面是厚厚的胚乳，胚乳内为胚，由胚芽、胚根、胚轴和子叶组成，子叶多数。也可取油松种子制作纵切片，在显微镜下观察种子的结构。

2. 种子内贮藏物质的显微鉴定

1）淀粉的鉴定

取浸泡 1～2 天的玉米种子制作徒手切片，取具有胚乳细胞的最薄的一片置于载玻片上，加 1 滴 I_2-KI 溶液，盖上盖玻片，放在低倍物镜下观察。由于淀粉与碘反应呈蓝色，因此，可以看到细胞中有很多的蓝色颗粒，即为淀粉粒。

2）蛋白质的鉴定

贮藏蛋白质常以糊粉粒的形式存在于植物细胞中。取蓖麻种子，剥去坚硬的种皮制作徒手切片，切取有胚乳的部分放在载玻片上。为了将胚乳中的脂肪除去，先加 1～2 滴 95%乙醇，1 min 后再加 1 滴 I_2-KI 溶液。封片后在低倍物镜下观察，可以看到在薄壁细胞中布满被染成黄色的大型糊粉粒。换高倍物镜观察一个糊粉粒的结构：外侧为一层蛋白质膜；内侧被染成黄色、具一至多个多边形的拟晶体为蛋白质，没有被染色的球晶体为非蛋白质成分。

3）脂肪的鉴定

取一粒向日葵种子制作徒手切片（切片时不用水），将切下的薄片放在载玻片上，加 2～3 滴苏丹Ⅲ染液，染色 3 min（可在酒精灯上微加热，以促进染色）；用吸水纸吸去染液，加 1～2 滴 50%乙醇洗去浮色；用吸水纸吸去乙醇后再用 10%甘油封片，放在低倍物镜下可观察到细胞内球形的、被染成橙红色的油滴。

3. 幼苗的形成过程

种子萌发需要适宜的温度、充足的水分及足够的氧气，但是，不同植物的萌发条件也不尽相同，应根据实际情况合理布置实验。

选择大豆（双子叶植物）与玉米（单子叶植物）种子，吸胀后播在花盆中等待出苗。仔细观察并记录幼苗出土情况以及形态的变化过程。

【思考与作业】

1. 绘制大豆种子的形态示意图，并注明各部位名称。
2. 绘制油松种子的形态示意图，并注明各部位名称。
3. 观察并比较单、双子叶植物的种子与裸子植物种子在结构上的异同。
4. 通过上述实验，如何理解"胚是一个幼小的植物体"？
5. 如何理解子叶出土幼苗和子叶留土幼苗？

实验 5　根的形态与结构

【实验目的】

1. 了解根的基本形态和根系类型。
2. 掌握根尖的结构及其分区的特征。
3. 掌握单、双子叶植物根初生结构的基本特点。
4. 掌握双子叶植物根的次生生长与次生结构。
5. 了解侧根的发生部位及过程。

【实验材料】

1. 永久制片

洋葱根尖纵切片、蚕豆幼根及老根横切片、蚕豆根纵切片、桑根横切片、水稻根横切片、玉米根横切片、玉米支柱根横切片、萝卜根横切片、胡萝卜根横切片、黄连根横切片、板蓝根横切片、花生根瘤切片、小麦内生菌根切片、松外生菌根横切片。

2. 培养材料

蚕豆、向日葵、小麦、玉米幼苗。

【器材和试剂】

1. 器材

显微镜、擦镜纸、载玻片、盖玻片、镊子、刀片、培养皿、吸水纸、纱布、滴管。

2. 试剂

（1）蒸馏水。
（2）间苯三酚。
（3）番红水溶液。
（4）HCl（40%）。
（5）I_2-KI 溶液。

【实验内容与步骤】

1. 根的形态

观察双子叶植物蚕豆、向日葵以及单子叶植物玉米、小麦的根系,并将观察结果填入表 5-1。

表 5-1　植物根系观察结果

植物名称	双子叶/单子叶	根系类型	主根(有或无)	侧根(有或无)	侧根上分枝(有或无)

2. 根尖的结构

取洋葱根尖纵切片置于低倍物镜下,仔细观察可以看到根尖明显分为以下 4 个部分。

1)根冠

位于根尖端的一团薄壁细胞,呈帽状覆盖着生长点,细胞排列不整齐。根冠的外侧细胞由于与土壤接触而破损。

2)分生区

位于根冠内侧后方,染色较深。换高倍物镜观察,细胞较小,细胞质浓厚,细胞核大;仔细观察,还可找到有丝分裂各个时期的细胞。

3)伸长区

位于分生区后方,该区细胞比分生区细胞染色浅。换高倍物镜仔细观察,可以看到处于有丝分裂期的细胞比分生区少,细胞显著伸长,长宽比大,细胞中含有液泡。

4)成熟区

位于伸长区后方。外侧区域可看到很多根毛,是表皮细胞外壁向外突起后形成的。该区的细胞已全部成熟,可以观察到根全部的初生结构,即表皮、皮层和维管柱。

3. 根的初生结构

1)双子叶植物根的初生结构

取蚕豆幼根横切片,先在低倍物镜下区分出幼根结构的轮廓,然后换高倍物镜,由外向内进行观察。

(1)表皮:最外面的一层细胞,排列较整齐,仔细观察并回答以下问题:

切片中表皮有无根毛?

根毛与表皮细胞的关系是怎样的?是不是同一个细胞?

表皮细胞之间有无气孔？如果有，其主要功能是什么？

表皮细胞的细胞壁是否角质化，有无角质层？

（2）皮层：表皮内侧的数层薄壁组织细胞，在幼根横切面上占较大的比例，细胞较大，排列疏松，有细胞间隙。皮层的最外一层细胞为外皮层，显微镜下观察不明显；皮层的最内一层为内皮层，细胞排列比较整齐，在细胞横向壁与径向壁上可看到有增厚的凯氏带（不明显）；内、外皮层间是皮层的薄壁组织，所占比例较大。

（3）维管柱（中柱）：为内皮层以里所有的部分，细胞一般较小而密集，由中柱鞘、初生木质部、初生韧皮部与薄壁组织细胞组成。

中柱鞘：紧靠内皮层，除对着初生木质部的地方有 2～3 层细胞外，一般只有一层细胞，且细胞排列整齐紧密，是根初生结构中最活跃的细胞层。

初生木质部：在制片中被染成红色的部分是初生木质部，共有 4～5 束，排列得像四角星或五角星。换用高倍物镜观察初生木质部，可看到大小不等的导管，在星芒状棱角处的导管，直径较小，是最早形成的导管，称原生木质部；靠内侧的部分形成得较晚，导管腔较大，称后生木质部。这表明初生木质部是由外向内发育成熟的（外始式）。

初生韧皮部：在两个初生木质部辐射棱角之间，被染成绿色的一群小型细胞是初生韧皮部，蚕豆幼根切片中易区分筛管与伴胞。

薄壁组织细胞：在初生木质部与初生韧皮部之间有 1～2 层薄壁组织细胞，当次生生长开始时转变为形成层的一部分，近横切面中心的薄壁组织细胞为髓。

桑根的初生结构：桑根的初生结构与蚕豆根的基本相同，前者可以明显观察到内皮层的凯氏带。

2）单子叶植物根的初生结构

玉米根的初生结构：取玉米根横切片，在低倍物镜下观察其全貌，从外到内可以明显地区分出表皮、皮层与维管柱，然后再在高倍物镜下仔细观察各个部分。

（1）表皮：表皮细胞一层，偶尔可以观察到根毛。

（2）皮层：皮层较宽。靠近表皮的 1～2 层细胞排列紧密，无细胞间隙，细胞壁增厚，称为外皮层。皮层最内一层细胞的两径向壁、上下横壁与内切向壁均增厚并栓质化，称为凯氏带。凯氏带在横切面上呈马蹄形。正对初生木质部、细胞壁没有加厚的内皮层薄壁细胞为通道细胞。取玉米支柱根横切片可观察到清晰的凯氏带。

（3）维管柱（中柱）：内皮层以里的部分为维管柱。维管柱最外一圈排列整齐的薄壁组织细胞是中柱鞘，中柱鞘以内为成圈排列的多个维管束，靠近中柱鞘的木质部为原生木质部，导管直径较小；近髓处的木质部为后生木质部，导管直径较大。韧皮部在两束木质部之间、与木质部相间排列，由 5～6 个细胞组成，其中，细胞直径较大的是筛管，直径较小的是伴胞。

取新鲜玉米根制作徒手切片，将切片置于载玻片上，加 1～2 滴 40% HCl，5 min 后用吸水纸吸去 HCl，加数滴间苯三酚后封片，放在显微镜下可观察到被染成红色的导管。另做一切片，加 1 滴 I_2-KI 溶液后封片，放在显微镜下可观察到被染成蓝色的淀粉粒。

水稻根的初生结构：取水稻根横切片进行观察。其根的初生结构与玉米基本相同，所不同的是水稻根的皮层细胞间隙扩大成气腔、气道，这种结构与水稻生长的水生环境是相适应的。

4. 双子叶植物根的次生结构

取蚕豆老根横切片（示形成层发生）在低倍物镜下仔细观察。首先，在维管柱内区分出 4～5 束星芒状的初生木质部；然后，找出由初生木质部与初生韧皮部之间的薄壁细胞先后分裂产生的形成层，其细胞呈扁长形，刚产生的形成层呈片段状；之后，这些形成层片段沿横向伸展，与初生木质部顶端相对的、恢复分裂能力的中柱鞘细胞产生的一部分形成层细胞连接，继而形成层逐渐成为圆环（注意：部分材料较幼嫩，制片时尚未发育到此阶段）。形成层活动后产生的衍生细胞向内分化为次生木质部，次生木质部导管较大，分布在初生木质部外侧。形成层活动后产生的衍生细胞向外分化成次生韧皮部。对着初生木质部束，还能看到数列向外射出的薄壁组织细胞，即为射线。射线也是由形成层细胞分裂产生的。分析这些结构与蚕豆幼根横切片所观察结构的异同点：老根与幼根的结构在表皮、皮层部分有无差异？中柱鞘以内各部分有无差异？

5. 侧根的发生

取蚕豆或玉米根横切片进行观察。当侧根开始发生时，初生木质部处中柱鞘的某些细胞开始分裂，最初为几次平周分裂，使细胞层增加，并向外突起，以后再进行包括平周分裂和垂周分裂在内的各个方向的分裂，这就使原有的突起继续生长，形成侧根的根原基，这是侧根最早的分化阶段。之后，根原基的细胞分裂、生长，逐渐分化出生长点（分生区前期）和根冠。最后，生长点的细胞继续分裂、增大和分化，逐渐深入皮层。此时，根尖细胞能分泌含酶的物质，将部分皮层和表皮细胞溶解，从而能够穿破表皮，顺利地伸入土壤中形成侧根。注意分析侧根的行数与木质部束数的关系。

6. 根瘤及菌根

（1）取豆科植物具根瘤的浸制标本，可观察到的根部瘤状突起即为根瘤。

（2）取花生根瘤切片，在高倍物镜下可观察到根瘤的本体：外围为栓质化细胞，其内为薄壁细胞，中央染色较深的地方为含菌组织，根瘤菌分布在这些细胞的细胞质中。

（3）取小麦内生菌根切片，可观察到皮层细胞中有许多真菌的丝状体，真菌与皮层细胞组成共生体，称为内生菌根。

（4）取松外生菌根横切片，可看到真菌的菌丝包被在幼根外面或侵入根的皮层细胞间隙，但不进入细胞内部。

7. 根的变态

（1）萝卜：萝卜根横切面主要部分为次生木质部，内含大量的薄壁细胞，其外围的次生韧皮部所占比例很小，形成层位于两者之间。萝卜的肉质直根中除了一般的形成层外，还存在额外形成层（由木质部薄壁细胞中的某些细胞恢复分裂能力形成）。

（2）胡萝卜：中心部位颜色较深、占比较小的为次生木质部，主要为薄壁细胞，导管分化较少，成为"芯"的部分；其外围占比较大的为次生韧皮部，是胡萝卜的主要部分。

8. 药用植物根及根茎的结构

（1）板蓝根：板蓝根横切片从外到内依次分为木栓层、皮层、韧皮部、形成层和木质部。木栓层细胞数层；皮层很薄，有些细胞内含树脂及草酸钙针晶；韧皮部较窄，同样含有树脂及针晶；形成层环状；木质部占整个次生结构的绝大部分，木纤维呈束状，导管中有黄色的侵填体，薄壁细胞中含淀粉，木射线 2～9 列细胞。

（2）黄连根：黄连根横切片由木栓层、皮层、维管束、髓组成。木栓层数层细胞；皮层所占比例较大，内含石细胞；中柱鞘纤维成束，或伴有石细胞；维管束多个，外韧类型，束中形成层明显而束间形成层不明显；髓部由薄壁细胞组成。

【思考与作业】

1. 绘蚕豆幼根初生结构轮廓图及 1/4 详图表示根的初生结构。
2. 绘蚕豆老根结构轮廓图及 1/4 详图表示根的次生结构。
3. 植物的根是怎样由生长点逐渐发育成初生结构与次生结构的？
4. 单、双子叶植物的根有什么异同？
5. 双子叶植物根的初生结构与次生结构有什么区别？

实验 6　茎的形态与结构

【实验目的】

1. 了解茎的基本形态。
2. 掌握双子叶植物草本茎与木本茎的解剖结构及主要特点。
3. 掌握单子叶植物茎的解剖结构特点及与双子叶植物茎的异同。
4. 掌握双子叶植物茎的次生结构。
5. 了解裸子植物茎的解剖结构特点。

【实验材料】

1. 永久制片

玉米茎尖纵切片、黄杨茎尖纵切片、松木三切面（横向、径向、切向）标本、向日葵幼茎横切片、向日葵老茎横切片、玉米茎横切片、椴树茎横切片、松茎三向切片、洋槐茎横切片、木通茎横切片、络石藤茎横切片。

2. 新鲜材料

白杨枝条、柳树枝条、榆树枝条、丁香枝条、白菜、山桃芽、紫藤芽、紫穗槐芽、落地生根芽、天竺葵芽、向日葵茎、扁豆茎、藜茎、芦苇茎、牵牛茎、紫藤茎、葡萄茎、南瓜茎、五叶地锦茎。

3. 培养材料

玉米、蚕豆、黄豆、小麦幼苗。

【器材和试剂】

1. 器材

显微镜、擦镜纸、载玻片、盖玻片、镊子、刀片、培养皿、吸水纸、纱布、滴管、切片机。

2. 试剂

（1）蒸馏水。
（2）间苯三酚。

（3）番红水溶液。

（4）I_2-KI 溶液。

【实验内容与步骤】

1. 茎的形态

1）枝条与长、短枝

用肉眼观察白杨枝条，先分出节与节间：有的枝条上茎的伸长生长快，节间较长，称为长枝；有的枝条上茎的伸长生长慢，节间极短，称为短枝。叶与茎之间的夹角处称为叶腋。将一片叶摘下，观察叶片脱落后在枝条上留下的痕迹（叶痕），并仔细观察叶柄中的维管束在枝条上留下的痕迹（叶迹）。

由枝顶端向枝基部观察：枝的顶端有顶芽，在偏绿色的新枝条与灰褐色的较老枝条交界处有数圈密集环纹，称为芽鳞痕。芽鳞是包在芽外面起保护作用的鳞片状变态叶，随着芽的膨大展开，鳞片很快脱落，脱落后留在枝上的痕迹即为芽鳞痕。这种痕迹通常可以保持清晰数年，通过计数芽鳞痕可以得知树木的年龄，这在林业和园艺中是一种判断树木生长情况的重要方法。试计算所看到的枝条已生长了几年？枝条每年增加的长度是否相等？用放大镜观察枝条灰褐色光滑树皮上椭圆形的褐色小点，这些小点为皮孔。

再找一白杨短枝观察上述部分的特点，并与白菜幼茎节间的结构特点进行比较。白菜的叶在茎基部丛生，好像从根上长出来一样，实际上是其节间极短、难以辨认，是另一种类型的短枝。

2）芽及其类型与结构

观察山桃、白杨、紫藤、紫穗槐、落地生根、天竺葵等植物的芽，根据着生位置，区别出顶芽与侧芽。山桃通常为三芽并生结构，中间的主芽属于叶芽，两旁的副芽属于花芽；紫穗槐的腋芽（生长在叶腋处的侧芽）通常为上下两个芽叠生，副芽在上，主芽在下；落地生根叶缘上着生的芽为不定芽（着地后能长成一完整植株）。

根据芽外面是否包有芽鳞，区分哪种植物具有鳞芽，哪种植物具有裸芽。

一种植物的枝条上常具有大小、形状不同的芽，一般大而圆的是花芽，稍小而瘦的是叶芽。将山桃、白杨、紫藤等植物枝条上的芽纵切，用镊子轻轻剥去芽鳞，放在放大镜下观察芽的结构，根据观察的结果，判断这些植物芽的类型：花芽、叶芽或混合芽。取任意一个叶芽作纵切，放在体视显微镜下可观察到下列结构：生长点、叶原基、腋芽原基、幼叶和芽轴。茎上芽是未萌发的枝条、花或花序。

靠近枝条基部有些芽不萌发，称为隐芽或者休眠芽。植物隐芽存在的生态学意义是什么？它们在什么情况下会萌发？

3）茎的分枝

观察白杨、柳、榆、丁香等的枝条，并根据植物的分枝特征判断其分枝类型：合轴分枝、单轴分枝、假二叉分枝。并分析分枝与整个植株生长的形态及树冠形态的关系。

观察禾本科植物（小麦）的分蘖。可看到在小麦茎基部靠近地面或埋在土壤中的几个节膨大，向上产生腋芽，向下产生不定根，这种分枝方式称为分蘖。分蘖是禾本科植物特有的基部分枝方式，分蘖的发生遵循先主茎后次级分枝的发育顺序：直接由主茎衍生的分蘖为一级分蘖，由一级分蘖基部的分蘖节再次衍生的分蘖为二级分蘖，由二级分蘖基部的分蘖节进一步衍生的分蘖为三级分蘖，依此类推。判断所观察植株包含几级分蘖。

4）茎的生长习性

观察向日葵、扁豆、藜、芦苇、牵牛、紫藤、葡萄、南瓜、五叶地锦等植物的茎，根据茎生长习性的不同，区分这些植物茎的类型：直立茎、缠绕茎、攀缘茎、匍匐茎。同时，观察各种植物茎的外形：圆柱形、四棱形、三角形等。

2. 茎的解剖结构

1）茎尖的解剖结构

取黄杨茎尖纵切片与玉米茎尖纵切片，置于低倍物镜下观察。

（1）分生区：茎尖的顶端有生长锥，生长锥由小的立方形细胞组成，这些细胞可不断进行分裂，产生许多新细胞，形成一个圆锥体，在圆锥体的四周形成几个小突起，每个小突起将来发育成一片叶，称为叶原基。在稍长大的叶原基的腋部，将来形成腋芽，称为腋芽原基。注意观察：切片中部分叶原基已发育成幼叶，腋芽原基已发育成小芽，茎尖生长点后方也分化为伸长区与成熟区。因标本制片取材的关系，部分切片中伸长区及成熟区不易被观察到。

（2）伸长区：位于生长锥的下方，是茎进行伸长生长的主要部位。在该区，初生分生组织开始形成初生结构（原表皮→表皮，基本分生组织→皮层与髓，原形成层→维管柱）。

（3）成熟区：细胞生长已经停止，形成各种成熟组织，组成茎的初生结构，即表皮、皮层和维管柱。

2）双子叶草本植物茎的解剖结构

（1）初生结构：取向日葵幼茎横切片，在低倍物镜下观察其全貌，大体可分为表皮、皮层与维管柱，然后换高倍物镜，由外向内仔细观察。

表皮：最外侧的一层细胞，排列紧密，外壁可见角质层，属于初生保护组织；同时可以观察到气孔和单细胞或多细胞的表皮毛。注意表皮细胞的形状、有无表皮附属物、有无角质层等特点。

皮层：表皮以内、维管柱以外的所有部分，在茎初生结构中所占比例较小。靠近表皮的皮层由数层厚角组织细胞组成，其内为数层薄壁组织细胞。皮层最内侧的一层细胞含有淀粉粒，被称为淀粉鞘。部分切片样本中淀粉鞘染色不明显，建议参照新鲜材料典型样本的显微示范图像进行比对识别。

维管柱：淀粉鞘以内的所有部分，包括维管束、髓和髓射线。

维管束：在横切面上，维管柱内侧有呈环状排列的维管束，其大小不等，是复合组织。每个维管束均由初生木质部、初生韧皮部及束中形成层组成，既是外韧维管束，又是无限维管束。

初生木质部：由原生木质部与后生木质部组成。根据导管的直径、发生的早晚、染色的深浅可判断其发育成熟顺序为内始式。

束中形成层：是原形成层保留下来的、具有分裂能力的分生组织。在横切面上，束中形成层位于初生木质部与初生韧皮部之间，为1～3层染色较浅的、扁平的细胞。

初生韧皮部：由原生韧皮部与后生韧皮部组成，其发育成熟顺序为外始式。在维管束的最外侧（靠近皮层处），被染成红色的一团细胞为韧皮纤维。

髓：位于茎的中央，由排列疏松、常具贮藏功能的薄壁组织组成。

髓射线：位于相邻的两个维管束之间，内与髓相连、外与皮层相连的薄壁组织，进行皮层与髓之间的物质运输，同时又兼有贮藏功能。

（2）次生结构：取向日葵老茎横切片，先在低倍物镜下观察其全貌，注意比较它与幼茎的不同之处，特别是在维管组织组成方面的差异。

表皮：向日葵老茎仍保持有表皮层，但表皮细胞已被内部的组织胀破而不具保护作用。

皮层：位于表皮内侧，由薄壁组织与厚角组织组成，厚角组织靠近表皮，薄壁组织位于厚角组织内侧。

次生木质部和次生韧皮部：由于初生结构中维管束的束中形成层的活动，使得位于两个维管束之间的薄壁细胞也恢复分裂能力形成束间形成层，两者共同组成形成层环，该形成层环向内分裂分化形成次生木质部的各种细胞，向外分裂分化形成次生韧皮部的各种细胞。

髓：向日葵茎的中心一直存有髓，且占较大比例。

3）双子叶木本植物茎的解剖结构（次生结构）

取三年生椴树茎横切片，在低倍物镜下由内向外进行观察，区分出以下几部分。

（1）髓：在茎中心，多为薄壁细胞，也有厚壁细胞，占茎横切面的很少部分；有些细胞含有黏液，染色较深；有些细胞含有结晶体。髓的周围有由厚壁细胞组成的、染色较深的小型细胞带，称为环髓带。

（2）木质部：在髓的周围主要是次生木质部，在横切面上占有较大的比例。由于细胞的形成顺序、细胞腔直径的大小及细胞壁的厚薄不同，可看出次生木质部与初生木质部间有明显的界限。紧靠髓周围的是初生木质部，有数束，束间有明显的界限，与次生木质部相比占很小的比例，其细胞腔直径较小。初生木质部外侧为次生木质部，它由导管（胞腔较大）、管胞（胞腔较小）、纤维细胞（胞腔更小）及薄壁组织细胞组成；此外，还有呈放射状排列的薄壁组织细胞形成的木射线。比较椴树茎与向日葵草本茎的木质部结构有什么不同？

（3）形成层：在木质部的外侧，由1～3层扁长形排列整齐的细胞组成。用洋槐茎横切片，在显微镜下更容易观察到维管形成层。

（4）韧皮部：在形成层的外侧，细胞排列成梯形（底边靠近形成层），韧皮部中容易看到的是韧皮纤维（在切片中被染成红色），与纤维间隔排列的有筛管、伴胞及薄壁组织细胞（在切片中被染成绿色）。此外，与韧皮部相间分布的还有韧皮射线，略呈梯形（底边朝向皮层）。

（5）皮层：在维管柱外侧，由薄壁组织细胞组成，有些细胞含有晶体。皮层最外侧的1～3层细胞为厚角细胞。

（6）周皮：在皮层外侧，有由数层细胞组成的周皮，包括栓内层、木栓形成层及木栓层。仔细观察，还可观察到其表面分布有局部隆起的皮孔。

（7）表皮：在周皮的外侧。虽然周皮已产生，但表皮还未完全脱落。

4）单子叶植物（禾本科植物）茎的解剖结构

单子叶植物茎一般没有形成层，只有初生结构，结构也比较简单。取玉米茎横切片，在低倍物镜下由外向中心进行观察。

（1）表皮：最外面的一层细胞是表皮，表皮外有一层发亮的角质层，表皮细胞之间有气孔。

（2）基本组织：在表皮内侧有几层厚壁细胞组成的外皮层，是基本组织的一部分，起支持作用。外皮层以内为基本组织，其中分散着许多维管束。

（3）维管束：分散在基本组织之中，靠近茎外侧的维管束较小而数量多，茎中央部分的维管束较大而数量少；木质部朝向茎的中央，韧皮部朝向茎的外侧，属于外韧维管束。玉米茎没有皮层与髓的界限。

选取一个比较典型而又清楚的维管束放在视野的中央位置，换高倍物镜仔细观察。原生木质部由直径较小的导管组成，在导管附近还有一个由薄壁细胞破裂形成的腔室；后生木质部由两个较大的导管以及在两个导管之间的管胞和木质化的薄壁细胞组成。韧皮部中原生韧皮部已破坏，而后生韧皮部的筛管及伴胞则较清楚。每一维管束外面均有维管束鞘，维管束鞘由几层厚壁细胞组成，它们有保护输导组织及支持的作用。在木质部与韧皮部之间没有形成层，所以不产生次生结构。

5）裸子植物茎的解剖结构

裸子植物茎的结构与双子叶植物茎基本相似，只是木质部及韧皮部的组成较为简单，主要观察裸子植物茎的次生结构。

（1）树干标本的观察：取松木三切面标本观察。

横切面：在横切面标本上区分出树皮、木质部及韧皮部的界限，并区分出边材、心材、年轮及射线，判断树干的年龄。

径向切面：观察年轮的排列方向，心材与边材、射线的形态，以及形成层的位置。

切向切面：观察并比较年轮与射线的形态，以及与横切面和切向切面的异同点。

（2）松茎三向切片的观察：取松茎三向切片，先在低倍物镜下观察三切面的轮廓，然后在高倍物镜下仔细观察，对比次生木质部在三个不同切面上的分布及形态特点。

横切面：观察各种成分的形态特征：管胞呈四边形或多边形，具缘纹孔在管胞的径向壁上呈剖面观；木射线呈放射状排列，只一列细胞宽，是长方形的薄壁细胞；树脂道明亮可见，呈横切面。

径向切面：可观察到年轮与射线的纵切面，所见射线及管胞等组织均为纵切面，细胞呈长梭形，可观察到具缘纹孔的正面观；木射线细胞呈纵切状态，横向排列，其壁上有单纹孔与茎轴面垂直；树脂道多呈纵向分布。

切向切面：可观察到年轮的纵切面及射线的横切面。管胞均为纵切面，细胞呈长方形，也可观察到具缘纹孔的切面观。所见射线为横切面，细胞呈方形，整个射线轮廓呈纺锤状；部分切片中可观察到在木射线中包埋有树脂道。

6）药用植物茎的解剖结构

（1）木通茎：由木栓层、皮层、韧皮部、形成层、木质部、髓射线和髓组成。木栓层由数层细胞组成；韧皮部束状，外有韧皮纤维细胞组成的帽状结构，束间可见石细胞，筛管群与韧皮薄壁细胞呈层状并相间排列；具有明显的形成层；木质部所占比例大，大导管环状排列，小导管与其相间排列呈明显的层状；次生射线较窄，而初生射线（髓射线）明显且较宽；薄壁组织中含有淀粉与结晶；髓部被挤成条状。

（2）络石藤茎：由木栓层、皮层、韧皮部、形成层、木质部和髓组成。木栓层由数层细胞组成，内含红棕色物质；木栓层内侧为石细胞环带，木栓层与石细胞环带之间有草酸钙方晶分布。皮层狭窄；韧皮部薄，外侧有非木化的纤维束，断续排列成环；形成层明显并呈环状分布；木质部所占比例较大，主要成分为木纤维，导管少而大、散生或2～3个并列，木质部内侧有形成层和内生韧皮部（不连续呈环状）；髓部较小，有不连续的纤维束和纤维，周围薄壁细胞内含草酸钙方晶。

【思考与作业】

1. 绘向日葵幼茎横切面及椴树茎横切面部分轮廓图并注明初生结构各个部分的名称。
2. 双子叶草本植物茎的解剖结构是怎样的？它与根的解剖结构有什么不同？
3. 双子叶草本植物茎与木本植物茎在解剖结构上的主要差异是什么？
4. 玉米茎（单子叶植物）的解剖结构有什么特点？它与双子叶植物茎的解剖结构有何不同？
5. 通过对松茎三向切面的观察，怎样理解茎的立体构造？

实验 7　叶的形态结构及营养器官的变态

【实验目的】

1. 观察叶的组成，认识常见植物叶的外形，掌握一般叶的形态特征及其相关术语。
2. 掌握单、双子叶植物及裸子植物叶的解剖结构。
3. 了解植物叶片的结构特点及其与生境的关系。
4. 观察根、茎、叶各种变态器官的形态及结构，区分同功器官与同源器官的概念。

【实验材料】

1. 永久制片

棉花叶横切片、玉米叶横切片、小麦叶横切片、眼子菜叶横切片、松针叶横切片、夹竹桃叶横切片、眼子菜叶横切片、榕树支柱根横切片、液浸猪笼草标本、玉米支柱根横切片、吊兰气生根横切片、常春藤攀缘根横切片、榕树支柱根横切片、枇杷叶横切片、番泻叶横切片。

2. 新鲜材料

萝卜、胡萝卜、甜菜、紫菜头、甘薯块根、山芋块根、番薯块根、木薯块根、大丽花块根、玉米支柱根、榕树支柱根、吊兰气生根、芦苇的地下茎、马铃薯块茎、洋葱鳞茎、荸荠球茎、假叶树茎、皂荚枝、山楂枝、扁竹蓼茎、葡萄茎、洋槐枝、酸枣枝、小檗枝、银叶金合欢枝。

3. 培养材料

蚕豆、玉米、小麦、吊兰、仙人掌、豌豆、白鹤芋（白掌）、银叶金合欢幼苗。

【器材和试剂】

1. 器材

显微镜、擦镜纸、载玻片、盖玻片、镊子、刀片、培养皿、吸水纸、纱布、滴管。

2. 试剂

（1）蒸馏水。
（2）间苯三酚。

（3）番红水溶液。

（4）I$_2$-KI 溶液。

【实验内容与步骤】

1. 叶的形态结构

根据表 7-1 所列项目观察指定的植物材料，将观察结果填入表中（可参考挂图及教材中有关叶的形态的描述）。

表 7-1 植物叶片形态

植物名称	单叶或复叶类型	叶片性状	叶缘	叶脉	叶序	完全叶（是或否）	有或无				
							叶柄	托叶	叶鞘	叶舌	叶耳

......

2. 叶的解剖结构

观察以下材料并将结果填入表 7-2。

表 7-2 6 种植物叶片解剖结构的比较

植物名称	表皮	气孔	叶肉部分	维管束
棉花叶				
玉米叶				
小麦叶				
松针叶				
夹竹桃叶				
眼子菜叶				

1）双子叶植物叶的解剖结构

取棉花叶横切片，在低倍物镜下观察，区分上、下表皮以及叶肉和叶脉（叶的维管束）的位置。挑选较清晰的结构，换用高倍物镜进行观察，找到以下各部分。

（1）表皮：有上、下表皮之分，上表皮细胞呈长方形，排列紧密，细胞壁外侧的发亮层为角质层；上表皮上有单细胞毛及簇生的表皮毛，还有棒状多细胞的腺毛。表皮细胞间常有中断不连续的地方，为一对断面略呈三角形的小细胞，即气孔，气孔内侧的间隙为气室。仔细观察，并回答问题：下表皮上有无角质层？有无表皮附属物？

（2）叶肉：有栅栏组织与海绵组织的分化。栅栏组织位于近轴面，由一层长柱状细胞组成；海绵组织在栅栏组织之下，位于远轴面，与下表皮相接，由 1～3 层薄壁细胞组成。

仔细观察栅栏组织和海绵组织的细胞在形状、排列及所含叶绿体数量上有什么不同？此外，在切片中被染成紫红色的是分泌细胞。

（3）叶脉（维管束）：是叶中的维管束，有主脉、侧脉、细脉之分，观察主脉的维管束，木质部与韧皮部分别位于近轴面与远轴面，有形成层存在。再找一个最小的维管束进行观察，它的结构是怎样的？为什么在叶横切面的制片中可看到一些小维管束的纵切面？

2）单子叶植物叶的解剖结构

取玉米叶横切片，先在低倍物镜下观察全貌，特别要注意区分上、下表皮的位置，然后换高倍物镜仔细观察。

（1）表皮：观察上表皮、下表皮细胞的形态、大小及排列是否整齐？与双子叶植物有什么不同？在上表皮细胞中每隔一定距离（一般在两个维管束之间）有数个较大的细胞，为泡状细胞，它们有何功能？下表皮细胞中是否也有这种细胞？表皮细胞之间有气孔，组成气孔的细胞除了两个保卫细胞外，还有两个横切面上呈近正方形的副卫细胞。气孔的组成与双子叶植物叶气孔有什么不同？

（2）叶肉：玉米叶肉都是富含叶绿体的同化组织，是否有栅栏组织与海绵组织之分？为什么？

（3）叶脉：为平行脉，分布于叶肉组织中，每个维管束外面都有由一层薄壁细胞组成的维管束鞘，内含较大的叶绿体，与外侧相邻的一圈叶肉细胞共同组成"花环"结构。再对较大的维管束进行观察，维管束外除了有薄壁组织细胞组成的维管束鞘，其上下侧紧接表皮处还有机械组织。维管束中的木质部与韧皮部各朝向叶的哪一面？与棉花叶维管束的结构是否相同？

3）C_3 植物与 C_4 植物叶的形态结构

（1）C_3 植物叶的观察：取小麦叶片制作徒手切片，或取小麦叶永久制片观察。可观察到维管束鞘由 2 层细胞组成（细脉只有 1 层细胞），没有同心圆结构；维管束鞘外层细胞为较大的薄壁细胞，所含叶绿体比叶肉细胞少；内层为几乎不含叶绿体的厚壁细胞。

（2）C_4 植物叶的观察：取玉米叶片制作徒手切片，水封片后置显微镜下观察。可观察到维管束鞘由 1 层细胞组成，其外围还紧连有 1～2 层叶肉细胞，这些细胞中含有较多的叶绿体，这种同心圆的结构是 C_4 植物所具有的特征，称为花环结构。也可取玉米叶永久制片观察。

4）松针叶的解剖结构

取松针叶横切片观察，可观察到如下结构。

（1）表皮：松针叶的表皮细胞壁很厚，外面还附有一层很厚的角质层；表皮内侧有几层厚壁细胞，称为下皮层。每对气孔由 2 个具喙的保卫细胞及 2 个副卫细胞组成，气孔下陷至下皮层内，形成孔下室，可减少叶内水分散失，起到保水的作用。

（2）叶肉：在下皮层的内侧有许多呈折叠状的薄壁细胞，为同化组织；仔细观察这些细胞内叶绿体的排列。同时，观察树脂道的分布、数目、位置，树脂道的这些特征是鉴别物种的特征之一。皮层最内层细胞是内皮层，该层细胞的横向壁和径向壁上有比较明显的栓质化加厚，形成凯氏带。

（3）维管组织：在松针叶的中央、内皮层以里有 1～2 个外韧维管束。木质部向着近轴面，韧皮部向着远轴面。内皮层以里、维管束周围分布着许多薄壁组织细胞与管胞状细胞。

5）叶的解剖结构及其与生境的关系

（1）旱生植物叶的解剖结构：取夹竹桃叶横切片，可观察到以下结构。

表皮：由一层以上的细胞组成复表皮；最外层表皮细胞的外壁上有厚的角质层；上、下表皮均形成气孔，上表皮气孔少，下表皮气孔多。在下表皮一侧有许多地方凹陷呈窝状，称为气孔窝。气孔窝内有气孔，而且气孔窝内的表皮细胞常特化成表皮毛覆盖在气孔上。此特点适应于蒸腾作用和呼吸作用，既保证了二氧化碳的吸收，又保证了蒸腾作用的进行，并且水分不会过多散失。

叶肉：上表面深绿色的叶肉组织为栅栏组织，细胞内叶绿体多，能够充分接收正面照射的太阳光进行光合作用；海绵组织几乎消失以减少水分散失。叶肉细胞中含有许多簇晶。

叶脉：有非常明显的主脉，在主脉上可以看到双韧维管束及形成层细胞；侧脉及细脉上只能看到木质部与韧皮部的少量细胞。

（2）水生植物叶的解剖结构：取眼子菜叶横切片，可观察到以下结构。

表皮：眼子菜叶表皮细胞壁薄，轻度或无角质化，常具叶绿体，没有气孔和表皮毛。

叶肉：叶肉无栅栏组织与海绵组织之分。

叶脉：维管组织及机械组织常不发达，但有发达的气道。

3. 营养器官的变态

1）根的变态

（1）贮藏根：贮藏大量的营养物质。

观察萝卜、胡萝卜、甜菜（或紫菜头）、甘薯等植物的根。它们均贮藏有大量养分，肥厚多汁，称为贮藏根。贮藏根又可分为两种类型：肉质直根和块根。

肉质直根：观察萝卜、胡萝卜与甜菜（或紫菜头）根的肥大部分，其上半部没有侧根，是由下胚轴膨大发育而来，下半部生有侧根的部分是真正的根。

胡萝卜：将胡萝卜的根横切，用肉眼或放大镜观察其结构。根的横切面明显分成两个部分：外围颜色较红，所占比例较大，为韧皮部；中心处颜色较黄，所占比例较小，为木质部。由中心向外围射出的线条是什么结构？其主要功能是什么？根中的养分主要贮存在哪些部位？

萝卜：观察萝卜根的横切面，明显分成两部分。中心处的木质部特别发达，所占比例较大，养分贮存在木质部的薄壁组织细胞中；韧皮部在外围，所占比例较小。

甜菜（或紫菜头）：甜菜根的横切面上可以看到许多同心圆。内侧深红色部分由薄壁细胞组成，为糖分的主要贮存部位；外围浅红色部分为一轮维管束，维管束之间有薄壁组织，每环由一层次生形成层所产生的组织组成。第一层次生形成层起源于中柱鞘细胞，之后的次生形成层起源于韧皮薄壁细胞，根据横切面上看到的同心圆的数目可推算出次生形成层的数目。

块根：是由不定根或侧根膨大而成的，在一株植物上可形成多个块根。块根完全由真正的根构成，不含下胚轴部分，如甘薯（山芋、番薯）、木薯、大丽花的块根。

甘薯：甘薯块根外形较不规则。在栽插后 20～30 天，有些不定根膨大形成块根。开始是形成层活动产生次生结构，大量木薄壁组织分散在导管周围；当次生结构形成后不久，在导管周围的木薄壁细胞会恢复分化能力形成副形成层，分化产生韧皮部和木质部以及大量的薄壁细胞。副形成层可多次发生而使块根不断膨大。薄壁细胞中贮藏有大量淀粉；且在韧皮部中还有乳汁管，所以，甘薯伤口常有白色乳汁流出。副形成层是中柱鞘与木薄壁组织中的某些细胞恢复分生能力产生的一类次生形成层，它也称为三生分生组织，常见于萝卜、甘薯等的变态根中。

（2）气生根，能起到吸收气体或支撑植物体向上生长并保持水分的作用。

玉米的支柱根：是玉米茎近地表的基部生出的不定根，为变态根，它伸入土壤起支持作用。取玉米支柱根横切片，仔细观察其基本结构。

榕树的支柱根：榕树茎上产生的许多下垂的气生根，进入土壤后成为支柱根，起支持与吸收作用。取榕树支柱根横切片，仔细观察其基本结构。

水松及红树的呼吸根：长期生长在海滩或沼泽的植物，由于根在淤泥中呼吸困难，一部分背地向上生长，露出地面，这类根有发达的通气组织。

吊兰的气生根：吊兰的气生根生长在地面以上的茎上，将这部分根栽入土中可长成一个新的植物体。取吊兰气生根横切片，仔细观察其基本结构。

常春藤的攀缘根：常春藤茎细长柔软，其上生有不定根用于攀缘他物，称为攀缘根。取常春藤攀缘根横切片，仔细观察其基本结构。

2）茎的变态

（1）地下茎的变态。

根状茎：观察芦苇的地下茎，找出节间、鳞片、顶芽、腋芽和不定根。

块茎：马铃薯块茎是由根状茎末端膨大而成。取一个马铃薯块茎，用放大镜找出芽眼、其下方弧形的鳞片痕及芽眼里的小芽。每个芽眼所在的部位即为一个节。芽眼较大且比较密集的一端为块茎的顶部（或头部）；芽眼较稀疏的一端为块茎的脐部（或尾部）。

鳞茎：将洋葱鳞茎纵切，其中央下部呈圆锥状的部分，称为鳞茎盘。其上分布着许多肉质鳞片，鳞片相当于正常茎上的叶，鳞茎盘相当于缩短的正常茎，鳞片着生的地方是节,相邻两个鳞片之间的地方是节间,在部分鳞片腋内还有腋芽,鳞茎盘的基部有不定根。

球茎:将荸荠洗净,观察到的数个圆环为节,每个节上着生有褐色膜质鳞片,为变态的叶;鳞片腋内有腋芽,顶端有顶芽。

尝试分析,以上几种材料的哪些特征能够表明它们是变态茎?与变态根的主要区别是什么?

(2)地上茎的变态。

叶状茎:假叶树的茎变成绿色叶片状,行使叶功能。

枝刺(茎刺):皂荚、山楂枝上有刺,十分坚硬,不易剥下。仔细观察枝刺与叶或叶痕的关系。

扁化枝(扁化茎):观察扁竹蓼整个植物体,它由许多扁平的叶状枝组成。仔细观察并区分出节与节间,节处有芽和退化的叶。

茎卷须:观察葡萄的卷须。从卷须发生的部位来看,是由顶芽转变来的。

肉质茎:仙人掌类植物的肉质茎呈球状、块状、多棱柱状等,有发达的贮水组织并可进行光合作用;这种变态茎还具有较强的营养繁殖能力。

尝试分析,以上几种材料的哪些特征能够表明它们是变态茎或者是由枝条发育而来的?

3)叶的变态

(1)叶刺:仙人掌属植物叶片退化为刺状结构,光合功能由肉质茎代偿;豆科植物如洋槐、鼠李科植物如酸枣,其叶基部的托叶特化成硬刺,形成双重防御结构;小檗属植物的叶片则完全特化成三叉状锐刺。

(2)叶卷须:豌豆羽状复叶的顶端有分枝的卷须,是由顶端的小叶片特化而成的。叶卷须与茎卷须的功能相同,但它们来源不同。

(3)捕虫叶:观察液浸猪笼草标本,它的叶片很长,末端呈瓶状,内储液汁;昆虫落入则溺死,被消化作为植物的养料,因此,猪笼草是一种食虫植物。

(4)苞片:生于花下面的特殊叶。观察白掌的佛焰苞花序,苞片呈叶状,白色。

(5)鳞片:芽外围保护芽的鳞片;根状茎、球茎节上生有膜质的退化叶,如荸荠球茎,也属于鳞片。

(6)叶状柄:金合欢属植物银叶金合欢的幼苗上生有正常的羽状复叶,随着植物生长,叶柄逐渐扩展,小叶减少直至最后完全消失,叶柄呈叶片状,发挥与叶片相同的生理作用。

尝试分析,以上几种材料的哪些特征能够表明它们是变态叶?

【思考与作业】

1. 绘棉花叶片横切面的部分轮廓图(含主脉),并注明各个部分的名称。
2. 如何理解叶的形态结构与生理功能和环境条件之间的适应关系?
3. 根据哪些特征可以判断营养器官变态的类型?

实验 8　花的形态及表示方法

【实验目的】

1. 掌握花程式描述植物花的主要特征。
2. 了解植物特征与花图式的对应关系。

【实验材料】

百合鲜花、未开花小麦麦穗、独行菜花、梨或苹果花、车前花、蒲公英花及校园常见植物的花。

【实验器材】

光学显微镜、体视显微镜、解剖针、镊子。

【实验内容与步骤】

1. 用花程式描述植物花的主要特征

花程式是用字母、符号和数字来表示花的各部分组成、排列、位置以及相互关系的公式，记录方法简便，记述扼要，有助于研究与学习。花各部分的代称如下：

P：花被，源自拉丁文 perianthium 的略写。

K：萼片，源自德文 kelch 的略写。

C：花瓣，源自拉丁文 corolla 的略写。

A：雄蕊群，源自拉丁文 androecium 的略写。

G：雌蕊群，源自拉丁文 gynoecium 的略写。

以数字表明花的各轮数目，写在所表示部分符号的右下角。

∞：数目多或不定数。

O：不具备或退化。

G（a:b:c）：括号中的三个字母，a 示心皮数，b 示每个子房室数，c 示每室内胚珠数。

+：排列轮数。

（）：联合。不带（）表示分离。

G：子房上位。

*：整齐花（辐射对称）。

↑：不整齐花（两侧对称）。

←：某一部分着生在另一部分，如 C←A 示雄蕊着生在花冠上。

2. 绘制植物形态特征图及花图式

绘制植物形态特征图：正确观察植物材料、掌握其主要特征之后，用硬铅笔绘出植株的一部分或某器官的一部分（特别是分类上的鉴别特征）。绘图时要特别注意各部分的形状、比例大小、相互关系，要按典型的、完整的代表植物来绘制，绘制完毕要逐一标明各部分名称及放大或缩小倍数。准确的形态特征图可在植物鉴定时提供很大帮助。

花图式是用符号表示花的横切面图，它与花程式不同，但必须互相参照。花图式不仅表明花的构造和花各部分的数量，同时也表明花各部分在空间排列的相对位置以及其他重要特点。

此外，有些花图式还可表明花结构的一些特点，如副萼、距、蜜腺以及花冠、雄蕊的形状等，应灵活辨认并加以运用。

3. 花的外部形态及组成

1）百合花的组成

取一朵百合花由外向内逐步观察其各组成部分。

花被：黄色或白色，共 6 枚，分两轮排列，每轮 3 枚。

雄蕊：位于花被内侧，共 6 个雄蕊，着生在花托，每个雄蕊由花丝和黄色的花药组成，花药较大，丁字药，内含有花粉粒。取花粉粒制成水封片，可以观察到花粉粒的形态。

雌蕊：1 枚，由柱头、花柱和子房组成。花柱较长，三棱形，子房上位。

花托：花柄先端膨大的部分，是以上各部分着生的场所。

花柄：位于花托下面，为花与茎相连的部分，柄状结构，是每朵花着生的小枝。

2）小麦的花序和花的组成

取一个尚未开花的小麦麦穗观察：小麦麦穗就是一个复穗状花序，许多小穗（穗状花序）以互生的方式着生在穗轴的两侧。

用镊子取下小穗解剖观察：小穗基部两片绿色片状瓣是颖片（护颖），颖片内有 2～3 朵正常发育的小花。

再用镊子取发育完全的一朵小花，用放大镜观察：花基部有一片外稃，外稃尖端常延伸成芒；另有一片为内稃。外稃基部的两个小囊片就是浆片，雄蕊 3 枚，花中心处是雌蕊，雌蕊柱头二裂呈羽毛状。

3）列出各花的组成及其特点（表 8-1）

表 8-1　花的组成及主要特征

植物名称	花程式	雄蕊类型	雌蕊类型	胎座类型

【思考与作业】

1. 绘图表示百合花的外部形态。
2. 绘制小麦花的外部形态。

实验 9 花序与花内部结构

【实验目的】

1. 理解花序的概念，掌握各种类型花序的特点。
2. 掌握花药的发育过程和结构及花粉粒的形成过程。
3. 掌握子房和胚珠的结构，了解胚囊的发育过程。

【实验材料】

1. 永久制片

百合子房横切片、百合柱头纵切片、百合花柱横切片、百合花药各发育时期横切片、百合胚囊各发育时期切片、花粉切片、花粉装片、花粉萌发装片。

2. 新鲜材料

百合鲜花、白菜或独行菜花序、梨或苹果花序、车前花序、葱花序、二球悬铃木花序、向日葵或蒲公英花序、白杨雄花序、珍珠梅花序、胡萝卜或茴香花序、唐菖蒲花序、委陵菜花序、附地菜花序、勿忘草或萱草花序、大戟花序、益母草花序、石竹花序、大叶黄杨花序、豌豆花。

【器材和试剂】

1. 器材

光学显微镜、体视显微镜、解剖针、镊子、载玻片、盖玻片、刀片。

2. 试剂

0.1%～0.2%蔗糖溶液。

【实验内容与步骤】

1. 花序的组成及类型

1）无限花序

无限花序是单轴分枝式形成的花序，花在花轴上自下往上或自外往内发育，最小的花位于花轴的顶端或中心，而最老的花则在花轴的下部或外部。无限花序有下列几种。

总状花序：观察白菜（或独行菜）的花序可见，着生在花轴上的小花都有近等长的花柄，花自下向上逐渐成熟，并按互生次序排列。

伞房花序：观察梨或苹果花的花序可见，其与总状花序排列相似，只是下部花柄长度大大超过上部花柄长度，因此各朵花几乎处于相同高度。

穗状花序：观察车前的花序可见，其与总状花序排列相同，只是花柄甚短，似无柄。

伞形花序：观察葱的花序可见，花轴节间极短，致使各花柄基部呈簇生状、着生于缩短的花轴顶端；苞片紧密排列形成总苞结构，且各花柄近等长。

球状花序：观察二球悬铃木的花序可见，小花集中在膨大的花轴顶端，每朵花着生于短的花柄上，似无柄。

头状花序：观察向日葵（或蒲公英）的花序可见，无花柄的小花着生于平坦或稍突起的花轴上，花轴下面为许多苞片，形成总苞。向日葵的整个花序上着生有两种不同类型的花：边缘是具有黄色花冠的假舌状花，雌雄蕊均不发育；其内为管状花，为两性花。

柔荑花序：观察白杨的雄花序可见，它是一种近似穗状的花序，花单性，整个花序柔软下垂。

以上 7 种为简单的无限花序，此外还有由简单无限花序组成的复合无限花序。

圆锥花序：观察珍珠梅花序可见，花序由主轴生出分枝，这些分枝又生出侧枝，每个枝是一个总状花序，主轴顶部的分枝较短，基部的分枝较长，整个花序构成圆锥形。

复伞形花序：观察胡萝卜（或茴香）的花序可见，其是伞形花序的联合，每一小枝为一个小伞形花序，在总花序下方和每个小伞形花序下方都有总苞，有的总苞不发达，这是伞形花序的特征。

2）有限花序

当茎呈合轴分枝时，则形成有限花序。这种花序着生在土轴上，顶花先开放，在第一朵花下面长出一个或数个侧枝，其中每个侧枝顶端的顶花又先开放，这种花序即为有限花序，包括下列几种。

单歧聚伞花序：由合轴分枝形成，花序主轴先生一花，顶花下的一侧形成分枝，分枝顶端又生一顶花，顶花下方又产生二级分枝，依此类推，形成合轴分枝式花序，包括两种类型。①螺旋状（镰刀状）聚伞花序：观察附地菜、勿忘草或萱草的花序分枝，可以看到各级分枝都是从轴的一侧长出。所以，整个花序向一侧弯转呈螺旋状。②蝎尾状聚伞花序：观察唐菖蒲、委陵菜的花序，可以发现各级分枝是左右交互相间长出，整个花序左右对称。

二歧聚伞花序：观察石竹、大叶黄杨等的花序。花轴顶端生有顶花，在顶花下面有2 个侧枝，侧枝顶端又生有顶花，此顶花下面又生有第二级侧枝，依此类推形成的花序。

多歧聚伞花序：观察大戟和益母草的花序。顶花下同时发出 3 个以上的侧枝，各侧枝以同样的方式进行再分枝又形成一个小的聚伞花序。

2. 花的内部结构

1) 百合花的内部结构

取百合花，制作徒手切片观察其内部结构。

（1）将新鲜百合花蕾纵切，观察花的纵剖面结构。

（2）将新鲜百合花蕾横切（在花药和花柱位置），观察花各部在横切面的排列位置。

（3）将花蕾在子房处横切，观察子房在横切面的结构。

2) 百合雌蕊的结构与发育

（1）柱头：取百合柱头纵切片，在显微镜下可观察到柱头表面的乳突、落在柱头上的花粉，甚至可观察到已萌发的花粉管。

（2）花柱：取百合花柱横切片，显微镜下可观察到中空的花柱道及具有分泌功能的内表皮细胞。

（3）子房：取百合子房横切片，显微镜下可观察到子房是由三心皮组成的合生雌蕊，具有 3 个子房室，每个子房室中着生有 2 个倒生胚珠，胚珠着生于腹缝线上，胚珠着生的部位形成中轴胎座。在低倍物镜下，选择一个通过倒生胚珠正中的纵切面，换高倍物镜观察，可观察到 2 层珠被、珠柄、珠心、合点、珠孔和胚囊等结构。

3) 百合胚珠和胚囊的发育

观察百合胚囊各发育时期永久制片，显微镜下可观察到胚囊发育的各时期及特点。

（1）胚囊母细胞时期：胚珠原基出现，珠心处分化出孢原细胞，进而形成胚囊母细胞。

（2）四分体时期：胚囊母细胞经过减数分裂形成四分体，进而形成 4 个单倍体大孢子核，但不伴随细胞壁的形成。

（3）胚囊发育时期：4 个大孢子核均参与胚囊形成，其中 3 个细胞核向合点端移动并融合形成一个三倍体核，经两次有丝分裂形成 4 个三倍体核；另外 1 个细胞核（n）在珠孔端，经两次有丝分裂形成 4 个单倍体核；两端各有一个细胞核向中央移动并相互靠拢，形成中央极核，此种胚囊属于贝母型胚囊（四孢型胚囊）。

（4）成熟胚囊时期：在珠孔端形成 3 个细胞的卵器（1 个卵细胞+2 个助细胞；均为单倍体），合点端形成 3 个反足细胞（均为三倍体），胚囊中央形成 2 个极核（$3n+n$）。注意：贝母型 8 核胚囊的核倍性与蓼型胚囊不同。

4) 百合雄蕊的结构和发育

观察不同发育时期百合花药横切片，了解其结构和发育过程：百合花药幼熟期由药隔连接有四个花粉囊。花药的具体发育过程如下。

（1）造孢组织时期：取幼嫩的百合花药横切片，在低倍物镜下观察，可观察到一个花药分为左右两半，两半中间有药隔，在药隔处还可看到维管束，每半有 2 个花粉囊。看清花药轮廓后，换高倍物镜仔细观察，可见最外一层是表皮细胞；表皮内侧是一层（纤维层）细胞壁尚未增厚的细胞，称为纤维层（初期称为药室内壁），在横切片上细胞近似方形。纤维层以内有 2～3 层较扁平的细胞，称为中层。中层以内的一层细胞是绒毡层，细胞呈长方形。绒毡层以内为药室，每个药室中有许多造孢细胞，细胞呈多角形，细胞质浓，细胞核大，部分造孢细胞已分化成为花粉母细胞。

（2）二分体和四分体时期：取发育的百合花药横切片进行观察，可看到花粉囊中有 2 个子细胞，或 3～4 个子细胞紧靠在一起，外围包有胼胝质。每一个细胞将发育成一个单核时期的花粉粒。这一时期，表皮、纤维层和中层的细胞与造孢组织时期对应的细胞无显著变化，而绒毡层的细胞已破裂或残缺不全；部分绒毡层细胞仅经历细胞核分裂，并不伴随新细胞壁的分层，因而可看到绒毡层细胞的双核现象。

（3）成熟花粉粒时期：取成熟百合花药横切片进行观察，可发现此时期表皮已萎缩或残缺不全，纤维层细胞壁不均匀加厚并木质化，木质化加厚部分染成红色，中层和绒毡层细胞都已被破坏并消失。选一个完整的花粉粒，换高倍物镜观察，可以观察到每个花粉粒有两层壁和萌发孔，内壁薄，外壁厚，外壁上还有花纹。两个花粉囊的隔膜破裂，有些单核花粉已进行分裂，进一步发育成雄配子体（成熟花粉粒）。百合的成熟花粉粒为二细胞型，它由单核花粉经过一次有丝分裂形成 2 个细胞，其中一个大的细胞为营养细胞，另一个呈纺锤形的细胞为生殖细胞，一般紧靠花粉壁。生殖细胞有自身的细胞质但无细胞壁，以细胞膜为界沉浸于营养细胞的细胞质中。

5）花粉的形态观察

取白菜、豌豆等成熟的花药各一枚，分别放在载玻片上，用解剖针挑破花粉囊，使花粉散出，加 0.1%～0.2%蔗糖溶液后封片观察，比较不同植物花粉的形态特征。也可用不同植物花粉装片、花粉萌发装片进行观察。

【思考与作业】

1. 绘轮廓图表示子房、胚珠和胚囊在位置上的相互关系，注明各部分名称，并单独绘制一个胚珠的详细结构图。

2. 绘图表示百合花药（成熟时期）的解剖结构。

3. 如何证明花是变态的枝条？如何区别有限花序和无限花序？

实验 10 胚的发育、种子与果实的形成

【实验目的】

1. 掌握双子叶植物荠菜胚及胚乳的发育过程。
2. 了解种子及果实的形成过程。

【实验材料】

1. 永久制片

荠菜幼胚、中胚、老胚纵切片，洋金花横切片，宁夏枸杞花横切片，蛇床子分果横切片，小茴香分果横切片，罂粟果实横切片，无花果果实纵切片。

2. 新鲜材料

荠菜、苹果、橘子、草莓、葡萄（或番茄）、菠萝、山桃（或杏）、梨、黄瓜果实。

3. 标本

花生、大豆、牵牛、白菜、独行菜（或荠菜）、向日葵、板栗（或榛子、核桃）、玉米、榆树（或臭椿）、小茴香（或苘麻）、八角茴香、桑椹。

【实验器材】

光学显微镜、体视显微镜、解剖针、镊子、载玻片、盖玻片、刀片。

【实验内容与步骤】

1. 双子叶植物荠菜胚及胚乳的发育

1) 荠菜短角果的形态结构

荠菜短角果为三角形，由两个心皮构成，形成一室，侧膜胎座。但在两个心皮相连接的腹缝线处延伸出一个隔膜，将子房分为二室，故称为假二室。此隔膜不是心皮弯向子房内形成的，所以称为假隔膜。胚珠排列成两排，并着生在两条腹缝线内。

2) 荠菜胚及胚乳的发育

取不同发育时期的荠菜子房制片按胚发育的先后顺序将制片分期并编号，可划分为

二细胞原胚时期、原胚时期（包括四细胞、八细胞和多细胞球形胚）、胚分化时期及成熟胚时期。

（1）二细胞原胚时期：取该时期荠菜子房纵切面的连续切片，先在低倍物镜下观察子房纵切面全貌：荠菜子房呈心脏形，子房室中有一假隔膜将其一分为二；胚珠在胎座上着生部位不一致，排列不整齐，在子房室内可观察到多个不同部位横切的胚珠切面。

挑选比较完整并接近通过中央部位的胚珠纵切面作进一步观察。辨认弯生胚珠的各结构部位，特别要注意区分珠孔端和合点端。在高倍物镜下，可观察到在弯生胚囊的珠孔端，受精卵经过第一次横分裂形成二细胞原胚。其中一个为基细胞（或称柄细胞），靠近珠孔，将来发育为胚柄；另一个为顶端细胞（或称胚细胞），将来发育为胚体。同时，可观察到中心处胚乳的发育情况：初生胚乳核已进行若干次核分裂，在胚囊中已有胚乳游离核出现。

需要提醒的是，胚珠的合点端有一群不规则的薄壁细胞，是一些过度生长的珠心细胞，这些细胞在种子发育前期始终保留，易被误认为是反足细胞。在胚囊的外围有一圈细胞质浓厚、染色较深的细胞，是珠被的内层细胞，也被称为珠被绒毡层。

（2）原胚时期：取胚体四细胞、八细胞和多细胞球形胚切片进行观察。先在低倍物镜下挑选比较完整的胚珠，然后转换到高倍物镜下观察。在这一时期，基细胞经过几次横分裂形成一列细胞，靠近珠孔端的一个细胞最大，高度液泡化，称为胚柄基细胞，其上有7~8个细胞组成的胚柄。胚柄顶端是由多个细胞形成的球形胚体。

胚细胞先经过两次相互垂直的分裂，形成了具4个细胞的原胚，在制片上则只能看到一侧的2个细胞。之后每个胚体细胞再横向分裂一次，形成了具8个细胞的原胚，在制片上只能看到4个细胞。然后各个细胞继续进行有丝分裂，逐渐形成一个包含有数十个细胞的球形胚。一般未开始分化的胚体均可被称为原胚。在原胚发育的同时，胚囊中胚乳游离核也随着核分裂而增多，此时期仍未形成胚乳细胞。

（3）胚分化时期：取胚分化时期切片，在显微镜下进行观察，了解胚的分化和胚乳发育情况。可观察到在球形胚前端将来发育出子叶的部位，细胞分裂加快，形成了两个突起，称为子叶原基。胚体在纵切面观呈心脏形，称为心形胚时期。同时观察胚乳的发育情况：部分胚乳游离核的周围出现细胞壁而形成了胚乳细胞。

之后胚体和子叶继续长大，并开始弯转，形成手杖胚。手杖胚时期，胚柄逐渐退化，但基细胞仍明显可见。随着胚的不断发育，胚乳细胞逐步降解，将其内部养分分解以支持胚发育的需要。胚珠内胚体已分化出胚根（在近珠孔的一端）、胚轴和两片子叶。

（4）成熟胚时期：取成熟胚时期切片进行观察。此时期整个胚囊被胚占满，胚柄与基细胞消失，胚乳和珠心组织全部被胚吸收，珠被形成种皮，胚已具有两个粗而弯曲的子叶，在两片子叶中间有一小突起是胚芽，与两片子叶相连处是胚轴，胚轴下方为胚根。胚根对着珠孔，成熟的胚珠就是一粒种子。胚乳在胚发育过程中被胚吸收，仅在子叶和胚轴的外侧紧贴珠被（种皮）处以及合点端有少量残存的胚乳细胞。成熟的荠菜种子为无胚乳种子。

2. 果实

1）观察单果、聚合果与复果的结构

（1）单果：取一个未成熟的番茄果实，先观察其外形，看能否找出果柄、花托、花萼与花冠着生的痕迹？如何判断它是一个单果？用刀片横切果实，观察它分为几室？每室内有多少种子？

（2）聚合果：取一个草莓果实，纵剖为两半，判断哪一部分是花托？能否找到花萼、花冠着生的痕迹？在其凸形花托的表面着生许多小坚果，它是由一个雌蕊的子房发育而成的，肉质的花托和上面着生的许多小坚果合在一起，称为聚合果。

（3）聚花果（复果）：观察凤梨（菠萝）的外形可见，其是由一个花序发育而成的果实，花为不孕花，花轴肉质化为主要的食用部分。

2）观察真果和假果的结构

（1）真果：取山桃或杏果实，先观察其外形，再用刀片纵向剖开，可见其果皮分为三层。

①外果皮：果实最外一层；

②中果皮：肉质多汁，为食用部分；

③内果皮：中果皮以内、木质化坚硬的部分，内果皮里面含有种子。

（2）假果：取梨果实进行观察，它与山桃果实有什么区别？用刀片纵向剖开，由外向内观察其内部结构，可见其果实由子房和花托及花筒部分组成。

观察常见植物果实的外形、结构及特征，尝试将其与相似的果实进行比较，并按照果实类型将观察结果填入表 10-1。

表 10-1　果实的结构及特征记录表

果实类型	植物名称	主要特征
浆果		
瓠果		
柑果		
核果		
梨果		
荚果		
蓇葖果		
蒴果		
角果		
瘦果		
坚果		
颖果		
翅果		

续表

果实类型	植物名称	主要特征
分果		
聚合果		
复果		

【思考与作业】

1. 绘简图表示荠菜种子在不同发育时期胚珠的构造（主要表示胚的构造），注明各部分名称，并仔细观察这些构造在胚囊内位置上的变化。

2. 荠菜胚的发育过程是怎样的？

3. 绘大豆、山桃和梨果实的剖面图。

第二部分

植物分类实验

实验 11　植物的识别与鉴定

【实验目的】

1. 学会使用检索表。
2. 基本掌握对植物识别与鉴定的方法和技巧。

【实验材料】

采自校园的植物（部分植物要有花）及腊叶标本。

【实验器材及参考书】

体视显微镜、解剖针、放大镜，以及《天津植物志》《河北植物志》《北京植物志》《东北植物检索表》。

【实验内容与步骤】

1. 植物的主要特征观察

1）整体特征及习性

在辨别植物时，首先要观察植物的整体特征，包括植物的大小、形态、颜色、生长环境等。植物可以分为木本植物、草本植物、藤本植物和水生植物，也可按照常绿和落叶进行划分。草本植物还可以分为一年生（夏、冬型）、二年生和多年生。

2）叶的特征

叶是植物的重要器官，它可以帮助植物进行光合作用。植物叶片质地、性状等特征多样性非常高，观察叶的特征是辨别植物的重要方法之一。

（1）质地

草质叶：叶片薄而柔软，如紫苏。

革质叶：叶片肥厚且较坚韧，如苏铁。

肉质叶：叶片肥厚多汁，如芦荟。

（2）单叶和复叶

单叶：一个叶柄上只生一片叶，如梨。

复叶：一个叶柄上生有两片以上的叶，如刺槐。复叶的叶柄称为总叶柄或叶轴，总叶柄上着生的许多叶称为小叶，小叶的叶柄称为小叶柄。常见的复叶类型有羽状复叶（臭椿)、掌状复叶（五叶地锦）、三出复叶（大豆）。

（3）叶序：叶在茎上排列的方式，称为叶序，常见的有互生叶序（桃）、对生叶序（丁香）、轮生叶序（夹竹桃）、簇生叶序（银杏）。

（4）叶形：叶的形状，常见的有条形、披针形、卵形、卵圆形、椭圆形、异型叶（胡杨）等；叶尖的形状，常见的有钝圆、凹缺、渐尖、急尖、突尖等；叶基的形状，常见的有楔形、宽楔形、圆形、耳形、心形、盾状、合生穿茎、抱茎叶等；叶缘的形状，常见的有全缘、单锯齿、重锯齿、波状等；分裂方式，可分为浅裂、深裂和全裂，以及羽状分裂、掌状分裂等。

关于叶的观察，还包括有无叶舌、托叶、托叶鞘、柄、叶耳等；表皮毛的有无和表皮毛的类型（如腺毛、柔毛、绒毛、短绒毛等）。

（5）叶脉：常见的有网状脉、平行脉、三出脉、掌状脉等。

3）根的形态

观察植物主根、侧根、不定根的情况，以及植物的根系类型（直根系和须根系）。还可根据根的变态方式来区分，通常有贮藏根、气生根、寄生根等。总体上，根据根的特征能够快速区分植物种类的情况较少，而且挖出植物根进行观察的方式不值得提倡。

4）芽的位置及性质

芽的位置：顶芽、侧芽、定芽和不定芽。

芽的性质：花芽、叶芽和混合芽。

芽的排列：单芽、叠生芽。

芽的其他分类：柄下芽（悬铃木、国槐），鳞芽和裸芽，休眠芽和活动芽，等等。

5）茎和树皮

植物茎的特征，包括茎的外形（长短枝、节和节间）、纹理、颜色、皮孔、叶痕、叶迹、芽鳞痕、托叶痕，以及变态和附属物（被毛、枝刺、皮刺等）；茎的类型，包括乔木、灌木、藤本、匍匐等；茎的分枝习性，常见的如总状分枝、合轴分枝、假二叉分枝等。

6）花的形态

观察花朵的颜色和形状、花瓣的数量、花蕊的结构等，见实验9。

7）植物的果实

观察果实的形状、颜色、大小，以及种子的形态，见实验10。

8）生长环境

植物的生长环境包括生长地点、生长季节、生长条件，以及植物的生长期（包括生长阶段、花期、结果期等）。

2. 触摸测试

有些植物的叶或茎具有特殊的质感。通过触摸测试，可感受到植物表面是否光滑、粗糙、有刺等。此外，还可以通过揉搓植物的叶片后产生的挥发物的气味（化学成分）来协助鉴别。

3. 使用植物鉴定工具

可以使用植物鉴定工具来辅助鉴定。常见的植物鉴定工具包括植物图谱、植物分类检索表等；随着电子设备的进步及应用程序的快速发展，也可利用手机小程序（如花伴侣、识花君）、在线网站[如中国植物志（FRPS）、中国自然标本馆（CFH）、中国植物图像库（PPBC）、中国国家标本资源平台（NSII）]来辅助鉴定。

植物鉴定需要有丰富的经验，初学者可能会因为经验不足而无法准确鉴定。例如，借助手机小程序进行鉴别时，会因为有些植物的形态特征相似而引起混淆；或者在提供植物图片时，无法提供较全面的信息和关键细节。在这种情况下，只有通过多学习、多实践，积累更多的经验，逐渐提高鉴定水平。

4. 检索表的制作和使用

植物分类检索表是植物分类中识别和鉴定植物不可缺少的工具，是根据法国拉马克（Lamarck）二歧分类原则，把原来一群植物相对的特征、特性分成对应的两个分支，两两对比，逐步排列，直至排列到某一种或某一群（科或属）植物为止。但检索表的编制完全是人为的，并不代表植物的自然关系。查检索表时应先观察待鉴定植物的形态特征，确定所属的科。再用检索表检索出属、种。每查出一种分类等级后，均应与文献记载该等级的特征详细对照，经证实其特征完全相符后才能查下一等级，否则就会一错再错，以致无法往下进行或者造成错误鉴定。常用的检索表排列方式有两种，即定距式检索表和平行式检索表。

定距式检索表：优点是层次清楚，使用方便；缺点是比较费纸。

平行式检索表：优点是整齐，省纸；缺点是层次不清楚，使用不方便。

以植物界划分为例。

（1）定距式检索表

1 植物体无胚胎，为单细胞或多细胞组成叶状体，没有真正根、茎、叶的分化。

  2 植物体不是由藻类和菌类组成的共生体。

    3 植物体有叶绿素或其他光合色素，能进行光合作用……………………藻类植物

    3 植物体没有叶绿素或其他光合色素，不能进行光合作用…………菌类植物

  2 植物体由藻类和菌类共生组成……………………………………………地衣植物

1 植物体有胚胎，为多细胞组成，常分化为根、茎、叶或为假的根、茎、叶。

  4 植物体有茎、叶分化，但无真正的根……………………………………苔藓植物门

  4 植物体有茎、叶分化，有真正的根。

    5 植物体不开花，没有种子；只有孢子，靠孢子繁殖………………蕨类植物门

    5 植物体开花，产生种子，靠种子繁殖。

　　　　6 胚珠裸露，不包于子房内，不形成果实……………………………裸子植物门

　　　　6 胚珠不裸露，包于子房内，形成果实……………………………被子植物门

（2）平行式检索表

将上述定距式检索表特征按平行式检索表方式排列。

1 植物体无胚，为单细胞或多细胞组成叶状体，没有真正根、茎、叶的分化………2

1 植物体有胚，为多细胞组成，常分化为根、茎、叶或为假的根、茎、叶…………4

2 植物不是由藻类和菌类组成的共生体………………………………………………3

2 植物体由藻类和菌类共生组成……………………………………………地衣植物

3 植物体有叶绿素或其他光合色素，能进行光合作用……………………藻类植物

3 植物体没有叶绿素或其他光合色素，不能进行光合作用………………菌类植物

4 植物体有茎、叶分化，但无真正的根………………………………………苔藓植物门

4 植物体有茎、叶分化，有真正的根…………………………………………………5

5 植物体不开花，没有种子；只有孢子，靠孢子繁殖……………………蕨类植物门

5 植物体开花，产生种子，靠种子繁殖………………………………………………6

6 胚珠裸露，不包于子房内，不形成果实……………………………………裸子植物门

6 胚珠不裸露，包于子房内，形成果实………………………………………被子植物门

　　有比较才能鉴别，辨认植物要学会比较，从比较中抓住鉴别特征，这是学习植物分类学的重要方法。利用这一方法，可以根据备查植物的特征，用检索表检索出要鉴定的植物；再查阅有关参考书中的描述，是否与检索出的植物特征相同。另外，也可与标本室所藏标本相对照，验证其特征是否相同。

　　根据以上考证的结果，就可判断检索的植物是否正确。

5. 植物拉丁名

　　植物拉丁名，也称为植物学名，是国际植物学界进行交流的标准用名。它采用拉丁文书写，符合《国际植物命名法规》的各项原则，确保每种植物只有一个且只能有一个学名，从而避免了因语言差异和地域差异导致的命名混乱。

　　植物学名的命名采用双名法。双名法是由瑞典植物学家林奈（Linnaeus）发明的，它用于对种（species）一级的野生植物以及自然起源的栽培植物进行命名。双名法书写的植物学名由三部分组成（没有特别需要时可省略成两部分），其完整内容和书写格式如下：第一个词为某一植物隶属的"属名"；第二个词为"种加词"，用于形容某一植物种的特征或者作用。这种命名方式确保了植物命名的统一性和科学性，便于国际交流和研究。此外，为了便于考查，通常在学名后还会附上命名者的姓名或姓名的缩写。对于具有亚种或变种的植物，其命名可以具有三名。在书写时，属名的首字母大写，而种名及以下各级名称的首字母小写。这种命名规则不仅适用于植物的分类和鉴定，也促进了植物学的研究和发展。例如：

　　垂笑君子兰：学名 *Clivia nobilis* Lindl.。其中，*Clivia* 为君子兰属，是为纪念贵族克

莱夫（Clive）公爵夫人，将 Clive 拉丁化为 *Clivia*，作为这个属的属名；*nobilis* 是种加词，意为"高贵的、壮丽的"；Lindl. 是这个种的命名人、植物学家 John Lindley 的姓氏的缩写形式。

　　油菜：学名 *Brassica chinensis* L.，其中 *Brassica* 为芸薹属；*chinensis* 为种加词，即"中国的"；L.为瑞典植物学家林奈 Linnaeus 的缩写。

　　植物学名除上述标准形式外，还有其他情况。

　　（1）异名 synonyms 缩写为 syn.，或用——或（）表示，也可用斜体字表示。

　　异名即为同物异名。每种植物只能有一个合法的学名，如有其他名称，只能作为异名。例如，台湾松 *Pinus taiwanensis* Hayata 的异名为黄山松 *P. hwangshanensis* Hsia。经研究，黄山松与台湾松的特征相同，是同一种植物，按规定应以最先发表的学名为正式学名，其他学名均作为异名。

　　裂叶牵牛 *Pharbitis nil*（L.）Choisy 的异名为 *Convolvulus nil* L.，林奈发表此种，当时把属名误定为旋花属 *Convolvulus*。Choisy 认为应为牵牛属，就把它并入牵牛属，按规定应仍用 *nil* 为种加词，因此在 Choisy 名的前面写上 L.。但要用（）括起来，并将林奈定的学名作为异名处理。

　　（2）在两个定名人之间用 et、&或 ex 相连；et、&是"and""及""和"的意思。表示此植物学名是由两个人共同定的。例如，水杉 *Metasequoia glyptostroboides* Hu et Cheng，*Metasequoia* 是属名，*glyptostroboides* 是种加词，Hu 是我国植物学家胡先骕的姓，Cheng 是我国植物学家郑万均的姓。

　　ex 是"从""根据"之意。例如，藏麻黄 *Ephedra saxatilis* Royle ex Florin，Royle 为最初定名人，但未正式发表，后来 Florin 通过研究同意这个学名并正式发表；在 Royle 后面加上 ex 再加 Florin，表示这个学名应以 Florin 的研究为依据。

　　（3）拉丁名中的一些缩写词。

　　ssp.或 subsp.：subspecies 的缩写，表示"亚种"。例如，云南藜 *Chenopodium album* L. ssp. *yunnanensis* 为藜 *Chenopodium album* L.的亚种。

　　sp.或 spp.：species 的缩写，表示"未定种"。例如，*Chenopodium* sp.表示藜属中的一个未定种，*Chenopodium* spp.表示藜属中的多个未定种。

　　sp.nov：species nova 的缩写，表示"新种"，一般附在新发表的学名之后。

　　var.：varietas 的缩写，表示"变种"。例如，酸枣 *Ziziphus jujuba* Mill var. *spinosa* Hu ex H.F.Chow 是枣 *Ziziphus jujuba* Mill 的变种。

　　f.：forma 的缩写，表示"变型"。例如，*Prunus serrulata* Lindl.f. *roseaplena* Hort 为重瓣樱花，是樱花 *Prunus serrulata* Lindl.的变型。

【思考与作业】

　　1. 尝试描述 10 种植物的形态特征，并将同科和同属植物进行对比分析。

　　2. 用检索表鉴定 10 种以上植物，并写出检索路线。

实验 12 藻 类 植 物

【实验目的】

1. 掌握藻类各门的主要特征。
2. 了解藻类在进化系统中的地位。
3. 学习观察藻类的基本实验方法。

【实验材料】

1. 永久制片

蓝藻门（Cyanophyta）、绿藻门（Chlorophyta）、轮藻门（Charophyta）、金藻门（Chrysophyta）、褐藻门（Phaeophyta）、红藻门（Rhodophyta）植物的切片，海带和马尾藻等褐藻及石花菜和江蓠等红藻的浸制标本和腊叶标本。

2. 新鲜材料

颤藻、念珠藻、丝藻、水绵、圆筛藻、舟形藻、紫菜。

【实验器材】

显微镜、镊子。

【实验内容与步骤】

1. 蓝藻门

1）色球藻属（*Chroococcus*）

在显微镜下观察，色球藻属藻体为单细胞或多个细胞构成的群体，原生质体呈蓝绿色，单细胞时呈球形。色球藻刚分裂时细胞略长形或半圆形，单独存在或细胞分裂后不分离，成为少数细胞组成的群体，每个细胞外都有个体胶质鞘，胶质鞘无色或黄棕色，分层次或不分层次，群体外还有公共胶质鞘。

2）颤藻属（*Oscillatoria*）

颤藻属是淡水中分布极为普遍的蓝藻。取颤藻新鲜材料做水封片，显微镜下观察。藻体丝状，由单列细胞组成。整个藻体呈蓝绿色，无胶质鞘或有但很薄，在显微镜下可看到丝体左右和前后颤动。颤动是由于其分泌的胶质将丝体推向相反的方向而发生的。

顶端细胞多呈半圆形，其他细胞为长方形。藻体上的死细胞或胶质隔盘将丝体分割成一个个小段，每一小段即为一段藻殖段。

3）念珠藻属（Nostoc）

取浸制标本做水封片或取永久制片观察其藻体结构。念珠藻藻体常为胶质群体，呈球形、片状或发状，藻体内部由许多弯曲的藻丝组成，每一条丝是由单列球形细胞相连而成，上面有异形胞和厚垣孢子。

异形胞：在丝状体上常能看到一个至几个体积较大、球形或椭圆形具厚壁的细胞，这些细胞原生质均匀，不含色素和颗粒状内含物，细胞半透明，即为异形胞，由营养细胞转化而来。两个异形胞之间的一段丝状体即为一段藻殖段，藻殖段与母体脱离后，形成新的丝状体。

厚垣孢子：体积较异形胞更大、壁更厚、细胞质更浓，是在不良环境下形成的一种孢子；经休眠，待环境适宜时，厚垣孢子再萌发分裂形成新的丝状体。因此，这种细胞也称为繁殖孢。通常冬季采集的标本中容易观察到厚垣孢子。

2. 绿藻门

1）衣藻属（Chlamydomonas）

衣藻（Chlamydomonas reinhardtii）是单细胞绿藻，水生，个体很小，能运动，其形态结构须在显微镜下观察。

衣藻细胞多呈卵圆形、球形或椭圆形，前端有 2 根鞭毛，摆动时产生动力，使其自身在水中自由游动；具薄而透明的细胞壁。细胞内有一个大型厚底杯状叶绿体，能进行光合作用，杯口对着细胞的前端；在杯的底部包含一个较亮的球形小体，具有形成淀粉的功能，故称为淀粉核。在杯口前端一侧可以看到一个红色眼点（眼点在放大光圈时看得较清楚）。细胞核常位于细胞的中央偏前端，有的位于细胞中部或一侧，也可描述为位于叶绿体凹陷处的细胞质中；未经染色的细胞核不易观察到。衣藻没有大液泡，只有伸缩泡，位于鞭毛基部，不易观察到。

2）盐藻属（Dunaliella）

盐藻（Dunaliella salina）具有和衣藻属相似的原生质结构，是一种极端耐盐的单细胞真核绿藻，是能在高浓度盐水中生存的奇特生命，能在海水及饱和卤水中生存，自身含有独特而丰富的生命元素，被世界科学界誉为"细胞的动力源""生命的保护剂"，也是生命体最早的雏形。盐藻长不超过 15 μm，宽约 10 μm。

3）团藻属（Volvox）

取团藻的整体切片，在低倍物镜下观察，视野中许多染成红色的空心球体就是团藻。由于团藻装片封胶很厚，一般不用高倍物镜观察以防损坏玻片和显微镜镜头。在低倍物镜下，选择一个完整的团藻群体仔细观察，可发现团藻是由许多衣藻型细胞组成的群体，这些细胞在球状群体表面排列成单层，共同居于胶质鞘中；球状群体的中央是一个大空腔，其内充满水和胶质；群体中的每个细胞周围又有一层很厚的个体胶质鞘，由于各个细胞的胶质鞘相互挤压，故从表面看细胞呈多边形，细胞之间借胞间连丝相连。

在适宜的条件下团藻无性生殖，新形成的个体常保留在母体内，而且这种无性繁殖还可在新个体内继续进行。因此，在观察中，可见到"三代同堂"的情况。

4）丝藻属（*Ulothrix*）

用镊子取少许丝藻材料做水封片观察，或取整体切片在低倍物镜下观察：藻体为由圆筒状细胞相连而成的单列、不分枝丝状体。单核，叶绿体环带状或筒状，不完整地围绕在细胞内周边（叶绿体周生），含有 1 至多个淀粉核。藻体基部有一个无色细胞形成固着器，该细胞叶绿体退化甚至消失。藻体借固着器固着在流水中的石头上。

5）石莼属（*Ulva*）

石莼（*Ulva lactuca*）是海产绿藻。观察腊叶标本可见：藻体绿色，扁平，近似卵形的叶片体由两层细胞构成。基部以不太明显的固着器固着于基物（岩石）上。

6）水绵属（*Spirogyra*）

水绵属是极为普遍的淡水丝状绿藻。观察新鲜材料可见：鲜绿色或深绿色，用手触摸有黏滑感觉，这是由于细胞壁有厚的胶质。

用镊子取少许材料做水封片在显微镜下观察：藻体是单列细胞组成的不分枝丝状体；细胞圆筒形，1 个细胞核位于液泡中央的一团细胞质中。细胞核周围的细胞质和四周紧贴细胞壁的细胞质之间有多条呈放射状的胞质丝相连。叶绿体 1 至数个，带状，沿细胞壁作螺旋状盘绕，这种结构有利于对光能的捕获和利用，进而促进植物的生长和发育。每个叶绿体上有 1 个或多个小的球形结构，称为蛋白核（旧称淀粉核）。蛋白核的存在对水绵的光合作用和能量贮存具有重要意义，它们能够通过光合作用制造淀粉，这些淀粉随后就贮存在蛋白核的周围。

水绵生殖有营养繁殖和有性生殖两种类型。

营养繁殖时，丝状体由于机械损伤或其他原因断裂成若干短丝，每段短丝又通过细胞分裂长成长的丝状体。这种营养繁殖方式也称为断裂生殖。

水绵的有性生殖为接合生殖，包括梯形接合、侧面接合和直接侧面接合 3 种类型，以梯形接合最常见。

取永久制片观察水绵的接合生殖。首先，2 条水绵丝状体并行靠近，在两条丝状体细胞相对的一侧各产生 1 个突起。继而两相对突起伸长，顶端接触，端壁溶解形成 1 条连通的管子，称为接合管。同时，各个细胞内的原生质体浓缩，形成 1 个配子。其中 1 条丝状体的每个细胞中的配子，以变形虫式运动方式通过接合管移入另 1 条丝状体相对的细胞中，2 个配子融合，产生 1 个卵形或椭圆形的合子，称为接合孢子。这样，1 条丝状体的细胞均排空，另 1 条丝状体的细胞各形成 1 个合子。排空的丝状体可视为雄性，具合子的丝状体可视为雌性。由于在 2 条丝状体之间有很多横向的接合管，外观上看颇像个梯子，故称为梯形接合。之后，合子分泌产生厚壁，藻体死亡崩解后，合子沉入水底休眠。条件适宜时合子萌发，合子核首先经过减数分裂，所产生的 3 个单倍体核退化，仅 1 个发育，最后产生 1 条新的水绵丝状体。

3. 轮藻门

轮藻属（*Chara*）是轮藻科最常见的属，以假根固着在水底污泥中，藻体上往往有钙质沉积，假"茎"有节和节间的区别，茎或小枝多具皮层；小枝不分叉，但节上生有苞片细胞；茎节上有 1～2 轮具单细胞的刺状突起（假叶），突起上方有卵囊，下方有精囊。

4. 金藻门

1）圆筛藻属（*Coscinodiscus*）

圆筛藻属在海洋中分布极为普遍，用滴管吸取水样做水封片观察：圆筛藻是单细胞藻类，细胞形状犹如一套培养皿，有两个观察面，圆的一面称为壳面，扁长方形一面称为环面。在视野中通常见到的是它的壳面，在壳面可见细胞壁上有排列整齐的六角形花纹。

2）舟形藻属（*Navicula*）

舟形藻属的种类很多。由于该属藻体为单细胞，外形像一只小船而得名。细胞的上下面称为壳面，呈纺锤形或舟形；侧面为环面，长方形。壳面上沿中线细胞壁有一个裂隙，称为脊；沿着脊，细胞中央处壁增厚称为中央节，在两极处壁增厚称为极节。在脊两侧有羽状排列的花纹，细胞有两片褐色的色素体。在部分藻体的细胞质中还可观察到油滴状态的贮藏物质。

用滴管吸取含有舟形藻的水样做水封片观察，根据舟形藻的特征，从许多硅藻中区别出舟形藻。新鲜的舟形藻细胞，原生质流动，在脊处与水发生摩擦会使细胞移动。选择不含原生质体的空细胞壁观察壳面特征，以及壳面上的花纹。

5. 褐藻门

1）水云属（*Ectocarpus*）

观察水云属腊叶标本，可以看到：藻体为单列细胞构成的分枝丝状体，褐色，丛生，基部具假根，可将藻体固着在基物上。

2）海带属（*Laminaria*）

海带（*Laminaria japonica*）是我们所熟悉的食用海藻，其外观褐色，基部有双叉分枝的固着器，固着器以上为不分枝的柄部。柄上连有狭长而扁平的带片。

海带的结构较复杂，最外侧是表皮，由 1～2 层小而排列紧密的细胞组成，细胞内含有色素体。细胞较大，排列疏松，表皮以内为皮层。中心为髓部，髓部由许多交错的藻丝体组成。

到生殖时期，在带片表面出现一些深褐色隆起的斑块，这些斑块是由成片相聚的孢子囊形成的，称为孢子囊群。

观察浸制的、有孢子囊群的海带及孢子囊群切面：孢子囊呈棒形，原生质较浓，染色较深，呈栅栏状平行排列，着生在带片表面。间杂于孢子囊之间还有许多无生育能力的细长细胞，这些细胞称为隔丝，隔丝的原生质染色较浅。

3）马尾藻属（*Sargassum*）

马尾藻属是我国沿海普遍分布的大型褐藻，藻体多年生。观察浸制标本及腊叶标本可看到：藻体外观颇似高等植物，分为固着器、主干（假茎）、藻叶（假叶）和气囊四部分。固着器盘状、圆锥状或假根状。主干圆柱状、扁圆或扁压，有许多分枝，长短不一，向四周辐射分枝，分枝扁平或圆柱形。藻叶扁平，形状依种类而有所不同，多具毛窝。单生气囊，气囊自叶腋生出，呈圆形、倒卵形。气囊可使藻体漂浮于水中。生殖时，在"叶"腋间生出圆柱棒状或纺锤形的小枝，称为生殖托。将浸制标本上的生殖托对着光线观察可见到表面有许多小点，即为生殖器。生殖器着生于生殖托上，雌雄同托或不同托、同株或异株。

6. 红藻门

1）紫菜属（*Porphyra*）

紫菜属是食用价值很高的海产蔬菜，观察市售商品紫菜外形。

观察紫菜腊叶标本：藻体紫红色，膜质，叶片状，形状依种类不同而不同，边缘皱褶波状。部分标本藻体边缘部分变成黄色或白色，说明该部位已发生生殖。

2）石花菜属（*Gelidium*）

取石花菜腊叶标本观察外形：藻体深红色或棕红色，数回羽状分枝，枝扁平，对生或互生。藻体韧性强，直立生长。

3）江蓠属（*Gracilaria*）

观察江蓠（*Gracilaria confervoides*）腊叶标本：藻体新鲜时紫褐色，有时灰绿色，干后变成黑褐色。树状分枝，枝圆柱形，基部有盘状固着器，在雌性配子体表面散生许多半球状突起，是生殖时产生的囊果。江蓠是制作琼脂的原料。

【思考与作业】

1. 绘水绵接合生殖图，并注明各部位的名称。
2. 绘衣藻细胞图，并注明各部位的名称。
3. 根据观察材料总结藻类植物各门的主要特征。
4. 紫菜与江蓠的生活史有何不同？

实验 13　苔藓植物门和蕨类植物门

【实验目的】

1. 掌握苔纲、藓纲及角苔纲的主要区别。
2. 掌握蕨类植物门的主要特征及生活史。
3. 了解蕨类植物的主要类群及中柱类型。
4. 比较藻类植物与苔藓植物及蕨类植物的主要区别。

【实验材料】

地钱的浸制标本、葫芦藓新鲜植物体及其切片、满江红浸制标本，石松、卷柏、木贼、肾蕨、铁线蕨的腊叶标本、新鲜材料及切片。

【实验器材】

体视显微镜、光学显微镜、放大镜、解剖针、载玻片、盖玻片。

【实验内容与步骤】

1. 苔藓植物门（Bryophyta）

1）苔纲（Hepaticae）

地钱（*Marchantia polymorpha*）

取地钱浸制标本，观察外形：植物体为扁平片状、二叉分枝的叶状体，有背腹之分。腹面（即向地的一面）生有紫褐色的鳞片和许多白色丝状的假根。植物体的背面（向上的一面）具中肋，有菱形网纹，每一菱形网格表皮下即是 1 个气室，网格中央有一小白点，即通气孔。雌雄异株，生殖托生于中肋上，由顶端扩大的托盘和下部的托柄组成。雌托托盘周围着生 8～10 个指状芒线，幼时芒线下垂贴柄，长大后向上辐状展开，每 2 个指状芒线之间的托盘上着生一列肉眼难以见到的倒悬颈卵器。雄托托盘碟形，边缘波状，表面有许多小孔，有的为通气孔，有的是精子器腔的开口。此外，叶状体背面中肋附近常有小碗状的胞芽杯，其内产生有许多胞芽（具营养繁殖作用）。

2）藓纲（Musci）

葫芦藓（*Funaria hygrometrica*）

用放大镜观察葫芦藓配子体外形：植物体矮小，有茎、叶分化。叶卵形，有中肋一条，螺旋排列于茎上。用解剖针取下一片叶做水封片，观察可见：叶仅由一层细胞组成，中肋部分为数层长形细胞，故可知中肋不同于一般植物的叶脉。

产生精子器的枝，顶端叶形较大，而且外张，形如一朵小花，称为雄器苞，其内有许多精子器和侧丝。观察精子器切片：精子器棒状，基部有小柄，壁由一层细胞组成，精子器内的许多小方形细胞是精子母细胞，到成熟时形成精子，精子器柄着生于茎顶端（柄不一定能切上，须在切片上寻找）。

产生颈卵器的枝，雌苞叶紧密排列呈芽状。在体视显微镜下将雌苞叶剥离，可见 1 至数个褐色的颈卵器着生在茎顶端。观察颈卵器切片：颈卵器呈瓶状，分颈部和腹部，颈部细长，腹部膨大，腹下有长柄着生于枝端。颈部壁由 1 层细胞构成，内有 1 串颈沟细胞；腹部壁由多层细胞构成，内有 1 个卵细胞，颈沟细胞与卵细胞之间有 1 个腹沟细胞。部分切片中，颈部未能完整切下，或在制片过程中卵已脱落。卵受精后，合子留在颈卵器内发育，经过胚阶段发育为孢子体。

观察具有孢子体的植株外形：在配子体上生有孢子体，其由基足、蒴柄和孢蒴组成。基足埋于配子体内；蒴柄细长，棕红色；蒴柄顶端为孢蒴（即孢子囊），长梨形或葫芦形，悬垂。在未成熟的孢子体上，可见到蒴帽（在孢子体发育时，颈卵器撑裂为上、下两段，上段始终覆罩在孢子体外，随着蒴帽的延伸而高举起来，很像帽子一样罩在孢蒴之外，故称蒴帽）。已成熟的孢子体，孢蒴已膨大，并向一侧歪斜，蒴帽脱落后，可见孢蒴顶端有一圆盖，即蒴盖（用放大镜观察）。

取含原丝体的切片观察可见：原丝体为丝状，有分枝，细胞含许多大而圆的叶绿体。有些原丝体上产生了芽体，芽体上生出很多棕褐色的假根，假根由单列细胞组成，其细胞横壁多与长壁斜生，以后每个芽体发育为一个新的配子体。当配子体长成后，原丝体死亡。配子体即为我们所见的葫芦藓的植物体。

2. 蕨类植物门（Pteridophyta）

1）石松纲（Lycopodine）

石松属（Lycopodium）

本属常见种有石松（*L. clavatum*），分布在热带、亚热带、温带，喜酸性土壤，我国主要分布于华南、长江流域和东北地区，生于山坡、林缘。石松是酸性土壤的指示植物。取石松腊叶标本观察植物体外形：植物体为多年生草本，茎匍匐或直立，匍匐枝下着生不定根，直立枝二叉分枝。小型叶，螺旋着生于茎上。用放大镜或体视显微镜观察叶有无叶脉，若有叶脉，观察是否分枝孢子叶聚生于分枝顶端形成孢子叶穗。

取孢子叶球纵切片观察，在中轴两侧排列有许多孢子叶，在每个孢子叶的腋间生有一个肾形孢子囊，孢子囊内有很多孢子，无大小之分（同形孢子）。孢子叶穗基部的孢子囊先成熟，愈靠上部愈晚成熟，为向顶式发育。

取石松茎横切片观察可见：茎为圆柱形，中央无髓，最外一层为表皮，表皮以内较宽的部分为皮层，皮层以内为中柱，被染成红色的细胞为木质部，呈数条带状，韧皮部生于木质部之间。这种中柱称为编织中柱，为原生中柱的一种。

卷柏属（*Selaginella*）

常见种卷柏（*S. tamariscina*），又称九死还魂草，见于林下阴坡的地面、石缝等处。取卷柏腊叶标本或浸制标本观察：草本，有根、茎、叶的分化；植物体为二叉分枝，每分出的两枝均为一长一短；茎上生有鳞片状小叶，用放大镜仔细观察，可见叶在茎上排成四行，其中侧面两行较大，称侧叶或腹叶，中间两行较小，称中叶或背叶。在每一叶的叶腋处有一薄片状突起，称为叶舌。在茎的向地面常生有无叶的枝，称为根托，根托末端可生出不定根。穗状的孢子叶球着生于枝的顶端，由许多比营养叶小的孢子叶呈四纵行螺旋状密集排列而成（四棱棒状）。取孢子叶球纵切片观察，中央有一中轴，两侧有许多孢子叶，孢子囊着生于叶腋内。有的孢子囊内只含有 4 个大孢子（一张切片上不能同时观察到 4 个大孢子），为大孢子囊；有的孢子囊内含有数量很多的小孢子，为小孢子囊。

2）木贼纲（Equisetinae）

木贼属（*Equisetum*）

取木贼腊叶标本观察植物外形：植物体有地上茎和地下茎之分。地上茎为绿色，能进行光合作用。表面不平，有凹入的槽及凸的脊条。有明显的节和节间，节上轮生极小的叶，叶基部联合成筒。节上轮生分枝。孢子叶球短圆柱形，生于茎的顶端；地下茎褐黑色，也有节与节间之分，节上生有不定根。

3）真蕨纲（Filicopsida）

肾蕨（*Nephrolepis cordifolia*）

观察肾蕨盆栽新鲜材料：叶自地下茎生出，丛生地面，狭长，一回羽状复叶，小叶无柄，长卵形或长椭圆形，基部较宽，为不对称的心脏形。观察叶的背面，可发现有些叶片的背面，中脉两侧各有一列棕色小点，每个小点便是一群相聚在一起的孢子囊，称为孢子囊群。仔细观察，还可看到在每个孢子囊群的表面覆有一个肾形的膜状物，称为囊群盖。

从标本上观察肾蕨的地下部分：地下茎横行或斜行生长，侧枝上生有圆球形的块茎。自地下茎生根，蔓延生长在土壤内。

用解剖针从孢子囊群上挑取棕色粉末（即孢子囊），做成水封片，显微镜下观察：如选择的孢子囊含有孢子，可轻压盖玻片使孢子囊破裂后再观察。孢子囊扁圆透镜形，下有一柄。孢子囊壁由一层细胞组成；壁上有一列细胞组成环带，自孢子囊柄起，经孢子囊顶部而达孢子囊的另一侧，呈大半环形环绕在孢子囊上。除外缘部分细胞外，环带细胞的壁均为厚壁（U 型加厚）。

观察真蕨配子体的整体装片。真蕨的配子体称为原叶体，甚小，心形，先用肉眼观察装片中配子体的大小、形状，再置于显微镜下观察。原叶体腹面偏于后方生有许多单细胞的假根，顶端凹陷处及假根间或附近生有一些颈卵器和精子器。

铁线蕨（*Adiantum capillus-veneris*）

铁线蕨通常野生或庭园盆栽供观赏。观察盆栽的新鲜植物可见：根状茎埋于地下；

叶柄出土，紫黑色，有光泽，如铁丝状；叶片宽，一至三回羽状复叶，叶片互生，小羽片呈扇形或斜方形；孢子囊群散生于叶缘。

满江红属（*Azolla*）

观察满江红浸制标本：植物体小形，茎细弱，羽状分枝，下侧生有许多不分枝的不定根。叶小型，互生，呈覆瓦状两行并列于茎上，叶二裂。一裂片露出水面由数层细胞组成，有气孔，且细胞间隙较大；另一裂片沉水，细胞为单层，无空腔，在露出水面裂片的叶基附近向轴面有一大室腔，里面常有与其共生的鱼腥藻。

取满江红浸制标本在体视显微镜下观察，先区分植物体各部分，再取一裂片（浮水片）用解剖针剥开叶基部，观察鱼腥藻与其共生情况。

【思考与作业】

1. 绘图说明葫芦藓植物体的结构。
2. 比较苔藓植物门中苔纲和藓纲的主要异同点。
3. 简述蕨类植物的生活史，并比较它与葫芦藓植物的生活史有何不同？
4. 比较蕨类植物三个纲的主要异同。
5. 与苔藓植物相比，蕨类植物的哪些主要特征更适于陆生生活？

实验 14 裸 子 植 物

【实验目的】

1. 掌握裸子植物的主要特征。
2. 掌握裸子植物的主要分类依据。
3. 学会识别常见裸子植物的科、属和种。
4. 熟悉检索表。

【实验材料】

苏铁的彩色投影图片和干制孢子叶球，银杏花的浸制标本和胚珠切片，银杏、油松、雪松、圆柏、侧柏、水杉、草麻黄、买麻藤的彩色投影图片和它们的新鲜标本或腊叶标本。

【实验器材】

多媒体投影设备、（光学）显微镜、放大镜、体视显微镜、解剖针、镊子。

【实验内容与步骤】

1. 苏铁纲（Cycadopsida）

苏铁（*Cycas revoluta*）
观察苏铁盆栽植株：苏铁是常绿的木本植物，树干粗壮，圆柱形、直立不分枝，顶端生一丛羽状复叶。苏铁的小叶片坚硬，革质且有光泽，幼时回旋状卷曲，很像蕨类的幼叶。

苏铁是雌雄异株。雌株茎顶端着生有大孢子叶球，由许多黄褐色、表面密被绒毛、边缘呈羽状分裂的大孢子叶组成。大孢子叶排列松散，不形成典型的孢子叶球，外形好像一朵花，所谓"铁树开花"即指此现象。观察大孢子叶的标本：在大孢子叶的基部两侧可看到 1 至数个橘红色裸露的种子，是由大孢子囊（胚珠）发育而成的，种子大，呈核果状，有肉质的外种皮。

雄株茎顶端着生有小孢子叶球，棒状，其上着生有螺旋状紧密排列的小孢子叶。在小孢子叶的下面（或称背面）生有小孢子囊（花粉囊），通常每 3 个或 4 个聚集在一起。当花粉粒（雄配子体）成熟、孢子囊开裂时，散出大量的花粉粒。

2. 银杏纲（Ginkgopsida）

银杏（*Ginkgo biloba*）

落叶乔木，枝条有长短枝之分。短枝上叶扇形，簇生；长枝上叶上缘二裂，散生。叶片多数具二叉分枝的叶脉，细而密，光滑无毛，有细长的叶柄。银杏为雌雄异株。用浸制标本分别观察雄球花和雌球花的形状及着生位置：两者皆着生在短枝顶端，小孢子叶球呈柔荑花序，生于短枝顶端的鳞片腋内；小孢子叶（雄蕊）有细而短的柄，柄端常有 2 个悬垂的小孢子囊。雌花有长柄，顶端着生一对胚珠，每个胚珠下有略为膨大的珠领（珠托），2 枚胚珠中通常仅一枚发育成种子，另一枚退化。

显微镜下观察胚珠结构：辨认珠被、珠孔及珠心。

观察种子的切面可见：种子近球形，种皮分化为 3 层，即肉质的外层、石质的中层和纸质的内层。种皮内有胚，具 2 片子叶和胚乳。

3. 松柏纲（Coniferae）

1）松科（Pinaceae）

油松（*Pinus tabulaeformis*）

油松是常绿乔木，树皮灰褐色或红褐色，裂成不规则较厚的鳞状块片，裂缝及上部树皮红褐色；大枝平展或斜向上，小枝较粗，褐黄色，无毛，幼时微被白粉；冬芽矩圆形，顶端尖，微具树脂，芽鳞红褐色，边缘有丝状缺裂。针叶 2 针一束，深绿色，粗硬，长 10～15 cm，径约 1.5 mm，边缘有细锯齿，两面具气孔线，基部有鳞片构成的叶鞘包围，叶鞘初呈淡褐色，后呈淡黑褐色；横切面半圆形，皮下层两层，在第一层细胞下常有少数细胞形成第二层皮下层，树脂道 5～8 个或更多，边生，多数生于背面，腹面有 1～2 个，叶缘厚壁组织处偶见 1～2 个中生树脂道。

观察幼年枝条的标本：针叶尚未长出或刚长出，在其新枝基部有丛生的雄球花（小孢子叶球），圆柱形。雄球花由许多小孢子叶聚生在中轴上形成。从浸制的雄球花上用解剖针取下一个孢子叶，用放大镜观察：在每个小孢子的背面有 2 个小孢子囊，顶端有药隔。观察清楚后，用解剖针或镊子弄破小孢子囊，即可见小孢子（花粉粒）。用显微镜观察，可见花粉粒具有两层细胞壁，外壁有两处与内壁分离而成的气囊，有利于随风散布。

幼枝顶端生有 1 个或 2～3 个雌花（大孢子叶球），称为雌球果。雌球果由许多大孢子叶聚生在中轴上形成。观察示范的大孢子叶：在大孢子叶腹面（向轴的一面）的基部着生有一对胚珠。显微镜下观察胚珠结构：辨认珠被（一层）、珠心和珠孔。观察种子已散出的雌球果：整个球果已木质化，种鳞张开，种子散出。标本中可能宿存有未散开的种子。

雪松（*Cedrus deodara*）

常绿乔木，有长枝和短枝，树冠形态优美。叶呈针形蓝绿色，在长枝上螺旋排列，在短枝上呈簇生状。球果直立，成熟前绿色，成熟时红褐色；雌雄同株，花单生于枝顶。

2）柏科（Cupressaceae）

侧柏（*Platycladus orientalis*）

叶鳞形，交互对生，小枝扁平，排成一平面。雌雄同株，孢子叶球单性，单生于短枝顶端。雄球花黄色，卵圆形，长约 2 mm；雌球花近球形，直径约 2 mm，蓝绿色，被白粉。球果近卵圆形，长 1.5～2.5 cm，成熟前近肉质，蓝绿色，被白粉，成熟后木质，开裂，红褐色；中间 2 对种鳞倒卵形或椭圆形，鳞背顶端的下方有一向外弯曲的尖头，上部 1 对种鳞窄长，近柱状，顶端有向上的尖头，下部 1 对种鳞极小，长达 13 mm，稀退化而不显著。花期 3～4 月，球果 10 月成熟并开裂。种子卵圆形或近椭圆形，顶端微尖，灰褐色或紫褐色，长 6～8 mm，种鳞木质扁平，4 对，种子 1～2 枚，无翅或有棱脊。

圆柏（*Sabina chinensis*）

常绿乔木，树呈圆锥形，茎树皮深灰色，纵裂成条片开裂；叶鳞形和刺形，同一植株上兼有二型。球花单性，雌雄同株或异株，顶生。雄球花黄色，椭圆形；雌球果近球形；种子卵圆形，扁，先端钝；成熟时种鳞合生肉质，种子无翅。

3）杉科（Taxodiaceae）

水杉（*Metasequoia glyptostroboides*）

落叶乔木，树皮灰褐色，呈长条形；叶为绿色，呈羽状，扁平且有绒毛，叶交互对生（呈假二列），小枝对生；雌雄同株，球果，成熟时深褐色；种子扁平，具窄翅；花期 4～5 月，球果 10～11 月成熟，冬季小枝和叶脱落。

4. 买麻藤纲（Gnetinae）

1）麻黄科（Ephedraceae）

草麻黄（*Ephedra sinica*）

草本状灌木。株高 20～40 cm。根部木质状横卧于地上，黄褐色至暗棕色；茎枝细长呈圆柱形，少分枝，具有细纵脊棱，节明显。叶退化呈膜质，先端 2 裂，裂片三角形，先端急尖，交互对生，基部结合成鞘，抱茎；雄球花常呈复穗状，常具总梗，具 4 对苞片，雄蕊 7～8 枚，花丝结合，顶端微分离；雌球花单生幼枝枝顶或老枝叶腋，有 4 对苞片，顶部苞片内有雌花，雌花有囊状草质顶端开口的假花被，胚珠由 1～2 层膜质珠被包裹，膜质珠被在胚珠上端延伸成珠孔管，自假花被开口处伸出。雌球花的苞片随胚珠的发育通常增厚成肉质，假花被发育成假种皮；雌球果成熟时肉质、红色、卵圆形或近于圆球形，长约 8 mm，直径 6～7 mm，内含 2 粒种子，种子胚乳丰富。

2）买麻藤科（Gnetaceae）

买麻藤（*Gnetum montanum*）

为常绿木质大藤本，具缠绕茎；小枝无毛，偶具细纵枝；叶近革质，多长圆形，偶见长圆状披针形或椭圆形，先端钝尖，基部圆或宽楔形，长 10～20 cm，宽 4.5～12 cm，对生；雌雄异株，雌球花排列成穗状花序。

【思考与作业】

1. 用检索表鉴定 3～5 种松科或柏科植物，写出各种的拉丁名，并给出检索路线。
2. 裸子植物的主要特征是什么？为什么说它比蕨类植物更适于陆生生活？
3. 蕨类植物比苔藓植物进化又比裸子植物原始的原因是什么？

实验 15　被子植物——木兰科、毛茛科和睡莲科

【实验目的】

1. 掌握木兰科、毛茛科和睡莲科的主要特征。
2. 学会被子植物分科的基本方法。
3. 熟练检索表的使用方法。

【实验材料】

玉兰、荷花玉兰、白兰花、茴茴蒜、毛茛、棉团铁线莲、乌头、睡莲的彩色投影图片和它们的腊叶标本。

【实验器材】

多媒体投影设备、放大镜。

【实验内容与步骤】

1. 木兰科（**Magnoliaceae**）

玉兰（*Magnolia denudata*），木兰属（*Magnolia*）

落叶乔木，全株薄壁组织中含有挥发油。其树皮深灰色，粗糙开裂；小枝稍粗壮，灰褐色；叶纸质，椭圆形，叶柄被柔毛，上面具狭纵沟，托叶痕为叶柄长的 1/4～1/3。花蕾卵圆形，花先叶开放，直立，芳香，直径 10～16 cm；花梗显著膨大，密被淡黄色长绢毛；花被片常 9 枚，同形，花瓣状，白色或淡紫色，排列 3 轮；花中心部分为圆柱状的花托；花托下部是多数螺旋状排列的离心雄蕊，花药长形 2 室，纵裂，花丝短；花托上部是多数螺旋状排列的离生心皮；每一心皮有 2 个胚珠。花后每个心皮形成一个蓇葖果，成熟后沿着背缝线开裂，整个一朵花中的蓇葖果合称为聚合蓇葖果。种子挂在丝状的珠柄上。

示范：荷花玉兰（*M. grandiflora*）的花及腊叶标本。

玉兰与荷花玉兰的主要区别：玉兰为落叶乔木，花先叶开放，直径 12～15 cm，花被片 9 枚，3 轮排列；荷花玉兰为常绿乔木，花冠直径 15～20 cm，叶背和小枝上有锈色短柔毛。

白兰花（*Michelia alba*），含笑属（*Michelia*）

常绿乔木。树皮呈灰色，枝扩展，呈阔伞形树冠；枝叶被揉搓后散发出芳香气味；嫩枝及芽密被淡黄白色微柔毛（老时脱落）。叶薄革质，长椭圆形或披针状椭圆形，上面无毛，下面疏生微柔毛，单叶、全缘、互生，干时两面网脉均很明显；叶柄长 1.5～

2 cm，疏被微柔毛；环状托叶痕达叶柄中部。花白色，具浓郁芳香；花被片呈披针形；雌蕊群被微柔毛，柄长约 4 mm；心皮多数，通常部分不发育，成熟时随花托延伸，形成疏生的聚合蓇葖果；蓇葖果成熟时呈鲜红色。花期 4～10 月。

注意观察木兰属与含笑属的主要区别：木兰属的花为顶生花序，无雌蕊柄；含笑属为腋生花序，有雌蕊柄。

2. 毛茛科（Ranunculaceae）

茴茴蒜（*Ranunculus chinensis*）、毛茛（*Ranunculus japonicus*），毛茛属（*Ranunculus*）

茴茴蒜和毛茛都是毛茛属的草本植物。花辐射对称，黄色，花被分化为花萼和花冠，花瓣基部常有蜜腺；雄蕊和心皮多数，离生，螺旋状排列；花托比较明显。聚合瘦果。茴茴蒜的茎和基生叶密生长毛，毛茛无此特征。

棉团铁线莲（*Clematis hexapetala*），铁线莲属（*Clematis*）

直立草本。叶为羽状复叶。聚伞花序生于枝或叶腋，花辐射对称，萼片 6，无花瓣；雌、雄蕊多数；瘦果倒卵形，宿存的白色羽状花柱长达 2 cm 以上。常生于林边或草坡。

乌头（*Aconitum carmichaeli*），乌头属（*Aconitum*）

多年生草本植物。总状花序，花两侧对称，为不整齐花；萼片 5，椭圆形，花瓣状，外面被短柔毛，蓝色或紫蓝色，离生或基部相连，上面的萼片盔形，侧萼片 2，近圆形，下萼片 2，较小、近长圆形；花瓣（蜜叶）2，无毛，包在盔瓣内，具细长的爪，瓣片通常有距；雄蕊多数，无毛或疏被短毛，花丝有 2 小齿或全缘；心皮 3～5，花柱短，子房疏或密被短柔毛，稀无毛。蓇葖果，种子多数，三棱状，背面具纵脊，两侧面密被横向膜质翅。

3. 睡莲科（Nymphaeaceae）

睡莲（*Nymphaea tetragona*），睡莲属（*Nymphaea*）

多年水生草本。根状茎短粗。叶纸质，心状卵形或卵状椭圆形，基部具深心形弯缺，约占叶片全长的 1/3；叶裂片先端急尖；叶缘全缘，上表面具蜡质光泽，下表面呈紫红色，两面皆无毛，散生皮孔样小点。花较大，直径 4～5 cm，花瓣白色、蓝色、黄色或粉红色，呈多轮，有时内轮渐变成雄蕊。萼片 4，基部呈四方形；花瓣 8～17；雄蕊多数，花药黄色；上部花柱分离，4～8 裂，丝状，以乳状突出物为中心，呈漏斗状。果实为浆果绵质，在水中成熟，不规律开裂。种子坚硬，深绿色或黑褐色，被胶质包裹，有假种皮。

【思考与作业】

1. 写出木兰、毛茛、莲的花程式。

2. 任选一种木兰科、毛茛科植物，绘制其花的解剖结构。

3. 注意观察木兰和含笑的形态特征，应用检索表查对它们的学名，并写出检索路线。

4. 通过对实验材料的观察，总结出木兰科、毛茛科及睡莲科的相同特征及不同特征，并说明它们在系统演化上的地位。

实验 16　被子植物——蔷薇科和豆科

【实验目的】

1. 掌握蔷薇科和豆科的主要特征。
2. 学会利用检索表鉴定植物。
3. 了解各科植物的经济意义。

【实验材料】

华北珍珠梅、草莓、秋子梨、西府海棠、山桃、绣线菊、月季、黄刺玫、榆叶梅、苹果、白梨、合欢、紫荆、刺槐等的彩色投影图片，以及它们的新鲜材料或腊叶标本。

【实验器材】

多媒体投影设备、放大镜。

【实验内容与步骤】

1. 蔷薇科（**Rosaceae**）

1）绣线菊亚科（Spiraeoideae）

华北珍珠梅（*Sorbaria kirilowii*），**珍珠梅属**（*Sorbaria*）
灌木。因其花蕾洁白圆润如珍珠、花开似梅花而得名。小叶披针形至长圆状披针形，有尖锐重锯齿，两面无毛或下面脉腋间具短柔毛，小叶柄短或近无柄。圆锥花序密集，苞片线状披针形；花瓣白色，倒卵形或宽卵形；雄蕊 20，与花瓣等长或稍短于花瓣，着生在花盘边缘；花盘圆杯状；心皮 5，无毛，花柱稍短于雄蕊。蓇葖果长圆柱形，宿存萼片反折，果柄直立。

2）蔷薇亚科（Rosoideae）

草莓（*Fragaria ananassa*），**草莓属**（*Fragaria*）
多年生草本。匍匐茎，茎低于叶或近相等，密被黄色柔毛。叶三出，小叶具短柄，质地较厚，倒卵形或菱形，上面深绿色，几无毛，下面淡白绿色，疏生毛，沿脉较密；叶柄密被黄色柔毛。聚伞花序，花序下面具一短柄的小叶；花两性；萼片 5，卵形，比副萼稍长，副萼 5；花瓣 5，白色，近圆形或倒卵椭圆形。心皮多数，离生。果实为聚合瘦果，生于花托表面，宿存萼片直立，紧贴于果实。

3）苹果亚科（Maloideae）

秋子梨（Pyrus ussuriensis），梨属（Pyrus）

落叶乔木。冬芽肥大，卵形，先端钝，鳞片边缘微具毛或近于无毛。叶卵圆形，先端短渐尖，基部圆形或近心形。伞房花序；花萼5，三角披针形，先端渐尖，边缘有腺齿；花瓣5，白色；雄蕊多数，短于花瓣，花药紫色；雌蕊由5个心皮组成，离生，花萼筒与子房壁愈合，子房下位，花柱5，分离。梨果。

西府海棠（Malus micromalus），苹果属（Malus）

小乔木，树枝直立性强，为中国特有植物。小枝细弱圆柱形，紫红色或暗褐色，具稀疏皮孔；冬芽卵形，先端急尖，无毛或仅边缘有绒毛，暗紫色。叶片长椭圆形或椭圆形，先端急尖或渐尖，基部楔形稀近圆形，边缘有尖锐锯齿，嫩叶被短柔毛；托叶膜质，线状披针形，先端渐尖，边缘有疏生腺齿，近于无毛，早落。

仔细观察西府海棠的花瓣、雄蕊、雌蕊，比较西府海棠和秋子梨在花器官方面的异同点，并寻找两属的其他植物一起来比较，尝试总结规律。

4）梅亚科（Prunoideae）

山桃（Prunus davidiana），李属（Prunus）

落叶小乔木，抗旱耐寒，又耐盐碱土壤。树皮暗紫色，光滑，有光泽。叶卵圆披针形。花单生，先于叶开放，萼筒钟状，萼裂片5，紫色；花瓣粉红色或白色；雄蕊多数；雌蕊由1心皮组成，子房上位；花梗极短或几无梗；花托杯状。核果。

对比观察绣线菊（*Spiraea blumei*）、月季（*Rosa chinensis*）、黄刺玫（*Rosa xanthina*）、榆叶梅（*Prunus triloba*）及苹果（*Malus pumila*）几种植物在识别特征方面的异同点。

2. 豆科（**Fabaceae** 或 **Leguminosae**）

1）含羞草亚科（Mimosoideae）

合欢（Albizzia julibrissin），合欢属（Albizzia）

落叶乔木。二回偶数羽状复叶，头状花序多数，伞房状排列，花无梗，花萼管状，多具5齿，花冠小，淡黄绿色，花瓣有一半以上联合，镊合状排列；雄蕊多数，仅基部稍联合，花丝长，红色；雌蕊由1枚心皮组成，花柱比雄蕊稍长。荚果扁平，带状，无果肉，通常不开裂。

2）云实亚科（Caesalpinoideae），早期也称为苏木亚科

紫荆（Cercis chinensis），紫荆属（Cercis）

在野生状态下为乔木，栽培时成灌木。单叶互生。花先叶开放，4～10朵簇生于老枝上，尤以主干上花束较多，越到上部幼嫩枝条花越少；花萼钟状，有5短钝齿，红色；花瓣5，两侧对称，假蝶形花冠，上面3片较小，上升覆瓦状排列，花紫红色或粉红色；子房嫩绿色，花蕾时光亮无毛，后期则密被短柔毛；雄蕊10，分离，雌蕊由1枚心皮组成，有胚珠6～7。荚果，褐色、扁平，通常不裂。

3）蝶形花亚科（Papilionoideae）

刺槐（*Robinia pseudoacacia*），刺槐（或者洋槐）属（*Robinia*）

落叶乔木。树皮褐色，有深沟。一回羽状复叶。总状花序下垂，花萼钟状，具 5 枚三角形裂齿，上唇 2 齿近合生、下唇 3 齿分离，形成二唇状结构；花瓣 5，两侧对称，下覆瓦状排列，蝶形花冠；雄蕊 10 枚，9 枚联合，1 枚分离，称为二体雄蕊；雌蕊由 1 枚心皮组成，子房上位，具胚珠多枚。果实为荚果，内含 4~10 粒种子。

与其他豆科植物材料作对比观察，从中总结出豆科植物的主要识别特征及三个亚科的主要特征。

【思考与作业】

1. 写出珍珠梅、月季和秋子梨的花程式。
2. 分别比较蔷薇科各亚科和豆科各亚科间的分类特征。

实验 17　被子植物——十字花科、锦葵科、藜科和杨柳科

【实验目的】

1. 掌握十字花科、锦葵科、藜科和杨柳科的主要特征。
2. 在熟练使用检索表鉴定植物的基础上，学会编制植物检索表。

【实验材料】

大白菜、萝卜、独行菜、荠菜、紫罗兰、蜀葵、苘麻、野西瓜苗、陆地棉、甜菜、菠菜、毛白杨、旱柳的彩色投影图片，蜀葵、苘麻、野西瓜苗、毛白杨、旱柳的腊叶标本和部分新鲜材料。

【实验器材】

多媒体投影设备、体视显微镜、放大镜。

【实验内容与步骤】

1. 十字花科（Cruciferae）

大白菜（*Brassica pekinensis*），芸薹属（*Brassica*）

二年生草本植物。第一年只在短茎上生大而多汁的基生叶片，翌年茎延长生出较小的抱茎叶。总状花序生枝顶；花淡黄色，两性。萼片 4，花瓣 4，呈十字形花冠；雄蕊 6 枚，4 长 2 短，呈四强雄蕊，基部有 4 枚绿色蜜腺；雌蕊由 2 枚合生心皮组成，子房上位，由假隔膜隔成假 2 室，侧膜胎座，胚珠多数。长角果，有长喙，果瓣具 1 条明显中脉。种子棕褐色，圆形而微扁；子叶两枚，对生；早期褶叠于种皮内，萌发后展平。

十字花科芸薹属内很多种植物是我们常吃的蔬菜，为了便于查找本属常见蔬菜的特征，将常见蔬菜植物制成检索表，作为参考。

1 植物体具肥大圆锥状根和茎（球状或扁球形）。
　　2 植物体具肥大球状或扁球形的地上茎；叶厚、蓝绿色，被白粉…………………
　　　　…………………………………………………………………芥蓝头（*B. caulorapa*）
　　2 植物体具肥大圆锥状根。
　　　　3 花大，长 1.5～2 cm；叶具辣味…………………………大头菜（*B. napobrassica*）
　　　　3 花小，长 9 mm；叶具辣味…………………………………………芜菁（*B. rapa*）
1 植物体不具肥大根和茎。

4 花较大，长 1～3 cm，花瓣下部延长成狭的爪，萼片直立；茎、叶具白粉。

  5 花序密集或叶紧抱呈球状。

    6 叶紧抱呈球状··················洋白菜（圆白菜）（*B. oleracea* var. *capitata*）

    6 花序缩成肉质球状··················菜花（*B. oleracea* var. *botrytis*）

  5 花序或叶不呈球状，叶片皱缩，颜色多变··················

    ··················羽衣甘蓝（*B. oleracea* var. *acephala* f. *tricolor*）（供观赏）

4 花较小，长约 1 cm，花瓣下部的爪不显著，萼片常开展，茎及叶不具或微被白粉。

7 茎上部的叶不抱茎，植物体具辣味。

  8 叶不分裂或大头羽状深裂，裂片宽··················芥菜（*B. juncea*）

  8 叶羽状浅裂，裂片狭窄，边缘卷，且皱缩······雪里蕻（*B. juncea* var. *multiceps*）。

7 茎上部叶抱茎，植物体无辣味。

  9 基生叶不裂或基部有 1～2 对不明显的裂片。

    10 基生叶紧密排列呈莲座状，深绿色·········瓢儿菜（塌棵菜）（*B. narinosa*）

    10 基生叶不紧密排列呈莲座状，绿色或淡绿色。

      11 基生叶的叶柄宽而具翅，叶无白粉，背面沿中脉处具疏生的毛·········

      ··················白菜（*B. pekinensis*）

      11 基生叶叶柄不具翅，叶无毛，稍具白粉··················

      ··················青菜（小白菜）（*B. rapa* subsp. *chinensis*）

  9 基生叶呈大头羽状裂，具 5 对一级侧裂片，茎生叶基部具耳状托叶··················

  ··················油菜（*B. rapa* var. *olcifen*）

十字花科常见的植物还有萝卜属萝卜（*Raphanus sativus*）、独行菜属独行菜（*Lepidium apetalum*）、荠菜属荠（*Capsella bursa-pastoris*）和紫罗兰属紫罗兰（*Matthiola incana*）等，可与芸薹属植物作对比观察。

2. 锦葵科（Malvaceae）

蜀葵（熟季花）（*Althaea rosea*），蜀葵属（*Althaea*）

多年生草本。茎直立，高可达 3 m，塔形。全株具粗毛。叶大，粗糙而皱，圆心形；长总状花序；花大，有黄、红、紫、白等色，萼片 3～5，基部常有副萼；花瓣 5，分离或重瓣；雄蕊多数，花丝联合呈柱状，为单体雄蕊，花药 1 室；雌蕊多数合生，子房上位，中轴胎座。蒴果，分离成数个分离果瓣，成熟时自中轴脱落。

观察苘麻属苘麻（*Abutilon theophrasti*）、木槿属野西瓜苗（*Hibiscus trionum*）的标本。

棉属（*Gossypium*）是该科最有经济价值的植物，观察陆地棉（*G. hirsutum*）的花及果实，棉花是植物的哪一部分？注意棉属与蜀葵属的区别。

3. 藜科（Chenopodiaceae）

甜菜（Beta vulgaris），甜菜属（Beta）

二年生植物。具肉质肥大的圆锥根，根为制糖原料。第一年生基生叶，第二年生茎生叶，互生。花排成顶生的圆锥花序，单被花，花被裂片条形或狭矩圆形，结果后变为革质并向内拱曲。胞果下部陷在硬化的花被内，上部稍肉质。种子双凸镜形，直径 2～3 mm，红褐色，有光泽；胚环形，苍白色；胚乳粉状，白色。

仔细观察甜菜雄蕊的数目和排列方式，雌蕊有无花柱？柱头是否分裂？子房是什么位？果实是什么类型？果外包有什么？胚是什么形状？甜菜种子的外胚乳是由什么发育而来的？

菠菜（Spinacia oleracea），菠菜属（Spinacia）

一年生草本。根常呈红色。茎直立，中空。叶戟形，鲜绿色。雌雄异株，雄花成顶生的圆锥花序，雌花簇生于叶腋；胞果成熟时，2 个苞片合生并木质化增厚，顶端发育为单刺或 2～3 分枝刺，形成具附属结构的传播单元。

常见的藜科植物还有藜属藜（灰菜）（*Chenopodium album*）、地肤属地肤（*Kochia scoparia*）、碱蓬属盐地碱蓬（*Suaeda salsa*）和碱蓬（*S. glauca*）、甜菜属紫菜头（*Beta vulgaris* var. *rosea*）。

4. 杨柳科（Salicaceae）

毛白杨（Populus tomentosa），杨属（Populus）

落叶乔木。具顶芽，芽鳞多枚。叶片三角状卵形。雌雄异株，雌雄花均排列为下垂的柔荑花序。仔细观察雌雄花的特点，并判断果实的类型；仔细观察白毛杨的种子（杨絮），并判断种子上的绒毛由胚珠的哪部分发育而来。

旱柳（Salix matsudana），柳属（Salix）

落叶乔木。无顶芽，芽鳞 1 枚。雌雄异株，雌雄花均为直立的柔荑花序。分别取雌、雄花观察。通过毛白杨和旱柳的观察总结出杨属与柳属的区别及杨柳科的识别特征。

【思考与作业】

1. 编写本实验中十字花科、锦葵科、藜科和杨柳科 4 科植物的分科检索表。
2. 任选 5 种十字花科常见蔬菜植物，请编制一个区分它们的检索表。

实验 18 被子植物——木犀科、旋花科、唇形科和菊科

【实验目的】

1. 掌握木犀科、旋花科、唇形科和菊科的主要特征。
2. 掌握花程式的书写标准。

【实验材料】

紫丁香、白蜡、连翘、打碗花、牵牛、田旋花、菟丝子、夏至草、一串红、益母草、蒲公英、向日葵、泥胡菜、蒙山莴苣的彩色投影图片及腊叶标本或新鲜材料，紫丁香、连翘、毡毛梾、夏至草、蒲公英花的浸制标本。

【实验器材】

多媒体投影设备、体视显微镜、解剖针。

【实验内容与步骤】

1. 木犀科（Oleaceae）

紫丁香（*Syringa oblata*），丁香属（*Syringa*）

灌木或小乔木。树皮呈灰褐色或灰色。小枝、花序轴、花梗、苞片、花萼、幼叶两面及叶柄密被腺毛。叶片革质或厚纸质，卵圆形至近肾形。圆锥花序直立，近球形或长圆形；花药黄色，长圆形；花冠紫色漏斗状，裂片与冠筒呈直角开展，卵圆形至倒卵圆形。蒴果长椭圆形，先端渐尖呈喙状。

白蜡（*Fraxinus chinensis*）（也称梣），白蜡属（*Fraxinus*）

落叶乔木，因放养白蜡虫得名，常见行道树，天津市市树。小枝灰褐色，幼时被黄褐色短柔毛，后脱落无毛；皮孔显著。奇数羽状复叶，对生。圆锥花序侧生或顶生于当年生枝上，大而疏松。花萼钟状，4 浅裂，无花瓣。雄蕊 2 枚，花药长圆形，纵裂；雌蕊具 2 合生心皮，子房上位，2 室，花柱柱状，柱头二叉状；翅果倒披针形。

连翘（*Forsythia suspensa*），连翘属（*Forsythia*）

落叶灌木。先叶开花，花开满枝金黄，艳丽可爱，是早春优良观赏植物。枝开展或下垂，棕色、棕褐色或淡黄褐色，略呈四棱形，疏生皮孔，节间中空，节部具实心髓。

对比观察这三种木犀科植物，重点关注花的结构并尝试写出这三种植物的花程式。

2. 旋花科（Convolvulaceae）

打碗花（*Calystegia hederacea*），打碗花属（*Calystegia*）

一年生缠绕或平卧草本，为常见杂草。茎具细棱，通常基部分枝。叶片三角状卵形、戟形或箭形。花单生于叶腋，花梗长于叶柄，苞片 3，较大，紧贴萼外；花冠漏斗状，淡粉红色或淡紫色。观察花的结构，写出花程式。

对比观察番薯属（*Ipomoea*）牵牛（*Ipomoea nil*）、旋花属（*Convolvulus*）田旋花（*Convolvulus arvensis*）和菟丝子属（*Cuscuta*）菟丝子（*Cuscuta chinensis*）的标本。

3. 唇形科（Labiatae）

夏至草（*Lagopsis supina*），夏至草属（*Lagopsis*）

多年生草本。茎四棱。叶对生，掌状三全裂。轮散花序腋生，每轮具 6～10 花，苞片刺状，与萼筒近等长；花萼管状，被刚毛，顶端具 5 三角状钻形齿，上唇 3 齿较短，下唇 2 齿伸长；花冠白色，稀粉红色，稍伸出于萼筒，上唇直立，较下唇为长，下唇开展，有 3 裂片；雄蕊 4 枚，二强雄蕊；雌蕊由 2 心皮合生，花柱基生，柱头 2 裂。小坚果 4 枚，倒卵状三棱形，褐色。

与同科其他植物，如鼠尾草属（*Salvia*）一串红（*Salvia splendens*）、益母草属（*Leonurus*）益母草（*Leonurus heterophyllus*）作对比观察。

4. 菊科（Compositae）

蒲公英（*Taraxacum mongolicum*），蒲公英属（*Taraxacum*）

多年生小草本。有乳汁，根肥厚，圆锥形。叶基生，匙形或倒披针形，常呈逆向羽状分裂，稀全缘。花葶直立，中空，头状花序单生花葶顶端；总苞钟形，苞片通常多层，覆瓦状排列；黄色舌状花，边缘花舌片背面具紫红色条纹；萼片退化成冠毛；花冠联合，先端有 5 齿；聚药雄蕊，花药黑色；雌蕊由 2 心皮组成，花柱顶端 2 裂。瘦果纺锤形，暗褐色，有条棱，具刺状突起，先端有长喙，冠毛简单，白色。

向日葵（*Helianthus annuus*），向日葵属（*Helianthus*）

一年生草本。全株有刚毛。头状花序大形，径达 25 cm；总苞片 2～8 层，外层叶状；花序轴扁平，不裸露；边花舌状，中性或雌性，黄色，有引诱昆虫的作用；盘花管状，两性，每朵管状花基部有 1 片膜质的苞片，称为托片；花萼退化成 2 个鳞片；花冠管状，整齐；雄蕊 5，着生花冠管上；雌蕊由 2 心皮组成，内含 1 基生胚珠。瘦果。种子无胚乳，含油量 40%。

【思考与作业】

1. 根据对实验材料的观察，分别总结木犀科、旋花科、唇形科和菊科植物的分类学特征。

2. 绘图说明连翘花的结构特征。

实验 19 被子植物——泽泻科、百合科、禾本科、天门冬科、石蒜科和莎草科

【实验目的】

1. 掌握泽泻科、百合科、禾本科、天门冬科、石蒜科和莎草科的主要特征。
2. 掌握双子叶植物与单子叶植物的主要区别。

【实验材料】

泽泻、野慈姑、百合、小麦、文竹、君子兰、扁秆藨草的彩色投影图片和部分新鲜材料，以及它们的腊叶标本。

【实验器材】

多媒体投影设备、体视显微镜。

【实验内容与步骤】

1. 泽泻科（Alismataceae）

泽泻（*Alisma orientale*），泽泻属（*Alisma*）
多年生沼生草本植物。须根。叶基生，有长柄，叶片长椭圆形。花葶长，顶生圆锥花序，有苞片；花萼 3，花瓣 3，白色，倒卵形，早落；雄蕊 6；心皮多数离生。瘦果多数，扁平。

野慈姑（*Sagittaria trifolia*），慈姑属（*Sagittaria*）
多年水生草本植物。有匍匐枝，先端有小球茎。叶基生，叶柄长，戟形。花茎长，总状花序，花多，在每节轮生，单性，雌花生于下方，雄花有稍长的小梗；雌花萼片 3，花瓣 3，白色，长为萼片的 2 倍；心皮多数，密集成球形；雄花有多数雄蕊。瘦果斜倒卵形。

2. 百合科（Liliaceae）

百合（*Lilium brownii* var. *viridulum*），百合属（*Lilium*）
多年生草本。鳞状茎球形，茎高 0.7～1.5 m。花单生或 2～4 朵排成伞形，花被片 6，多为白色，有时背面呈紫褐色，前端外弯；雄蕊 6，生于花被片基部；柱头 3 裂。蒴果长圆形，有棱，内具多枚种子。

3. 禾本科（Gramineae）

小麦（Triticum aestivum），小麦属（Triticum）

二年生草本，分蘖形成疏丛。秆圆形，中空，节明显。叶片披针形，2 行互生，叶鞘短于节间，开放式；叶舌短小，膜质，有叶耳。复穗状花序直立，小穗无柄着生于穗轴各节，呈两侧压扁状，以侧面对向穗轴，小穗脱节位于颖片之上；每个小穗包含 3～9 朵小花，顶端花朵通常不育。颖革质，外稃厚，纸质，顶端常具芒刺，内稃和外稃等长。浆片 2 枚，在外稃内侧；雄蕊 3；雌蕊由 2 心皮组成，子房上位，1 室，1 胚珠。柱头呈羽毛状。颖果。

与其他禾本科植物作比较观察，并尝试总结该科的主要识别特征。

4. 天门冬科（Asparagaceae）

文竹（Asparagus setaceus），天门冬属（Asparagus）

多年生攀援草本或亚灌木。茎拱垂。主茎上的退化叶针刺状，叶状枝扁平，线形，通常 2～4 枚簇生。总状花序腋生或与叶状枝簇生。花小，花被片 6，白色，同形，离生，排成 2 轮；雄蕊 6，与花被片对生；雌蕊由 3 心皮组成，子房上位，3 室。浆果，球形，熟时紫黑色。

5. 石蒜科（Amaryllidaceae）

君子兰（Clivia miniata），君子兰属（Clivia）

多年生草本。基部有由叶基构成的假鳞茎。叶厚而有光泽，宽带状。花 10～20 朵排列成伞形花序，生于粗壮的花葶顶端，花被片 6，橘黄色；雄蕊 6，生于花被管喉部；子房下位。浆果红色，球形。

6. 莎草科（Cyperaceae）

扁秆藨草（Scirpus planiculmis），藨草属（Scirpus）

多年生草本。具匍匐根状茎和块茎，茎三棱形。叶 3 行排列，叶鞘闭合，叶片狭长，无叶耳和叶舌。聚伞花序缩成头状，有叶状总苞苞片 1～3 个，长于花序；小穗 1～6 枚，小穗卵形或长圆状卵形，锈褐色，有多数小花，每小花有 1 膜质鳞片；花被片为刚毛状，4～6 枚，上生倒刺；雄蕊 3，雌蕊由 2 心皮组成，花柱长，柱头 2。小坚果扁平，两面稍凸。

对比观察莎草科其他植物，并尝试总结该科的主要识别特征。

【思考与作业】

1. 泽泻科和百合科的主要特征是什么？它们在分类系统上的地位如何？
2. 比较禾本科与莎草科的异同点。
3. 编写泽泻科、百合科、禾本科、天门冬科、石蒜科和莎草科植物的分科检索表。

实验 20 水 生 植 物

【实验目的】

1. 了解植物与环境的关系。
2. 掌握水生植物的主要特征。
3. 比较水生植物与陆生植物的主要区别。

【实验材料】

穗状狐尾藻、轮叶狐尾藻、菹草、金鱼藻、大茨藻、苦草、凤眼莲、浮萍、紫萍、荇菜、水烛、小香蒲、达香蒲的彩色投影图片和腊叶标本或新鲜材料，以及部分植物的浸制标本。

【实验器材】

多媒体投影设备、体视显微镜、放大镜、解剖针。

【实验内容与步骤】

1. 沉水植物

1）小二仙草科（Haloragidaceae）

穗状狐尾藻（*Myriophyllum spicatum*），狐尾藻属（*Myriophyllum*）
多年生沉水植物。根状茎发达，在水底泥中蔓延，节部生根；茎光滑，圆柱形。叶常 4～6 枚近轮生，叶柄极短或无，丝状全细裂。穗状花序挺水顶生；花单性、两性或杂性，雌雄同株，常 4 朵轮生于花序轴上；如为单性花，则上部为雄花，下部为雌花，中部有时为两性花。雄花萼筒广钟状，花瓣 4，早落；雄蕊 8；雌花具苞片及小苞片，萼筒管状，4 深裂，花瓣缺或不明显；子房下位，4 室。花柱 4，柱头羽毛状。分果广卵形或卵状椭圆形，具 4 纵深沟，沟缘表面光滑。

本种与轮叶狐尾藻的营养体甚相似，不同点在于轮叶狐尾藻裂片较粗、短，呈线形，花序生于叶腋。

2）眼子菜科（Potamogetonaceae）

菹草（*Potamogeton crispus*），眼子菜属（*Potamogeton*）
多年生沉水草本。根状茎细长，茎多分枝，略扁平，分枝顶端常结芽苞（又称石芽），脱落后成新植株。叶宽线形，长 4～7 cm，宽 5～10 mm，边缘波状具细锯齿。穗状花序顶生，开花时伸出水面，花序柄粗壮，花序长 1～1.5 cm，花少。果具喙。

菹草常生于池塘、湖泊、溪流中，水体多呈微酸至中性。菹草的生长习性与其他大多数水生植物有所不同，在秋季发芽，冬春季生长良好，对水域的富营养化有较强适应能力。

3）金鱼藻科（Ceratophyllaceae）

金鱼藻（*Ceratophyllum demersum*），金鱼藻属（*Ceratophyllum*）

多年生沉水植物。全株深绿色，茎平滑，细长，有分枝。叶 5～10 枚轮生，无柄，长 1～2 cm，1～2 回叉状分枝，裂片线形，边缘一侧有散生的刺状细齿。花小，花梗极短，雌雄同株；苞片 9～12，条形，长 1.5～2 mm，浅绿色，透明，先端有 3 齿并具紫色毛；雄蕊 10～16，微密集；子房卵形，花柱钻状。

4）水鳖科（Hydrocharitaceae）

大茨藻（*Najas marina*），茨藻属（*Najas*）

一年生沉水草本。柔软，多分枝，具稀疏的锐尖短刺。叶对生，坚挺，线形至椭圆状线形，边缘具 6～11 个粗齿，两面中脉处常有数个刺状的棘突。

茨藻属是一个包含 30～40 种水生植物的世界广布属，然而，其分类归属问题一直存在争议。传统分类将该属归属于茨藻科（Najadaceae）；近期，分子生物学研究通过对质体和 ITS 数据进行对比分析，将茨藻属归属于水鳖科。

将大茨藻与水鳖科的苦草（*Vallisneria asiatica*）进行对比观察。

2. 漂浮植物

1）雨久花科（Pontederiaceae）

凤眼莲（*Eichhornia crassipes*），凤眼莲属（*Eichhornia*）

凤眼莲又名水葫芦，多年生草本。茎极短，具长匍匐枝；须根发达，悬垂水中。叶丛生在缩短茎基部，莲座状排列，叶片卵形、倒卵形至肾状圆形，光滑，叶柄中下部有膨胀如葫芦状的气囊，基部有鞘状苞片。花葶具棱，穗状花序；穗状花序有 6～12 朵花，花被 6，紫蓝色，上面 1 片较大，中央有鲜黄色的斑点，另外 5 片相等；雄蕊 3 长 3 短；雌蕊 3 心皮合生，子房上位，3 室，胚珠多数。蒴果。一般靠腋芽来发育成新植株，繁殖极为迅速。原产南美洲，我国引种。

2）天南星科（Araceae）

浮萍（*Lemna minor*），浮萍属（*Lemna*）

浮水小草本。植物体退化成 1 个小的叶状体，呈倒卵状椭圆形，长 1.5～6 mm，两面均为绿色。具毛状根。常以叶状体的侧边生出新的叶状体进行无性繁殖。少见开花。

紫萍 (*Spirodela polyrrhiza*)，紫萍属 (*Spirodela*)，

浮水小草本。叶状体卵圆形，长 4～10 mm，宽 4～8 mm，1 个或 2～5 个簇生，上表面绿色，下表面紫色。根 5～11 条，聚生于叶状体下面的中央，在根的着生处产生新芽。新芽脱离母体后成为一新叶状体。

在早期的植物分类体系中，浮萍属和紫萍属均归属于浮萍科，且浮萍科被明确地划分为天南星目的一个科。然而，随着科学研究的深入和分类学的更新，近期的分类调整将浮萍科合并到了天南星科中，同时，天南星科被归类于泽泻目下。

3. 浮叶植物

睡菜科 (Menyanthaceae)

荇菜 (*Nymphoides peltatum*)，荇菜属 (*Nymphoides*)

多年生水生草本。茎圆柱形，多分枝，密生褐色斑点，具不定根，于水底泥中生地下茎；叶圆状心形，上部对生，其他互生。花簇生叶腋，花柄长；萼片 5，近分离；花冠辐射状，5 深裂，黄色，喉部有长毛；雄蕊 5；雌蕊 2 心皮合生，子房上位，1 室，柱头瓣状 2 裂。蒴果，长椭圆形。种子多数。

睡菜科是菊超目菊目下属科，为多年生浮叶草本植物，环境适应能力颇强，在中国、日本、韩国沼泽与溪流间时有所见。睡菜科以往归属于龙胆科 (Gentianaceae) 睡菜族，然而其水生的习性、叶互生的特征与龙胆科其他植物有很大不同。后来解剖学及植物化学分析的证据，都支持将睡菜归为「科」的位阶。睡菜科在我国共有 7 种，归为 2 属：即荇菜属 (*Nymphoides*) 和睡菜属 (*Menyanthes*)。

4. 挺水植物

香蒲科 (Typhaceae)

水烛 (*Typha angustifolia*)，香蒲属 (*Typha*)

水生或沼泽多年生草本。根状茎乳黄色，地上茎粗壮。叶片上部扁平，叶鞘抱茎；叶线形。肉穗花序，雌雄同株，花序上部为雄花，下部为雌花，雄花和雌花紧密相连或有一段间隔。

香蒲科其他常见植物有小香蒲 (*T. minima*) 和达香蒲 (*T. davidiana*)。

观察并记录禾本科、莎草科的挺水植物。

【思考与作业】

1. 选取 20 种水生植物，制成它们的分种检索表。
2. 分析水生植物在自然水体生态系统中的作用。

第三部分

植物生理实验

实验 21　植物组织水势的测定

【实验目的】

1. 掌握液相平衡法、压力平衡法和气相平衡法测定植物组织水势的原理及方法。
2. 比较几种测定水势方法的优缺点。

【实验原理】

　　水势和渗透势是衡量植物水分状况的重要参数。水势与渗透势的测定方法可分为三大类：①液相平衡法，包括小液流法、重量法、质壁分离法；②压力平衡法，即压力室法；③气相平衡法，包括热电偶湿度计法、露点法等。液相平衡法所需仪器设备简单，但过程烦琐、效率低、难以自动记录；压力平衡法适于测定枝条或整个叶片的水势，对于小型样品如叶圆片等则不太适用；气相平衡法能广泛用于各种植物叶片水势和渗透势的测定，所需样品量极少、测量精度高，是近年发展起来的一类较好的、用于测定植物组织水势的技术。

Ⅰ　小　液　流　法

　　植物组织的水分状况可用水势来表示，水总是从高水势区域向低水势区域流动。植物组织间、细胞间、植物体及环境间的水分移动都是由水势决定的。如果将植物组织分别放在一系列已知浓度递增的溶液中，当我们找到某个浓度溶液与植物组织之间水分保持动态平衡并表现出无水分单向移动时，则认为植物组织的水势等于该溶液的渗透势。溶液渗透势的计算公式如下：

$$\psi = \psi_s, \quad \psi_s = -iCRT \tag{21-1}$$

式中，ψ_s 为溶液渗透势（MPa）；i 为溶液的等渗系数，其大小取决于溶质的性质，其中，蔗糖为 1、NaCl 为 1.5；C 为溶液的体积摩尔浓度（mol/L）；R 为气体常数，其值为 0.008 314 MPa·L/（mol·K）；T 为绝对温度（K），即 273.15+实测温度（t）。

【实验材料】

　　马铃薯（*Solanum tuberosum*）块茎或其他植物组织。

【器材和试剂】

1. 器材

20 mL 具塞试管 20 支、移液管、胶头毛细管、解剖刀、试管架。

2. 试剂

（1）0.01%甲烯蓝溶液：0.01 g 甲烯蓝溶于 100 mL 蒸馏水中。

（2）1 mol/L 蔗糖溶液：将 34.23 g 蔗糖（相对分子质量342.3）溶于 60 mL 蒸馏水，并转移至 100 mL 容量瓶中定容。

【实验内容与步骤】

1. 蔗糖梯度溶液的配制（表 21-1）

表 21-1 蔗糖梯度溶液配制表（总体积 10 mL）

试管编号	目标蔗糖浓度/（mol/L）	1 mol/L 蔗糖/mL	蒸馏水/mL
1	0.05	0.5	9.5
2	0.10	1.0	9.0
3	0.15	1.5	8.5
4	0.20	2.0	8.0
5	0.25	2.5	7.5
6	0.30	3.0	7.0
7	0.35	3.5	6.5
8	0.40	4.0	6.0

取 16 支具塞试管（如没有具塞试管，可用铝箔纸封口），其中 8 支试管（对照组）用于配制一系列浓度不同的蔗糖溶液（表 21-1），配制时以 1 mol/L 蔗糖溶液为母液，配制体积为 10 mL，混匀，配制前对试管进行准确编号。另外 8 支试管（实验组）放在盛有系列浓度蔗糖溶液的试管（对照组）后方，并确保实验组试管编号与对照组对应编号一致。

用移液管将对照组各试管中混匀的溶液移取 2.0 mL 至相同编号的实验组试管中，并迅速用塞子或铝箔纸封口。

2. 植物组织的制备

用解剖刀将马铃薯块茎或其他植物组织切成大小约 2 mm×5 mm×5 mm 的小块，混合均匀后，向实验组的每个试管中投入 15～20 块小的植物组织，保证实验组试管中的液体浸没植物组织，盖盖封口并经常摇动。30 min 后，向实验组的每支试管中各加 1 滴甲烯蓝溶液，并摇动试管，使溶液均匀着色。

3. 结果观察

用胶头毛细管（或小量程移液管）吸取实验组试管中的蓝色溶液，然后插入对照组相同编号的试管中，在液体的中部轻轻加 1 滴蓝色溶液，仔细观察液滴移动的方向，并将结果记录在表 21-2 中。同时，记录环境温度（t，℃）。

表 21-2　观察结果记录表

蔗糖浓度/（mol/L）	0.05	0.10	0.15	0.20	0.25	0.30	0.35	0.40
液滴移动的方向								

4. 结果计算

根据式（21-1）计算出植物组织水势。

观察结果记录表中，用液滴静止不动时所对应的溶液浓度计算溶液渗透势，所得结果等于植物组织的水势。

【注意事项】

1. 马铃薯块茎组织块放入试管后，要迅速盖盖（或封口）以防水分蒸发。
2. 加入实验组的甲烯蓝溶液量不宜太多，以免影响溶液密度。
3. 胶头毛细管须各组溶液专用，如用一支毛细管完成整组实验，则应从低浓度到高浓度依次吸取溶液。
4. 释放蓝色液滴时要慢，防止过急挤压所产生的冲力影响液滴移动方向。
5. 观察液滴移动状况，最好放在白色背景下进行观察。

II　露点法

将植物组织（如叶片）或组织汁液密闭在体积很小的样品室内，经一定时间后，样品室内的空气和植物样品将达到温度和水势的平衡状态。此时，气体的水势（以蒸气压表示）与叶片的水势（或组织汁液的渗透势）相等。因此，只要测出样品室内空气的蒸气压，便可得知植物组织的水势（或汁液的渗透势）。

空气的蒸气压与其露点温度具有严格的定量关系，通过露点水势仪测定样品室内空气的露点温度可知其蒸气压。WP4 露点水势仪装有高分辨能力的热电偶，测量时，首先给热电偶施加反向电流，使样品室内的热电偶结点降温[珀耳帖效应（Peltier effect）]，当结点温度降至露点温度以下时，将有少量液态水凝结在结点表面，此时切断反向电流，并根据热电偶的输出电位记录结点温度变化。开始时，结点温度因热交换平衡而很快上升；随后，则因表面水分蒸发带走热量，而使其温度保持在露点温度，呈现短时间的稳衡状态；待结点表面水分蒸发完毕后，其温度将再次上升，直至恢复原来的温度平衡。记录稳衡状态下的温度，便可将其换算成待测样品的水势或渗透势。

【实验材料】

植物离体或活体材料，如叶片等。

【实验器材】

美国 Decagon Device 公司生产的 WP4 露点水势仪，采用冷镜露点技术测量样品的水势。

【实验内容与步骤】

1. 样品的准备

把样品放入样品杯中，尽可能覆盖杯的底部，保持在半杯左右（过多的样品有可能使样品接触到传感器，从而污染传感器）。此外，大的样品表面积（植物组织更细小）可以使平衡时间缩短，提高测量效率。

2. 测量

（1）把样品室螺旋打到 OPEN/LOAD 位置并打开样品室。
（2）放入样品。检查盒的边缘，确定没有样品残留。
（3）小心关闭样品室，尤其是液体样品。
（4）按右下角按钮，观察样品与样品室间温度差异。
（5）把样品室螺旋打到 READ 位置，密封样品室。仪器发出哔哔声一次，并且绿色灯闪烁一次，表明开始测量循环。

【注意事项】

1. 样品水势不同，所需平衡时间不同，样品水势越低，所需平衡时间越长。例如，正常供水的小麦旗叶水势为-0.32 MPa，平衡时间 10 min 左右；而严重干旱的小麦旗叶水势为-2.27 MPa，平衡时间需 2 h 以上。平衡时间过短或过长，均会导致测定结果不准确，造成实验误差。

2. 在进行植物样品制作时，应该减少测定前的等待时间。例如，一般认为，叶圆片边缘的水分散失和离体期间的淀粉水解，均会造成叶片水势测定的误差。

3. WP4 露点水势仪的测定范围是-300～-0.1 MPa，精度为 0.05 MPa。适宜农作物生长的土壤水势的范围为-0.05～-0.01 MPa；如果水势过高则土壤湿度过高，不利于土壤呼吸；水势过低则土壤干燥，多数作物需要灌水。由此可以看出，WP4 露点水势仪不适合测定适合作物生长土壤的水势。永久萎蔫点指植物根系能够从土壤中获取到水分且不会枯萎时，土壤水势的最小值。如果土壤水势低于永久萎蔫点，植物就会逐渐萎蔫死亡。一般认为，永久萎蔫点约为-1.5 MPa。

【思考与作业】

1. 加入甲烯蓝溶液会影响实验结果吗？为什么？
2. 如果小液滴在各对照溶液中全部上升（或下降），说明什么问题？
3. 如果在上述配制的溶液中没有观测到蓝色液滴静止不动的情况，但确定了液滴上升和液滴下降的蔗糖浓度区间，如何估测植物组织的水势？
4. 测定植物叶片水势的两大类方法各有哪些主要优缺点？
5. 如何理解叶片水势越低，露点水势仪所需平衡时间越长？

实验 22 小麦幼苗吐水现象的观察

【实验目的】

理解植物吐水现象与水分代谢的关系。

【实验原理】

当根系发育良好的健康植株处于空气湿度饱和的条件下，其蒸腾作用受阻，此时，多余的水通过叶脉末端的管胞和排水组织，最终从水孔排出体外，出现吐水现象。吐水现象一般在夜晚发生，因为夜晚植物根部仍然在源源不断吸收土壤中的水分与无机盐，但植物蒸腾作用变弱，只能通过叶片边缘的微小水孔排出多余的水分，出现叶片边缘挂满亮晶晶水珠的现象。吐水是植物根系活动的结果，若改变根系的环境条件，吐水现象就会受到影响。

【实验材料】

发芽 5～7 天的小麦（*Triticum aestivum*）幼苗，实验前 1 天转入培养缸中无土培养。

【器材和试剂】

1. 器材

温度计、滤纸、脱脂棉、玻璃棒、烧杯、培养皿。

2. 试剂

（1）冰块、温水。
（2）乙醚或氯仿。

【实验内容与步骤】

1. 室温条件下植物吐水现象的观察

取生长良好的小麦幼苗，每组 3 盆。将植物放在相对密闭、空气湿度大的环境中（如钟罩），由于植物蒸腾水分，使密闭环境内空气湿度增加，蒸腾作用减弱，一定时间后植物即开始以吐水方式来排出多余的水分。观察幼苗吐水时，用脱脂棉或滤纸吸去植物幼苗上的水滴，准确记录水滴重新出现所需时间，重复 3～4 次，得出在室温条件下植物吐水的平均速率（滴/min）。

2. 低温处理根系对植物吐水现象的影响

将一盆植物材料放入一个盛有冰水或冰块的不锈钢盆中，5 min 后，用脱脂棉或滤纸吸去植物幼苗上的水滴，准确记录水滴重新出现所需时间，重复 3~4 次，得出根系在低温条件下植物吐水的平均速率（滴/min）。

3. 高温处理根系对植物吐水现象的影响

将一盆植物材料放入一个盛有 37~40℃温水的不锈钢盆中，5 min 后，用脱脂棉或滤纸吸去植物幼苗上的水滴，准确记录水滴重新出现所需时间，重复 3~4 次，得出根系在高温条件下植物吐水的平均速率（滴/min）。

4. 抑制根系活动对植物吐水现象的影响

取滤纸条将一盆幼苗叶片上的水滴吸去，然后在培养缸中放入一小团蘸有乙醚（或氯仿）的棉花球以抑制根系活力，观察并记录植物吐水的速率（滴/min）。

【注意事项】

1. 乙醚易燃，使用时需远离明火。
2. 添加乙醚（或氯仿）时，需在通风橱内进行。

【思考与作业】

1. 植物吐水现象发生的原因是什么？
2. 基于观察到的现象，对根系环境影响吐水速率的现象给予解释。

实验 23 植物硝酸还原酶活性的测定

【实验目的】

1. 理解硝酸还原酶活性测定方法的基本原理。
2. 理解硝酸还原酶在植物体氮素代谢中的作用及其植物特异性。

【实验原理】

硝酸还原酶（nitrate reductase，NR）是植物氮素同化的关键酶，它催化植物体内的硝酸盐还原为亚硝酸盐（ $NO_3^+ + NADH + H^+ \xrightarrow{\quad NR \quad} NO_2^- + NAD^+ + H_2O$ ），产生的亚硝酸盐与对氨基苯磺酸（或对氨基苯磺酰胺）及萘基乙烯胺（α-萘胺）在酸性条件下生成红色偶氮化合物。这种方法非常灵敏，能测定浓度为 0.5 μg/mL 的亚硝酸根离子。

生成的红色偶氮化合物在 540 nm 处有最大吸收峰，可用分光光度法测定。NR 活性可由产生的亚硝态氮的量表示。一般以单位时间内每克鲜重含氮量表示，即以 μg/(g·h) 为单位。NR 的测定可分为活体法和离体法。活体法步骤简单、快速，但重复性相对较差；离体法步骤复杂，但有较好的重复性。

NR 是一种诱导酶，通常有 NO_3^- 存在时会诱导 NR 的活性，且光照能提高 NR 活性。随着研究的不断深入，研究者发现 NR 活性表现为物种特异性，且与测定部位有关。

I 离 体 法

【实验材料】

新鲜小麦（*Triticum aestivum*）、辣椒（*Capsicum annuum*）和番茄（*Solanum lycopersicum*）幼苗（在无营养的蛭石中培养），每种植物材料均分为非诱导组和诱导组。其中，非诱导组在实验前始终用蒸馏水进行土壤水分的补充，而诱导组在实验前 2 天用 50 mmol/L KNO_3 溶液替换蒸馏水进行土壤水分和 NO_3^- 的补充。

【器材和试剂】

1. 器材

冷冻离心机、分光光度计、天平（0.1 mg）、冰箱、恒温水浴锅、研钵、剪刀、离心管、具塞试管（15 mL）、移液管（5 mL、2 mL、1 mL）、吸耳球、pH 计。

2. 试剂

（1）5 μg/mL 亚硝酸钠标准溶液：准确称取分析纯亚硝酸钠 1.000 g，溶于去离子水后定容至 1000 mL，然后从容量瓶中吸取 5 mL 定容至 1000 mL。

（2）0.1 mol/L pH7.5 磷酸缓冲液：参考附录 III-2-5）略作修改。将 840 mL 0.1 mol/L Na_2HPO_4 溶液与 160 mL 0.1 mol/L NaH_2PO_4 溶液混匀后，用 pH 试纸或 pH 计检验并用稀 HCl 或稀 NaOH 溶液微调以满足实验要求。

（3）4.5 mol/L 冰乙酸溶液：将 257 mL 99%冰乙酸（17.5 mol/L）稀释至 1000 mL。

（4）1%（m/V）对氨基苯磺酰胺（磺胺）溶液：5.0 g 对氨基苯磺酰胺溶于 500 mL 4.5 mol/L 冰乙酸溶液中。

（5）0.2%（m/V）萘基乙烯胺溶液：1.0 g 萘基乙烯胺溶于 500 mL 4.5 mol/L 冰乙酸溶液中，储于棕色瓶中保存。

（6）0.1 mol/L 硝酸钾-磷酸溶液：2.5275 g 硝酸钾（相对分子质量 101.10）溶于 250 mL 0.1 mol/L pH7.5 的磷酸缓冲液中。

（7）0.025 mol/L pH7.8 磷酸缓冲液：参考附录 III-2-6）略作修改。将 900 mL 0.025 mol/L Na_2HPO_4 溶液与 100 mL 0.025 mol/L KH_2PO_4 溶液混匀后，用 pH 试纸检验并用稀 HCl 或稀 NaOH 溶液微调以满足实验要求。

（8）提取缓冲液：0.121 g 半胱氨酸（相对分子质量 121.16）、0.0372 g EDTA·2H₂O（相对分子质量 372.24）溶于 100 mL 0.025mol/L pH7.8 的磷酸缓冲液中。

（9）2 mg/mL 的 NADH 溶液：0.0200 g NADH 溶于 10 mL 0.1 mol/L pH7.5 磷酸缓冲液中（用前配制，低温保存）。

【实验内容与步骤】

1. 标准曲线制作

取 7 支洁净烘干的 15 mL 试管按表 23-1 顺序加入试剂，配成 0～1.25 μg/mL 的系列标准亚硝态氮溶液，反应前亚硝酸钠最低浓度为 0.5 μg/mL。需要提醒的是，加入 1%磺胺需充分混匀后再加入 0.2%萘基乙烯胺，摇匀后在 25℃下保温 30 min；于 540 nm 下测定各管的吸光度值（A_{540}）。最后，以亚硝酸钠终浓度（μg/mL）为横坐标（x）、吸光度值（A_{540}）为纵坐标（y）建立回归方程，$y = ax + b$ 或 $y=ax$（如果两个方程的拟合绝对系数相似，建议采用截距为 0 的拟合方程）。

表 23-1 0～1.25 μg/mL 的系列标准亚硝态氮溶液配制表

试剂	管号						
	1	2	3	4	5	6	7
5 μg/mL 亚硝酸钠标准溶液/mL	0	0.2	0.4	0.8	1.2	1.6	2.0
蒸馏水/mL	2	1.8	1.6	1.2	0.8	0.4	0
反应前亚硝酸钠浓度/（μg/mL）	0	0.5	1.0	2.0	3.0	4.0	5.0
1%磺胺/mL	3	3	3	3	3	3	3

续表

试剂	管号						
	1	2	3	4	5	6	7
0.2%萘基乙烯胺/mL	3	3	3	3	3	3	3
亚硝酸钠终浓度/（μg/mL）	0	0.125	0.25	0.5	0.75	1	1.25
A_{540}							

2. 样品中 NR 活性测定

（1）酶的提取：准确称取新鲜样品 1.0 g 左右（m），剪碎后放入置于冰浴的研钵中；准确量取 4 mL 提取缓冲液（V_1），边研磨植物材料边向研钵中加入提取缓冲液，将材料研磨成匀浆以充分提取植物细胞中的酶类；将匀浆转移入离心管中，做好标记后 4℃保存。按照上述步骤，依次将其他处理组材料研磨成匀浆并保存。

将所提取的匀浆成对配平后，于 4℃、8000 r/min 离心 15 min，所得上清液即为粗酶提取液。

（2）酶反应：每种实验材料取 4 个 15 mL 试管，按照表 23-2 分别加入硝酸钾-磷酸缓冲液、NADH 溶液及粗酶液（V_2）等，混匀，在 25℃水浴中保温 30 min。

表 23-2　酶反应体系配制表（一）

酶反应管	反应底物			
	0.1 mol/L 硝酸钾-磷酸缓冲液/mL	NADH 溶液/mL	0.1 mol/L pH7.5 磷酸缓冲液/mL	粗酶液/mL
非诱导组-对照组	1.4	0	0.2	0.4
非诱导组-反应组	1.4	0.2	0	0.4
诱导组-对照组	1.4	0	0.2	0.4
诱导组-反应组	1.4	0.2	0	0.4

基于硝酸盐还原为亚硝酸盐的反应式，可以分析得出，既可以将 NADH 的有无作为反应是否发生的条件，也可以将硝酸钾的添加与否作为反应是否发生的条件。因此，也可进行如表 23-3 所示实验设计。

表 23-3　酶反应体系配制表（二）

酶反应管	反应底物			
	0.1 mol/L 硝酸钾-磷酸缓冲液/mL	NADH 溶液/mL	0.1 mol/L pH7.5 磷酸缓冲液/mL	粗酶液/mL
非诱导组-对照组	0	0.2	1.4	0.4
非诱导组-反应组	1.4	0.2	0	0.4
诱导组-对照组	0	0.2	1.4	0.4
诱导组-反应组	1.4	0.2	0	0.4

与多数颜色反应不同，本实验中每种实验材料均有一个对照组，这是由于不同处理组的酶液不同，这样操作可以避免引入不必要的干扰条件；缺点就是每个反应组都有一

个对照组，在颜色反应结束后测定吸光度值时，每组都需要以对照组做参比进行调 0。同学们可以用提取缓冲液做参比测定不同处理组-对照组间的吸光度值，并比较不同处理组间是否存在差异。

（3）终止反应和比色测定：酶反应结束后，立即加入 3 mL 磺胺溶液终止酶反应（该溶液中的冰乙酸可使酶变性），充分混匀后，再加 3 mL 萘基乙烯胺溶液，充分混匀开始显色反应（V_3）。其间可于 4000 r/min 离心 5 min 去除沉淀（变性的酶等蛋白质），也可使用滤纸过滤掉变性的蛋白质等沉淀物质，显色 30 min（t，与标准曲线显色时间一致）后将得到的上清液或滤液在 540 nm 下测定吸光度值。根据标准曲线拟合方程计算出反应液中所产生亚硝酸钠的含量（μg/mL）。如果关注亚硝态氮含量，可以通过亚硝酸钠的相对分子质量及 NO_2^- 的相对原子质量间的关系进行换算。

3. 结果计算

$$\text{NR活性}[\mu g / (g \cdot h)] = \frac{\dfrac{A_{540} - b}{a} \times \dfrac{V_3}{V_2} \times V_1}{m \times t} \tag{23-1}$$

式中，a 为标准曲线方程的斜率；b 为标准曲线方程的截距；A_{540} 为反应液测定所得吸光度值；$\dfrac{A_{540} - b}{a}$ 为反应液酶催化产生的亚硝酸钠浓度（μg/mL）；V_1 为提取酶时加入的缓冲液体积（mL）；V_2 为酶反应时加入的粗酶液体积（mL）；V_3 为与磺胺等发生颜色反应的总体积（mL）；m 为样品质量（g）；t 为反应时间（h）。

II 活 体 法

【实验材料】

与离体法相同。

【器材和试剂】

1. 器材

真空抽气泵、抽气用真空干燥器、锥形瓶、玻璃瓶塞（其他器材同"离体法"）。

2. 试剂

（1）5 μg/mL 亚硝酸钠标准溶液：配制方法同"离体法"。

（2）0.1 mol/L pH7.5 磷酸缓冲液：配制方法同"离体法"。

（3）4.5 mol/L 冰乙酸溶液：配制方法同"离体法"。

（4）1%（m/V）对氨基苯磺酰胺（磺胺）溶液：配制方法同"离体法"。

（5）0.2%（m/V）萘基乙烯胺溶液：配制方法同"离体法"。

（6）0.1 mol/L 硝酸钾-磷酸溶液：配制方法同"离体法"。

（7）1%三氯乙酸溶液：称取 1.0 g 三氯乙酸，蒸馏水溶解，最后定容至 100 mL。

【实验内容与步骤】

1. 标准曲线制作

同"离体法"。

2. 酶活性测定

1）实验材料的准备

准确称取实验材料 1.0～2.0 g，共 4 份并做好标记，剪成 1 cm 左右的小段，放于 4 个锥形瓶中，其中 1 份用作对照（标记为对照），另外 3 份作酶活性测定用（标记为反应组 1～3）。按照上面的步骤，依次称取其他处理组材料并做好标记。

2）酶反应

（1）向对照组锥形瓶中加入 1 mL 1%三氯乙酸溶液。

（2）向各锥形瓶中加入 9 mL 0.1 mol/L 硝酸钾-磷酸溶液，充分混匀后立即放入干燥器中，抽气 1 min 后通入空气，反复几次，至叶片完全沉入瓶底以排除组织间隙的气体，同时使反应底物硝酸钾-磷酸溶液进入叶片组织。

（3）通入氮气密封后，在 25℃黑暗中反应 0.5 h。

3）终止反应和比色测定

酶反应结束后，取出锥形瓶，分别向反应组锥形瓶加入 1 mL 1%三氯乙酸终止酶反应。将各瓶充分摇动以使细胞间隙与锥形瓶中的溶液充分混匀，静置 2 min 后，从各锥形瓶中移取 2 mL 反应液至对应编号的试管中，后续显色反应及吸光度测定同"离体法"。

【注意事项】

1. NR 容易失活，离体法测定时，操作应迅速，并且在 4℃下进行。

2. 硝酸盐还原过程应在黑暗中进行，以防亚硝酸盐还原为氨。

3. 由于显色反应受反应时间影响，因此样品显色反应时间应与标准曲线显色反应时间保持一致。

【思考与作业】

1. 测定 NR 的材料为什么要提前 1～2 天施用一定量的硝态氮肥？在晴天取样效果会更好，请试着分析原因？

2. 显色反应时，加入磺胺充分混匀后再加入萘基乙烯胺，这样做的原因是什么？如果两者的加样顺序颠倒，可能会对实验结果产生怎样的影响？原因是什么？

实验 24　光合作用的 Hill 反应

【实验目的】

1. 掌握希尔（Hill）反应的原理。
2. 理解电子传递链在 Hill 反应中的重要作用及其相关应用。
3. 了解电子传递体抑制剂抑制 Hill 反应的机制。

【实验原理】

Hill 反应是由英国科学家罗伯特·希尔（R. Hill）在 1939 年发现的，他通过实验观察到，当用光照射含有草酸铁的叶绿素悬浊液时，Fe^{3+} 被还原成 Fe^{2+} 并释放出氧气。这一发现揭示了在光合作用过程中，叶绿体借助光能使电子受体还原并放出氧气的机制。其中，反应中的电子受体被称为希尔氧化剂（Hill oxidant）。随着研究的逐步开展，发现草酸铁、铁氰化钾、多种醌、醛及有机染料均可作为 Hill 氧化剂。更重要的是，Hill 反应的发现将光合作用明确地划分为两个阶段：光反应和暗反应。

$$2H_2O + 2A \xrightarrow[\text{叶绿体}]{\text{光}} 2AH_2 + O_2 \tag{24-1}$$

光反应涉及光诱导的电子传递、水的光解及氧气的释放，而暗反应则涉及 CO_2 的还原过程。此外，Hill 反应还证明了水在光反应中充当了供氢体（H^+）和电子供体的双重角色。Hill 反应的发现不仅揭示了光合作用的光能转换机制，而且为后续对光合作用过程的研究提供了重要理论基础。

阻断电子传递可有效抑制 Hill 反应的发生。市场上出现过的除草剂，多数就是通过阻断电子传递抑制 Hill 反应，从而导致植物无法进行光合作用而死亡。例如，敌草隆（N'-(3, 4 二氯苯基)-N, N-二甲基脲，Diuron，DCMU），通过作用于光合作用光合系统Ⅱ（PSⅡ）中质体醌 Q_B 结合部位（即 D1 蛋白），导致电子传递受阻，从而抑制 Hill 反应的发生。结合光合电子传递 3 种途径的差别可以发现，DCMU 可阻断非环式电子传递和假环式电子传递，而无法阻断环式电子传递。

本实验中所用的电子受体（A）为 2, 6-二氯靛酚（2, 6-D），是一种蓝色染料，接受电子和 H^+ 后被还原成无色；设置一组加入 DCMU 的处理来阻断电子传递，使蓝色的 2, 6-D 无法被还原。在一定的反应系统中，叶绿体将 2, 6-D 还原，颜色从蓝色到无色，可通过测定反应体系颜色的变化（与加入 DCMU 处理组相比）来评价叶绿体的还原能力。

【实验材料】

菠菜（*Spinacia oleracea*）叶片。

【器材和试剂】

1. 器材

研钵、移液管、天平、离心机、离心管、试管、试管架、黑纸、分光光度计、强光灯、pH 计（pH 试纸）。

2. 试剂

（1）0.02 mol/L pH7.5 Tris-HCl 缓冲液：参考附录 III-2-9）略作修改。将 200 mL 0.1 mol/L 三羟甲基氨基甲烷（Tris）与 161.2 mL 0.1 mol/L HCl 混匀后，用蒸馏水稀释至 1000 mL，用 pH 试纸检验并用稀 HCl 或稀 NaOH 溶液微调以满足实验要求。

（2）提取液：取 0.02 mol/L pH7.5 Tris-HCl 缓冲液 800 mL，加入 109.536 g 蔗糖（终浓度 0.4 mol/L）、1.811 g KCl（终浓度 0.03 mol/L），混匀。

（3）5 μmol/L DCMU 溶液：将 0.000 117 g DCMU（相对分子质量 233.09）溶于 100 mL 0.02 mol/L pH7.5 Tris-HCl 缓冲液中。

（4）0.003% 2, 6-D：将 0.003 g 2, 6-D 溶于 100 mL 0.02 mol/L pH7.5 Tris-HCl 缓冲液中。

（5）80%丙酮或 95%乙醇。

【实验内容与步骤】

1. 叶绿体悬浮液的制备

称取 4.0 g 左右新鲜菠菜叶，洗净擦干，去掉中脉剪碎，放入置于冰浴的研钵中；将菠菜叶充分研磨，其间将 8 mL 预冷的提取液分多次加入研钵中，得到充分研磨的植物组织匀浆。将所得匀浆用 4 层纱布过滤至离心管中，以去除植物组织中的大颗粒杂质。与用滤纸过滤不同，使用纱布过滤过程中可以适当施加压力以帮助液体通过，但注意避免纱布过多接触滤液造成滤液损失或污染。

将盛有滤液的离心管配平，1000 r/min 离心 3 min，然后将上清液转移至一新的离心管中，并弃去沉淀（未破碎细胞及残渣）。

将所得上清液于 3000 r/min 离心 5 min 后，弃去上清液，所得沉淀物即为叶绿体颗粒。向离心管中加入 5 mL 预冷的提取液，充分振荡使叶绿体颗粒悬浮于提取液中，得到叶绿体悬浮液母液。将盛有叶绿体悬浮液母液的离心管置于冰水混合物中以保持低温环境，直至实验结束。

2. 叶绿素浓度的测定及叶绿体浓度估测

取 1 支试管，向其中加入 0.1 mL 叶绿体悬浮液和 4.9 mL 95%乙醇，混匀后在 649 nm 下测定叶绿素的吸光度值（以 95%乙醇作为参比），并用下面公式计算悬浮液中叶绿体的浓度（C）。

$$C(\text{mg}/\text{mL}) = \text{OD}_{649} \times \frac{1}{34.5} \times \text{稀释倍数} \quad (\text{此实验稀释倍数为 } 50) \quad (24\text{-}2)$$

3. 0.04 mg/mL 叶绿体悬浮液的制备

前人研究发现，0.04 mg/mL 叶绿体悬浮液比较适合借助分光光度计法测定 Hill 反应吸光度值的变化，因此，基于上一步测定所得叶绿体浓度，计算得到将叶绿体悬浊液稀释到 0.04 mg/mL 的稀释倍数（$n = C/0.04$）。

将适量叶绿体悬浮液母液（如 2 mL，V_1）移至一支新试管中，加入[$(n-1) \times V_1$]体积预冷的提取液稀释叶绿体悬浮液母液（保证叶绿体活性），使叶绿体悬浮液浓度约等于 0.04 mg/mL，然后充分混匀，将试管置于冰水混合物中以保持低温环境。考虑到后续实验内容，稀释所得 0.04 mg/mL 叶绿体悬浮液总体积应不少于 10 mL。

4. 光照强度、叶绿体悬浮液浓度对 Hill 反应强度的影响

取 14 支试管，按照光照的强弱分别放在两个试管架上，编号，并用黑纸包住避光，按照表 24-1 将叶绿体悬浮液、提取液、DCMU、2,6-D 分别加入对应的试管中并混匀。

表 24-1　各试管反应体系配制表及实验记录

光照强度/[μmol photons/（m²·s）]	试管号	提取液/mL	0.04 mg/mL 叶绿体悬浮液/mL	DCMU/mL	0.003% 2.6-D/mL	A_{600}
80	Q1	4.0	—	—	1.0	
	Q2	4.5	0.5	—	—	
	Q3	3.5	0.5	—	1.0	
	Q4	0.5	0.5	3.0	1.0	
	Q5	4.0	1.0	—	—	
	Q6	3.0	1.0	—	1.0	
	Q7	—	1.0	3.0	1.0	
40	R1	4.0	—	—	1.0	
	R2	4.5	0.5	—	—	
	R3	3.5	0.5	—	1.0	
	R4	0.5	0.5	3.0	1.0	
	R5	4.0	1.0	—	—	
	R6	3.0	1.0	—	1.0	
	R7	—	1.0	3.0	1.0	

去掉试管外黑纸，按照编号分别将两个试管架放在距离光源 20 cm[80 μmol photons/

（m^2·s）]和 50 cm[40 μmol photons/（m^2·s）]处，10 min 后，将试管架移出光照区域并立即用黑纸将试管包好，然后以提取液作为参比，于 600 nm 处测定各个反应管的吸光度值。

【注意事项】

1. 第一次离心后保留上清液，将上清液转移至新的离心管中；第二次离心后弃上清液保留管底沉淀物（叶绿体颗粒）。

2. 配制 Hill 反应所用叶绿体悬浮液时，所用溶液为提取液以维持叶绿体活性。

【思考与作业】

1. 叶绿体浓度和光照强度对 Hill 反应有何影响？为什么？

2. 每个光照组的 2 号管和 5 号管，仅加入叶绿体悬浮液并与其他反应组一起光照，这样做的目的是什么？

3. 在叶绿体还原能力的评估中，1 号管放入实验体系中的意义是什么？

实验 25 核酮糖-1,5-二磷酸羧化酶活性的测定

【实验目的】

1. 学习核酮糖-1,5-二磷酸羧化酶（ribulose-1,5-bisphosphate carboxylase，RuBPCase）活性测定方法。

2. 加深对 RuBPCase 重要性的认识。

【实验原理】

核酮糖-1,5-二磷酸羧化酶（RuBPCase）是光合作用碳代谢中的重要调节酶，是植物中最丰富的蛋白质，主要存在于叶绿体的可溶部分，总量约占叶绿体可溶蛋白的 $50\%\sim60\%$，在有光、Mg^{2+} 存在的条件下被激活。

在 RuBPCase 的催化下，1 分子核酮糖-1,5-二磷酸（RuBP）与 1 分子 CO_2 结合，产生 2 分子甘油酸-3-磷酸（PGA），PGA 可通过外加的 3-磷酸甘油酸激酶和甘油醛-3-磷酸脱氢酶的作用，产生甘油醛-3-磷酸，并使还原型烟酰胺腺嘌呤二核苷酸（NADH）氧化，反应如下：

$$RuBP + CO_2 + H_2O \xrightarrow{\text{RuBPCase}} 2PGA$$

$$PGA + ATP \xrightarrow{Mg^{2+}} 甘油酸-1,3-二磷酸 + ADP$$

$$甘油酸-1,3-二磷酸 + NADH + H^+ \longrightarrow 甘油醛-3-磷酸 + NAD^+ + Pi$$

1 分子 CO_2 被固定，对应 2 分子 NADH 被氧化，这意味着 NADH 氧化的速率直接反映了 RuBPCase 的活性。通过检测 340 nm 条件下吸光度值的变化可计算出 NADH 的氧化量，从而推算出 RuBPCase 的活性。

为了使 NADH 的氧化与 CO_2 的固定同步，实验中需要加入磷酸肌酸（CP）和磷酸肌酸激酶的 ATP 再生系统，确保反应的准确性。

$$ADP + CP \xrightarrow{\text{磷酸肌酸激酶}} ATP + Cr$$

【实验材料】

菠菜（*Spinacia oleracea*）叶片。

【器材和试剂】

1. 器材

紫外分光光度计、冷冻离心机、离心管、天平、匀浆器、移液管、秒表、纱布、石

英比色杯。

2. 试剂

（1）RuBPCase 提取介质：0.04 mol/L pH 7.6 Tris-HCl 缓冲溶液，内含 10 mmol/L MgCl$_2$、0.25 mmol/L 乙二胺四乙酸（EDTA）、5 mmol/L 谷胱甘肽。

（2）反应介质：0.1 mol/L pH 7.8 Tris-HCl 缓冲液，内含 12 mmol/L MgCl$_2$ 和 0.4 mmol/L 乙二胺四乙酸钠（EDTA-Na$_2$）。

（3）5 mmol/L NADH：将 0.0372 g NADH（相对分子质量 744.4）溶于 10 mL 去离子水中。

（4）25 mmol/L RuBP：将 0.0775 g RuBP（相对分子质量 310.09）溶于 10 mL 去离子水中。

（5）0.2 mol/L NaHCO$_3$：将 0.168 g NaHCO$_3$（相对分子质量 84.01）溶于 10 mL 蒸馏水中。

（6）160 U/mL 磷酸肌酸激酶溶液。

（7）160 U/mL 甘油醛-3-磷酸脱氢酶溶液。

（8）50 mmol/L ATP。

（9）50 mmol/L CP。

（10）160 U/mL 磷酸甘油酸激酶溶液。

【实验内容与步骤】

1. 酶粗提液的制备

称取 10.0 g 左右新鲜菠菜叶片，洗净擦干，剪成小块放匀浆器中，加 10 mL 预冷的提取介质，高速匀浆 30 s、停 30 s，交替进行 3 次；匀浆经 4 层纱布过滤至离心管中，于 8000 r/min、4℃下离心 15 min；将上清液（即酶粗提液）转移至新的离心管中，置于冰水混合物中以保持低温环境。

2. RuBPCase 活性测定

由于酶提取液中可能存在 PGA，会使酶活性测定产生误差，因此需做一个不加 RuBP 的对照，计算 RuBPCase 酶活性时应减去对照组的变化量。此外，由于酶反应随时间变化较快，因此，在测定酶活性之前，用蒸馏水作为参比，在 340 nm 条件下调零后，使紫外分光光度计处于读数测量状态。

按表 25-1 配制酶反应体系，每个反应体系均分两步进行。第一步先加入除 25 mmol/L RuBP 外的所有试剂至试管中，其中酶提取液最后加入，充分混匀。第二步，将混匀后的反应体系倒入石英比色杯中后，对照组直接计时，并记录吸光度值随时间的变化情况；实验组需先快速向比色杯中加入 25 mmol/L RuBP 0.1 mL 后再计时，并记录吸光度值随时间的变化情况。

表 25-1　各溶剂含量及配制

试剂	对照组加入量/mL	实验组加入量/mL
反应介质	1.4	1.4
5 mmol/L NADH	0.2	0.2
50 mmol/L ATP	0.2	0.2
50 mmol/L CP	0.2	0.2
0.2 mol/L NaHCO_3	0.2	0.2
160 U/mL 磷酸肌酸激酶	0.1	0.1
160 U/mL 磷酸甘油酸激酶	0.1	0.1
160 U/mL 甘油醛-3-磷酸脱氢酶溶液	0.1	0.1
蒸馏水	0.3	0.3
酶提取液（混匀前加入）	0.1	0.1
25 mmol/L RuBP（直接加入到比色杯中，加入后开始计时）	—	0.1

为了便于记录和计算，计时间隔设定为 0.5 min，记录时间为 3 min，即各反应体系分别记录 0、0.5 min、1 min、1.5 min、2 min、2.5 min、3 min 时的吸光度值，共记录 7 个数值，分别记作 A_0、$A_{0.5}$、A_1、$A_{1.5}$、A_2、$A_{2.5}$、A_3。

3. 结果计算

$$RuBPCase活性[\mu mol\, CO_2 / (mL \cdot min)] = \frac{\Delta A \times N \times 10}{6.22 \times 2 \times d \times \Delta t}$$

式中，ΔA 为反应最初一定时间（从计时 0 min 开始计算）内 340 nm 处吸光度变化的绝对值（实验组吸光度变化的绝对值减去相同时间内对照组吸光度变化的绝对值）；N 为稀释倍数，即反应总体积除以加入粗酶液体积；10 为一个系数，表示酶活性为每分钟每毫升酶液固定 CO_2 的微摩尔（μmol）数为 10，这个系数的作用是将实验测得的吸光度值转换为酶活性的实际单位，这样的转换有助于将实验数据与实际应用场景中的酶活性联系起来，从而更准确地评估酶的功能和活性；6.22 为 1 μmol NADH 在 340 nm 处的吸光系数；2 为每固定 1 mol CO_2 有 2 mol NADH 被氧化；Δt 为测定时间；d 为比色光程（cm）。如果计算 1 min 之内的 RuBPCase 活性，则 $\Delta A = |A_1 - A_0|_{实验组} - |A_1 - A_0|_{对照组}$，$\Delta t = 1$。

【注意事项】

1. RuBP 很不稳定，特别是在碱性环境下，因而使用有效期不超过 4 周，且应在 pH 5～6.5，保存于 -20℃。

2. 多数试剂直接购买于生物试剂公司，仅少量试剂为自己配制。

【思考与作业】

1. 试述 RuBPCase 在光合作用中的生物学意义？

2. 为什么加入 ATP 再生系统就可使 NADH 氧化与 CO_2 的固定同步？

3. 如果提高反应体系中氧气浓度，还能检测到 RuBPCase 活性吗？为什么？

实验 26　光周期对淀粉合成的影响

【实验目的】

1. 理解光周期与淀粉合成和降解之间的关系。
2. 掌握测定紫萍淀粉含量的方法。

【实验原理】

光周期是指昼夜周期中光照期和暗期长短的交替变化。植物体内的淀粉分为临时型淀粉（transient starch）和贮藏型淀粉（storage starch）。其中，临时型淀粉的合成和降解与光周期密切相关。在白天，临时型淀粉在具有叶绿体的光合组织内（如叶片）合成；在晚间，植物光合作用受限，临时型淀粉降解为植物基本的新陈代谢活动提供能量，从而形成了临时型淀粉白天合成、晚间降解的动态变化。

淀粉是食品中重要的营养成分之一，因此淀粉含量的检测对于食品生产和质量控制具有重要意义。淀粉检测的方法有很多种，其中最常见的是碘显色法和酶法。

碘显色法的测定原理为：淀粉与碘形成碘-淀粉复合物，其中，支链淀粉与碘生成棕红色复合物，直链淀粉与碘生成深蓝色复合物。在淀粉总量不变的条件下，支链淀粉与直链淀粉以不同比例混合，会生成由紫到深蓝一系列颜色，在 620 nm 波长下测定吸光度值，即可计算得到直链淀粉含量比例。碘显色法具有操作简单、快速、灵敏度高等优点，可对淀粉含量进行快速筛查。但是，该方法也存在一些缺点，如碘液的颜色变化不易量化、结果重现性较差，且无法准确定量。此外，碘显色法还容易受到其他物质的干扰，如糖类、蛋白质等，影响检测结果的准确性。

淀粉是由葡萄糖分子组成的多糖，可借助酶类将淀粉水解为单糖（如葡萄糖），通过测定所得葡萄糖（或其他反应产物）的量来间接计算淀粉的含量。酶法的测定原理为：使用洗脱液将样品中淀粉与可溶性糖分离，分离得到的淀粉经酶水解为葡萄糖后，能够与蒽酮反应生成蓝绿色糠醛衍生物，根据 620 nm 波长下测定的衍生物吸光度值即可定量检测淀粉的含量。酶法具有准确度高、重现性好、干扰物质少等优点；同时，酶法还可以区分直链淀粉和支链淀粉，对于特定样品的检测具有较高的灵敏度。但是，酶法的操作相对复杂，需要使用昂贵的酶试剂和仪器设备，因此成本较高。

紫萍（*Spirodela polyrriza*）主要通过出芽生殖的方式进行繁殖，繁殖速率快，2～3天繁殖一代。该植物光合效率高，叶状体较大，被视为新型的生物能源植物之一，近年来，养殖紫萍备受青睐和关注，其在不同光照环境条件下的淀粉含量变异非常大，占干重的 3%～75%。

【实验材料】

紫萍，分为全日照（24 h 光照）、长日照（16 h 光照/8 h 黑暗）和短日照（12 h 光照/12 h 黑暗）3 种处理组。

【器材和试剂】

1. 器材

酶标仪/可见分光光度计、比色杯、研钵/匀浆器、可调式移液器、台式离心机、恒温水浴锅、天平、离心管。

2. 试剂

（1）浓硫酸。

（2）淀粉提取试剂盒（含洗脱液、提取液、显色液和标准品），使用前按照试剂盒要求进行配制。

洗脱液：80%乙醇。

提取液：9.2 mol/L 高氯酸（$HClO_4$）。

显色液：蒽酮；使用前每瓶加入 6 mL 蒸馏水，然后缓慢加入 34 mL 浓硫酸，充分混匀。

标准品：葡萄糖；使用前加入 1 mL 蒸馏水充分溶解，即为 10 mg/mL 葡萄糖标准液。

（3）1 mg/mL 葡萄糖标准液：准确吸取 100 μL 10 mg/mL 葡萄糖标准液至 1.5 mL 离心管中，加蒸馏水补充至 1 mL。

系列葡萄糖标准液：吸取 100 μL、50 μL、40 μL、30 μL、20 μL、10 μL 1 mg/mL 葡萄糖标准液至 1.5 mL 离心管中，加蒸馏水补充至 1 mL，得到浓度为 0.1 mg/mL、0.05 mg/mL、0.04 mg/mL、0.03 mg/mL、0.02 mg/mL、0.01 mg/mL 的系列葡萄糖标准液。

【实验内容与步骤】

1. 淀粉的提取

对不同处理的紫萍材料分别进行以下操作。

（1）称取 0.1 g 左右样品（*m*）于离心管中使用研磨杵充分研磨（或在研钵中研碎），加入 1 mL 洗脱液，充分匀浆，80℃水浴提取 30 min，1500 r/min（或 3000 *g*）常温离心 5 min，弃上清液，留沉淀。

（2）向沉淀中加入 500 μL 蒸馏水，95℃水浴糊化 15 min（密封以防止水分散失）。

（3）冷却后加入 350 μL 提取液，常温提取 15 min，期间振荡 3～5 次。

（4）加入 850 μL 蒸馏水混匀，2000 r/min（或 3000 *g*）常温离心 10 min，取上清液

并测量体积（V_0）。

（5）取上清液 100 μL（V_1）加入 700 μL 蒸馏水（8 倍稀释）后即为待测样本（V_2）。

注：若稀释 8 倍后样品吸光度值大于 1.0 或小于 0.1，建议将样品再适当稀释或降低稀释倍数后再进行后续实验。需准确记录稀释倍数及 V_1、V_2 的体积。

2. 颜色反应

（1）标准溶液的配制：准备 6 个 1.5 mL 离心管，依次加入 200 μL 系列葡萄糖标准液，并按照标准液浓度进行编号；另准备一个离心管为空白对照管，加入 200 μL 蒸馏水。

（2）准备 9 个 1.5 mL 离心管作为样品反应管，每种处理 3 个重复，分别加入待测样本 200 μL（V_3），并依据处理及重复做好标记。

（3）向每个 1.5 mL 离心管加入 1000 μL 显色液，充分混匀后封口膜封口，于 95℃ 水浴中反应 10 min。

3. 吸光度值测定

水浴反应结束后自然冷却至室温，以空白对照管内溶液作为参比，测定标准溶液及样品管在 620 nm 处吸光度值（A_{620} 和 $A_样$）。由于反应体系溶液较少，可以使用酶标仪测定；如用可见分光光度计测定吸光度值，则可以按比例增加反应体系的溶液用量。

4. 标准曲线的制作

以葡萄糖标准液含量（mg/mL）为横坐标（x）、对应的吸光度值（A_{620}）为纵坐标（y），绘制标准曲线，得到线性回归方程 $y=ax+b$，在不影响回归方程显著性的情况下，可将截距 b 设置为 0。

5. 结果计算

$$淀粉含量(\%) = \frac{\dfrac{A_样 - b}{a} \times V_0 \times \dfrac{V_2}{V_1}}{m \times 10^3} \times 0.9 \times 100$$

式中，$A_样$ 为待测样本测定所得吸光度值；a、b 为标准曲线方程拟合所得系数；$(A_样 - b)/a$ 为通过标准曲线拟合方程计算得到的待测液葡萄糖含量（mg/mL）；V_0 为上清液总体积（mL）；V_1 为用于稀释的样品液体积（mL）；V_2 为待测样本体积（mL）；m 为样品质量（g）；10^3 为 g 换算成 mg 系数；0.9 为淀粉水解时在单糖残基上加了 1 分子水，因而计算时所得的糖量乘以 0.9 才为扣除加入水量后的实际淀粉含量。

【注意事项】

1. 将采集的样品进行适当处理，如研磨、提取等，以获取用于分析的物质（如淀粉）。在处理过程中应注意避免样品的交叉污染和损失。

2. 除了光照条件外，温度、湿度等环境因素也会对实验结果产生影响。因此，在实验过程中应注意保持不同处理组间培养环境的相对稳定。

【思考与作业】

分析比较不同光周期对紫萍淀粉含量的影响并尝试解释原因。

实验 27　油类种子萌发过程中主要物质含量变化的观察

【实验目的】

1. 掌握染色剂与植物体内物质的特异性显色反应。
2. 了解油类种子萌发过程中脂肪、蛋白质和糖类相对含量的变化。

【实验原理】

糖代谢、脂肪代谢和蛋白质代谢是相互联系的，三类物质之间是可以相互转化的。

含胚乳的种子萌发初期主要依赖内部贮存的糖类供能，即当种子被水分激活后，胚乳中的淀粉先分解为糖类，为种子萌发提供能量；而在种子萌发后，脂类物质开始分解，转化为能量以支持胚芽和幼苗的生长。

油类植物的种子，如黄豆（*Glycine max*）、花生（*Arachis hypogaea*）等无胚乳，仅有两片子叶，子叶内主要贮能物质是脂肪。因此，在油类种子萌发过程中，脂肪经历了一系列的生物化学反应，最终转化为糖类。这一过程主要包括脂肪的水解和随后的氧化分解，以及部分甘油小分子通过糖异生途径转化为葡萄糖。在萌发的前几天，脂肪分解迅速，促使可溶性糖类含量逐渐增加；随着萌发时间的延长，脂肪含量下降速率逐渐变缓慢，可溶性糖含量增加变缓，而总糖的含量则不断降低。

在油类种子萌发过程中，蛋白质作为种子内部的主要营养组分通常会有所增加，以满足新组织生长的需求，这与蛋白质合成增加或原有蛋白质降解后重新合成新的蛋白质有关。

观察种子萌发过程中脂肪、蛋白质和糖类物质的相对变化时，可以借助特异性染色技术。苏丹Ⅲ与脂肪反应呈橘红色，液滴的多少及大小直观显示其含量变化；蛋白质加入米伦试剂后即产生白色沉淀，加热后变成红色，颜色的深浅可反映蛋白质含量的多少；碘与淀粉反应形成蓝黑色复合物，其颜色深浅可反映淀粉含量的变化；斐林试剂可与还原性糖发生反应，生成砖红色沉淀，通过观察沉淀的生成情况和颜色深浅，可以初步判断还原糖的相对含量。

【实验材料】

花生种子，包括未萌发的种子（浸泡时间 0 天、3 天、5 天、7 天）和已萌发 5 天的种子（含延长的胚轴、胚芽发育成的幼叶）。

【器材和试剂】

1. 器材

光学显微镜、载玻片、盖玻片、刀片、电热板、镊子、研钵、烧杯、试管。

2. 试剂

（1）苏丹Ⅲ染液：0.1 g 苏丹Ⅲ先用 10 mL 95%乙醇溶解，再加 10 mL 甘油混匀。

（2）米伦试剂：40.0 g 汞溶于 60 mL 密度为 1.42 g/cm³ 的浓硝酸中，水浴加热助溶后用 2 倍体积的蒸馏水稀释，待澄清后，取上清液使用；也可使用试剂盒。

（3）斐林试剂：使用时将 A 和 B 同等体积混合即可。A：50 mL 水+10.32 g NaOH+346 g 酒石酸钾钠，用水稀释至 100 mL；B：6.93 g $CuSO_4 \cdot 5H_2O$ 溶于 50 mL 水中，加水稀释至 100 mL。

（4）50%乙醇。

（5）甘油。

（6）I_2-KI 溶液。

【实验内容与步骤】

1. 鉴定花生种子内贮藏物质的成分

小心剥去未浸泡的花生的种皮，在水中浸泡一会，把种子各部分分别用刀片切成薄片，置于载玻片上，用试剂确定贮藏物质的成分。

（1）取切片，加 1 滴 I_2-KI 溶液，然后用水洗净，观察有无蓝色出现来判断有无淀粉存在，并尝试对观察到的现象给予解释。

（2）取切片，加几滴苏丹Ⅲ染液染色 10 min，再加几滴 50%乙醇洗净，用少许甘油固定切片，盖上盖玻片，在显微镜下观察，如有脂肪存在，则可见橘红色油滴（或发亮的无色油滴）。

（3）在载玻片上加 1 滴新配制的米伦试剂，浸入切片，并小心地在水浴中加热，呈红色则证明有蛋白质沉淀。

取浸泡 3 天、5 天和 7 天的花生种子重复上面的操作，并对比各个显色反应中颜色的深浅或者沉淀的多少。

2. 淀粉和脂肪的鉴定

取萌发数天花生种子的胚芽、胚轴、子叶，分别用刀片切片，放在载玻片上，分别用下列试剂检测淀粉及脂肪的存在。

（1）用 I_2-KI 溶液检测是否含有淀粉。

（2）用苏丹Ⅲ染液检测是否含有脂肪。

3. 还原糖的鉴定

分别取萌发和未萌发（未浸泡）的花生种子各一粒，通过平行实验来对比两者间的差异。种子去壳后置于研钵中，加入少许水研成匀浆状，再加入 20 mL 水搅拌均匀，倒入烧杯中加热煮沸，冷却后过滤，取 5 mL 滤液转入新的试管中，加 1 mL 斐林试剂，煮沸 1 min，比较萌发种子和未萌发种子所得结果的颜色差异。

【注意事项】

在进行有机物存在与否验证过程中，由于使用的试剂较多，种子的处理组也较多，一定要做好标记和记录，以免结果混淆。

【思考与作业】

1. 油类种子萌发过程中脂肪是如何转变成糖的？

2. 呼吸商又称气体交换率，是指生物体在同一时间内释放 CO_2 与吸收 O_2 的体积之比或摩尔数之比，即呼吸作用所释放的 CO_2 和吸收的 O_2 的分子数之比。油类种子萌发过程中呼吸商的大小有无变化？为什么？

实验 28　谷物种子内淀粉酶活性的测定

【实验目的】

1. 了解淀粉酶的种类和性质。
2. 理解淀粉酶活性测定的原理。

【实验原理】

淀粉酶主要有两种：α-淀粉酶和 β-淀粉酶。两种淀粉酶的联合作用使淀粉最终被水解为麦芽糖。淀粉酶几乎存在于所有植物中，尤其在谷物种子中活性最强。休眠种子中 β-淀粉酶活性较高，而种子一旦开始萌发，α-淀粉酶活性会随种子萌发天数增加而增强。α-淀粉酶及 β-淀粉酶各有特点。例如，β-淀粉酶不耐热，在高温下易钝化；而 α-淀粉酶不耐酸，在 pH 3.6 以下发生钝化。通常提取液同时有两种淀粉酶存在，测定时可根据它们的特性分别加以处理，钝化其中之一，即可测出另一酶的活性。例如，将提取液加热到 70℃维持 15 min 可以钝化 β-淀粉酶的活性，以便于测定 α-淀粉酶的活性；而将提取液用 pH 3.6 酸性溶液处理，可以钝化 α-淀粉酶的活性，以便于测定 β-淀粉酶的活性。淀粉酶水解淀粉生成的麦芽糖可用 3,5-二硝基水杨酸（DNS）试剂测定，该方法的原理是：DNS 试剂与还原糖（如麦芽糖）在碱性条件下共热产生的棕红色氨基化合物在 520 nm 处有最大吸收峰，且在一定范围内其颜色的深浅与糖的浓度成正比，从而可求出麦芽糖的含量，进而以单位时间、单位质量产生麦芽糖的量来表示淀粉酶活性的大小。

【实验材料】

小麦（*Triticum aestivum*）种子：未萌发种子和小麦芽长 1 cm 左右的萌发种子两种。

【器材和试剂】

1. 器材

恒温消毒两用水浴锅、25 mL 试管及试管架、可见光分光光度计、移液管或加样枪、100 mL 容量瓶、研钵、离心机、分光光度计、天平。

2. 试剂

（1）2%可溶性淀粉溶液。
（2）1 mg/mL 麦芽糖标准液：称取麦芽糖 0.1000 g 于 100 mL 容量瓶中定容。

（3）0.4 mol/L NaOH 溶液。

（4）0.1 mol/L pH 5.6 柠檬酸-柠檬酸钠缓冲液：参考附录 III-2-3）配制。

（5）DNS 试剂：精确称取 1.0 g DNS 溶于 20 mL 1mol/L NaOH 溶液中，加入 50 mL 蒸馏水，再加入 30.0 g 酒石酸钠，待溶解后用蒸馏水稀释至 100 mL，盖紧瓶塞以避免 CO_2 进入。

【实验内容与步骤】

1. 麦芽糖标准曲线的测定

（1）取 7 支 25 mL 刻度试管，编号，向各管中分别加入 1 mg/mL 麦芽糖标准液 0、0.2 mL、0.6 mL、1.0 mL、1.4 mL、1.8 mL、2.0 mL，用蒸馏水补充各试管中溶液至 2 mL。

（2）向各试管中加入 2 mL DNS 试剂，充分混匀后置沸水浴中反应 5 min；取出冷却，用蒸馏水稀释至 25 mL，用分光光度计测定各管在 520 nm 下的吸光度值（A_{520}）。最后，以麦芽糖浓度（mg/mL）为横坐标（x）、吸光度值（A_{520}）为纵坐标（y）建立回归方程：$y=ax+b$。在不影响回归方程显著性的情况下，可将截距 b 设置为 0。

2. 酶液的制备

称取小麦种子 2.0 g 左右（m），在研钵中磨成干粉后转入 25 mL 具塞试管中，用蒸馏水稀释至刻度，混匀后在室温（20℃）下每隔数分钟震荡一次；放置 15～20 min，离心，取上清液并测定上清液总体积（V_0），所得上清液即酶提取液。对两种类型的小麦种子分别进行以上操作。

3. α-淀粉酶活性的测定

（1）取 8 支试管，按每种处理小麦种子包含 1 支对照管和 3 支测定管，将 8 支试管做标记进行区分。

（2）按照标记向各支试管中加对应处理组的酶提取液 1 mL（V_1），在 70℃恒温水浴中（水温度的变化不应超过±0.5℃）加热 15 min，在此期间 β-淀粉酶受热而钝化，取出后迅速在自来水中冷却至 40℃左右。

（3）向各试管中加入 1 mL pH 5.6 柠檬酸-柠檬酸钠缓冲液。

（4）向对照管中加入 4 mL 0.4 mol/L NaOH 溶液，以钝化酶的活性。

（5）将测定管和对照管置于 40℃（±0.5℃）恒温水浴中保温 15 min，再向各试管中分别加入 40℃下预热的淀粉溶液 2 mL，摇匀，立即放入 40℃水浴中保温，5 min（t）后取出，并向各测定管迅速加入 4 mL 0.4 mol/L NaOH 以终止酶反应并用于后续显色反应，此时溶液总体积约为 8 mL（V_2）。

4. α-淀粉酶及 β-淀粉酶总活性的测定

（1）将酶提取液 4 mL（V_3）加入 100 mL 容量瓶中，并用蒸馏水定容（V_4）。

（2）取 8 支试管，按每种处理小麦种子包含 1 支对照管和 3 支测定管，将 8 支试管做标记进行区分。

（3）向各试管中加入 1 mL 对应的稀释酶液（V_1）及 1 mL pH 5.6 柠檬酸-柠檬酸钠缓冲液。重复 α-淀粉酶的第（4）步及第（5）步的操作。

5. 样品显色反应

实验步骤 3 和步骤 4 共得到 16 管样品反应液。按照步骤 1 标准曲线的制作方法，测定各样品溶液与 DNS 反应后在 520 nm 波长下的吸光度值（$A_样$）。根据麦芽糖标准曲线拟合方程计算出样品溶液中麦芽糖含量（mg/mL）。

6. 结果计算

$$\alpha\text{-淀粉酶活性}[\text{mg麦芽糖}/(\text{g}\cdot\text{min})] = \frac{\dfrac{A_样 - b}{a} \times V_0 \times \dfrac{V_2}{V_1}}{m \times t}$$

$$(\alpha + \beta)\text{-淀粉酶活性}[\text{mg麦芽糖}/(\text{g}\cdot\text{min})] = \frac{\dfrac{A_样 - b}{a} \times V_0 \times \dfrac{V_2}{V_1} \times \dfrac{V_4}{V_3}}{m \times t}$$

式中，$A_样$ 为样品溶液测定所得吸光度值；a、b 为标准曲线方程拟合所得系数和截距；$(A_样 - b)/a$ 为通过标准曲线拟合方程计算得到的样品溶液麦芽糖含量（mg/mL）；V_0 为上清液总体积（mL）；V_1 为用于酶活性测定的样品液体积（mL）；V_2 为酶活性测定结束后试管中溶液体积（mL）；m 为样品质量（g）；t 为淀粉在酶测定液中的反应时间（min）。

【注意事项】

1. 严格控制反应时间和温度等实验条件以确保反应的一致性。

2. 使用分光光度计前应进行校准以确保测量结果的准确性。

3. 按照一定比例将 DNS 粉末溶解于蒸馏水中，并加入适量的 NaOH 溶液调节至碱性环境。注意，DNS 试剂的配制需要精确控制各组分比例和溶液 pH，以确保反应的准确性和可重复性。DNS 试剂可能对人体造成危害，实验过程中应注意个人防护并避免直接接触。

4. 淀粉酶活性的最适 pH 通常为 5.6 左右，这意味着在这个 pH 环境下淀粉酶的活性最高，能够最准确地反映其催化能力。因此，使用 pH 5.6 的柠檬酸-柠檬酸钠缓冲液可以确保反应体系中的 pH 稳定在这一最佳范围内，从而避免 pH 波动对淀粉酶活性测定的影响。此外，该缓冲液还可以为酶促反应提供其他必要的条件，如适宜的离子强度和渗透压等，进一步促进酶对淀粉的水解作用，提高测定的灵敏度和准确性。

【思考与作业】

1. α-淀粉酶和 β-淀粉酶的理化性质和生理功能有何区别？

2. 对比小麦萌发前后 α-淀粉酶和 β-淀粉酶活性的变化，并尝试分析这种变化的生物学意义？

实验 29　生长素对生根的促进作用

【实验目的】

1. 了解生长素的组成和基本功能。
2. 理解生长素促进植物生根的原理。

【实验原理】

生长素（auxin）是一类含有一个不饱和芳香环和一个乙酸侧链的内源激素，其化学本质是吲哚乙酸（indole-3-acetic acid, IAA）。此外，还有一些类生长素物质，如 4-氯-IAA、5-羟-IAA、萘乙酸（NAA）、吲哚丁酸等。生长素主要是在植物的顶端分生组织中合成的，如茎尖、根尖等生长旺盛的部位。然后，生长素被运输到植物体的各个部分，发挥其生理作用。生长素在植物体内的运输具有极性，即主要由上而下进行运输。这种极性运输对生长素在植物体内的分布和作用的发挥具有重要意义。

生长素能够促进植物茎、芽的生长，但会抑制侧芽、侧根的生长。生长素促进生根的作用原理是其能够刺激根部细胞表达相关基因来加快细胞的分裂与延伸。此外，生长素还能够调控根原基细胞内各种酶的活性，对细胞的新陈代谢产生一定作用，促进根原基向下延伸，使植物更好地扎入土壤中，从而获得更多的水和营养物质。

用生长素处理离体茎时，由于其极性运输而迅速在茎基部积累，刺激该区域形成层细胞分裂，产生大量不定根。该原理被广泛应用在园艺生产上，用生长素处理插枝，以促进生根。

【实验材料】

绿豆（*Vigna radiata*）幼苗。

【器材和试剂】

1. 器材

烧杯、黑纸、刀片。

2. 试剂

0.1 mg/mL 吲哚丁酸溶液。

【实验内容与步骤】

1. 切段制备

挑选生长整齐、株高一致的绿豆幼苗，用刀片从子叶下 3 cm 处切下根系，并去除子叶，保留中间部分浸于水中备用。

2. 溶液制备

准备 6 个 100 mL 的小烧杯，以 0.1 mg/mL 吲哚丁酸溶液为母液，配制成浓度为 10^{-2} mg/mL、10^{-3} mg/mL、10^{-4} mg/mL、10^{-5} mg/mL、10^{-6} mg/mL 和 0 的溶液各 50 mL。可以采用逐步稀释法。

3. 样本处理

将绿豆切段放入盛有上述溶液的烧杯中，每杯 5 株，液面必须没过切段，用黑纸包住烧杯，每隔 2 天观察记录一次，7 天后统计每个切段的生根情况，包括生根时间、出根条数、新生根的长短和粗细。

【注意事项】

1. 挑选生长整齐、高矮一致的幼苗进行生根培养。
2. 如果能选材料为植物枝条，如柳树、月季，则植物插枝长度可控制在 10~15 cm，每段保留 2~3 个节，将插枝基部剪成斜面，便于吸收水分和生长素。
3. 实验过程中要保持无菌操作，避免污染。
4. 观察记录要详细、准确，便于后续的数据分析。

【思考与作业】

1. 分析不同浓度的吲哚丁酸对绿豆幼苗生根的影响，并尝试给出适宜该实验材料生根的最适吲哚丁酸浓度。
2. 根据实验结果分析，吲哚丁酸溶液除了促进生根外，还有哪些生理作用？是否受浓度影响？

实验 30　赤霉素对 α-淀粉酶的诱导作用

【实验目的】

1. 理解赤霉素对 α-淀粉酶的诱导作用。
2. 认识 α-淀粉酶在种子萌发过程中的重要作用。

【实验原理】

赤霉素（gibberellin，GA）是一类非常重要的植物激素，参与植物生长发育的多个生物学过程。赤霉素用 A_1（GA_1）到 A_n（GA_n）的方式命名，数字表示发现的先后顺序。赤霉素都含有赤霉素烷骨架，是双萜化合物，具有促进植物生长、抑制衰老，打破种子、块茎和鳞茎等器官的休眠，以及促进萌发等生理功能。

赤霉素主要集中在种子的胚内（胚芽处）。理论上讲，当禾谷类种子吸水后，糊粉层细胞受来自胚的赤霉素诱导后，合成或激活包括 α-淀粉酶在内的多种水解酶类。α-淀粉酶促使胚乳或基质中的淀粉水解（加 I_2-KI 溶液，反应区域不变蓝）；但如果将种子的胚去掉，则无赤霉素或者仅有痕量赤霉素，无法诱导糊粉层合成或激活 α-淀粉酶。为了验证种子中 α-淀粉酶的产生与赤霉素的诱导有关，可将外源赤霉素添加到去胚的种子上并设置无赤霉素添加的对照组，通过检测外源赤霉素添加是否能诱导 α-淀粉酶的产生、促进淀粉的水解来进行判断。

【实验材料】

小麦（*Triticum aestivum*）种子。

【器材和试剂】

1. 器材

培养皿、刀片、小烧杯、镊子、滤纸、酒精灯。

2. 试剂

（1）0.2 mg/L 赤霉素：将 0.04 g 赤霉素溶于 5 mL 乙醇中，充分溶解后加入 195 mL 蒸馏水，置于冰箱中保存，1 周内使用。

（2）20%安替福民。

（3）可溶性淀粉。

（4）琼脂。

（5）I$_2$-KI 溶液。

（6）灭菌后的 0.2 mg/L 赤霉素和蒸馏水（含滤纸小圆片）：取两个安瓿瓶，其中一安瓿瓶内加入 2 mL 0.2 mg/L 赤霉素，5 个滤纸小圆片；另一安瓿瓶内加入 2 mL 蒸馏水，10 个滤纸小圆片。将安瓿瓶封口并灭菌，备用。

【实验内容与步骤】

1. 去胚种子的制备

选 20～30 粒大小均一的小麦种子，在培养皿内用刀片将小麦种子横切成两半，将无胚部分（有茸毛）和有胚部分（无茸毛）分别放入 100 mL 的小烧杯的底部，用 20% 安替福民消毒，其间摇晃几次，15～30 min 后用无菌水冲洗 3～4 次，备用。

2. 培养基的制备

（1）按照每个培养皿需培养基 30 mL（含可溶性淀粉 0.2 g、琼脂 0.3 g）计算，每组至少需要配制 90 mL 培养基。称取可溶性淀粉 0.6 g、琼脂 0.9 g，加入盛有 90 mL 蒸馏水的锥形瓶中（总体积少于锥形瓶体积的 1/2），缓慢加热至沸腾，待溶液澄清透明后，停止加热。

（2）在酒精灯旁，按照无菌操作的要求，将新配制的培养基倒入 3 个预先灭菌的培养皿中，待凝固后备用。

3. 外源赤霉素对 α-淀粉酶的诱导

（1）在酒精灯旁，按照无菌操作的要求将蘸有 0.2 mg/mL 赤霉素溶液的无菌滤纸圆片放在培养基表面，每个培养基上可放 4～5 片；另将蘸有无菌水的滤纸圆片同样贴于另两个培养基上作为对照组，一个培养皿用于放置无胚的小麦种子，另一个培养皿用于放置含胚的小麦种子。按照滤纸小圆片的来源和小麦种子处理情况，将 3 个培养皿做标记区分。

（2）在酒精灯旁，按照无菌操作的要求用蒸馏水冲洗种子 3 遍，之后将种子逐个放置在培养基的滤纸圆片上（按照培养皿的标记进行放置）。放置时，将横切面与滤纸小圆片紧密贴合，这样一方面增加外源物质与种子的接触面积，另一方面诱导产生的水解酶会经横切面下渗到培养基中；如果含有 α-淀粉酶，则该酶将切面滤纸下面培养基内的淀粉水解。

（3）将三个培养皿放置在黑暗处室温培养 48～72 h，如室温偏低则至少培养 72 h。

4. 结果观察

培养结束后，用镊子小心除去滤纸圆片及上面的种子，同时在滤纸小圆片覆盖处加 1～2 滴 I$_2$-KI 溶液，观察溶液颜色变化。

【注意事项】

培养结束后，滤纸小圆片覆盖处的培养基颜色会偏白，这是由于种子内胚乳等物质会经横切面下渗到培养基中所致。

【思考与作业】

1. 实验中要求无菌操作的原因是什么？如果染菌，对实验结果会产生哪些影响？

2. 实验结束时，含胚种子在对照组培养与去胚种子在赤霉素添加组培养，这两种处理滤纸小圆片覆盖处培养基与 I_2-KI 溶液反应所得现象是否一致？解释其中的原因。

实验 31 乙烯对果实的催熟作用

【实验目的】

1. 理解乙烯促进果实成熟的作用机制，认识乙烯利在果实催熟中的作用。
2. 了解呼吸跃变型和非呼吸跃变型果实的成熟特点及保存特点。

【实验原理】

呼吸作用（respiration）是果实生长发育的一个最基本的生理过程，它与果实的成熟、品质的变化及贮藏寿命有密切关系。依据果实从发育、成熟到衰老过程中呼吸强度的变化模式，可以将果实分为呼吸跃变型果实和非呼吸跃变型果实。

呼吸跃变型果实：果实成熟前呼吸强度急剧上升的果实为呼吸跃变型果实。具体表现：在果实发育定型之前呼吸强度不断下降，此后果实逐渐成熟，呼吸强度急剧上升，达到高峰后便转而下降，直到衰老死亡。苹果（*Malus pumila*）、香蕉（*Musa paradisiaca*）、番茄（*Lycopersicon esculentum*）、鳄梨（*Persea americana*）、杧果（*Mangifera indica*）等属于呼吸跃变型果实。

非呼吸跃变型果实：果实成熟过程中没有呼吸跃变现象，呼吸强度缓慢下降。柑橘（*Citrus reticulata*）、柠檬（*Citrus limon*）、葡萄（*Vitis vinifera*）、草莓（*Fragaria* × *ananassa*）、菠萝（*Ananas comosus*）、荔枝（*Litchi chinensis*）、黄瓜（*Cucumis sativus*）等属于非呼吸跃变型果实。

乙烯是植物正常代谢的产物，是植物体内的一种内源气体激素，具有多种生理作用，其中一种非常重要的作用是能促进果实成熟。呼吸跃变型果实在呼吸跃变出现前后，果实内部乙烯含量会急剧升高，从而诱导果实的一系列生理反应，包括果实透性增加、氧化速度加快、呼吸作用增强、物质分解加快，直至果实成熟加快。为了延长果实的贮藏时间、延缓呼吸跃变型果实的成熟和衰老，可以用低温、高 CO_2 浓度、低 O_2 浓度等条件处理果实，减弱呼吸作用，延缓乙烯的产生。另外，还可以通过诱导乙烯的产生来加速果实成熟，保证市场供给。

乙烯利（2-氯乙基磷酸）是一种人工合成的植物激素，其在 pH 高于 4.1 时会分解释放乙烯，从而表现出与乙烯相同的生理效应。而植物体内的 pH 一般都高于 4.1，乙烯利溶液进入细胞后缓慢分解释放乙烯，可以发挥乙烯的调节作用，促进呼吸跃变型果实的成熟。本实验对两类呼吸跃变型果实喷施乙烯利，并设置空白对照：一方面对比观察乙烯利处理条件下两类果实的外观和气味的变化差异；另一方面通过测定果实硬度、呼吸强度和可溶性物质（糖）含量等，使我们对呼吸跃变型果实成熟过程中各个指标的变化有相对全面的了解。

【实验材料】

呼吸跃变型果实：香蕉或番茄。
非呼吸跃变型果实：葡萄或草莓。

【器材和试剂】

1. 器材

电子天平、食品封口袋、刀片、GY-4 水果硬度计、真空干燥器、滴定管架、铁夹、滴定管、锥形瓶（150 mL）、培养皿、小漏斗、移液管、吸耳球、容量瓶、试纸、电子天平、橡胶管、试管、擦镜纸、专用螺丝刀、胶头滴管、手持式折光仪。

2. 试剂

（1）乙烯利：使用前稀释 400 倍，即将 2.5 mL 乙烯利溶液溶于 1 L 蒸馏水中。
（2）0.4 mol/L NaOH：将 16.0 g NaOH（相对分子质量 40）溶于 1 L 蒸馏水中。
（3）饱和 $BaCl_2$ 溶液。
（4）0.2 mol/L 草酸溶液：将 9.0 g 草酸（相对分子质量 90.0349）溶于 0.5 L 蒸馏水中。
（5）酚酞指示剂。

【实验内容与步骤】

1. 材料的处理

摘取成熟度一致的香蕉（呼吸跃变型）、草莓（非呼吸跃变型），按照 300 g/袋分装，每种果实至少 6 袋。其中 3 袋为乙烯处理组，向内喷施 2 mL 稀释 400 倍的乙烯利溶液；另外 3 袋为对照组，向内喷施 2 mL 蒸馏水。喷施完成后，缚紧袋口，置于 25～30℃暗处。

逐日观察果实颜色变化，并进行记录。

2. 果实硬度的测定

（1）将待测水果削去 1 cm^2 左右的果皮（依据果实的体积而定），测定时使待测水果中心（圆形）与仪器的测试杆呈一条直线，这样可使测定的力值更准确（图 31-1 左）。
（2）按开机键打开电源，待液晶显示屏显示为稳定后，按"置零"键清零，后按"峰值"进入峰值测定模式。
（3）将手柄压下，将测头对准削皮的果肉处，均匀压入，至刻线处为止完成测量，所显示的数值为该水果的硬度。

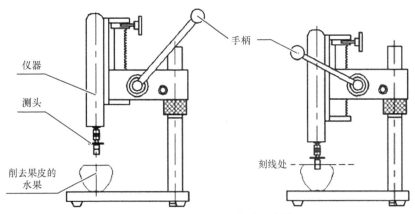

图 31-1　GY-4 水果硬度计示意图

3. 果实呼吸强度的测定——碱液吸收法

（1）在 6 个干燥器底部各放置一个含有 10 mL 0.4 mol/L NaOH 的培养皿定量碱液。将不同处理（共 4 种）的果实称重（m）后置于干燥器中的隔板上，封盖，果实呼吸放出的 CO_2 自然下沉被碱液吸收。剩下 2 个干燥器不放置任何果实，作为空白对照（表 31-1）。

表 31-1　果实呼吸强度测定数据记录

处理	样品质量/kg	测定时间/h	0.2 mol/L 草酸溶液用量/mL	呼吸强度/[mg CO_2/（kg·h）]
香蕉-对照处理				
香蕉-乙烯利处理				
草莓-对照处理				
草莓-乙烯利处理				
空白对照 1				
空白对照 2				

（2）将果实静置密封 0.5 h 后（T）取出培养皿，将碱液移入锥形瓶中，并反复冲洗培养皿 3～4 次以免有溶液残留，向锥形瓶中加入 5.0 mL 饱和 $BaCl_2$ 溶液和 2 滴酚酞指示剂。

（3）用 0.2 mol/L 草酸溶液（c）滴定取出的碱液，直至溶液由红色变为无色，记录滴定使用草酸溶液的体积（V）。

（4）结果计算和比较

$$呼吸强度[mg\ CO_2/(kg·h)] = \frac{(V_{空白} - V_{实验}) \times c \times 22}{m \times T}$$

式中，$V_{空白}$ 为空白对照滴定草酸溶液体积的平均值（mL）；$V_{实验}$ 为果实处理组滴定草酸溶液体积（mL）；c 为草酸溶液浓度（mol/L）；m 为每组材料的质量（kg）；T 为照光时间（h）；22 为测定中 NaOH 与 CO_2 的质量转换系数（等于 44/2。44 为 CO_2 摩尔质量；2 指吸收过程中消耗 2 mol NaOH 相当于吸收 1 mol CO_2 的量）。

4. 可溶性固形物含量的测定——手持式折光仪测定法

（1）取一定量（5.0 g 左右）果实样品（可食部分或果肉部分）放入研钵中磨碎，转入离心管中 4000 r/min 离心 10 min，或者过滤后取汁液测定。每种处理取样 3 份，作为实验重复。

（2）手持式折光仪调零：打开手持式折光仪棱镜盖板，用擦镜纸或柔软绒布轻轻擦净折光镜面，加几滴蒸馏水于折光镜镜面上，合上盖板，将仪器对向光线，由目镜观察，转动棱镜旋钮，使视野分成明暗两部分。用专用螺丝刀旋动补偿器旋钮，使视野为黑白两色，同时使明暗分界线与标尺的"0"位重合，然后打开盖板，吸干水分。

（3）用胶头滴管吸取样品液，滴加在检测镜上，合上盖板。注意盖板时要防止产生气泡。将折光仪持平对向光源，调节目镜视度圈，使视野黑白分界线清晰可见，读取刻度尺读数，即为样品液中可溶性固形物的含量，以质量分数（%）表示。重复测定三次，计算平均值和标准偏差。

所有测定数据记录在表 31-1。

【注意事项】

1. 果实果肉的各部分硬度并不完全一致，因此，在测定硬度时，一定要在果实相似的位置上选择测定点。

2. 利用碱液吸收法测定果实呼吸强度时，密闭时间不宜过长，以免果实因消耗过多密闭空间的 O_2，导致出现无氧呼吸，从而使结果出现较大误差。

3. 果实机械损伤、病害情况等均会对果实呼吸强度的测定带来影响。因此，在测定呼吸强度时应尽量避免由于样品取样不均引起的误差。

4. 利用碱液吸收法测定果实呼吸强度时，应在干燥器磨口处涂抹凡士林来保证容器的密封性。

5. 通常规定在 20℃下利用手持式折光仪测定折射率，得到的读数即为可溶性固形物的含量。若测定温度不为 20℃，则应加以矫正。每次测试前先用蒸馏水将折光仪调节到零位。测定完毕后，必须擦净镜身各个部分。

【思考与作业】

1. 乙烯利在什么条件下可释放乙烯？
2. 乙烯对果实催熟的作用机制是什么？
3. 尝试将香蕉外观颜色、气味、硬度、呼吸速率和可溶性物质含量等指标进行综合分析来说明香蕉成熟过程中各种生理活动的变化及其对果实品质和口感的影响。

实验 32　细胞分裂素对叶片的保绿效应及对离体叶片中 SOD 酶活性的影响

【实验目的】

1. 加深对细胞分裂素保绿作用的认识。
2. 了解细胞分裂素延缓植物叶片衰老的作用机制。
3. 掌握 SOD 活性测定的原理和方法。

【实验原理】

衰老是植物体生命周期的最后阶段，是成熟的细胞、组织、器官和整个植株自然地终止生命活动的一系列衰败过程。叶片黄化是叶片衰老的最明显特征，即叶绿素逐渐降解，同时伴随叶绿体结构的破坏，导致光合功能衰退，呼吸活动增强，光合产物的生产、供应逐渐减少。尽管衰老是无法避免的自然现象，但如果能够认识衰老的机制，则有可能推迟衰老的进程。目前，关于植物衰老机制的假说主要有三种：营养亏缺假说、自由基伤害假说和植物激素调控理论。

自由基伤害假说认为植物衰老是由于植物体内产生过多的自由基，对生物大分子如蛋白质、核酸及叶绿素有破坏作用，使器官及植物体衰老、死亡。植物激素调控理论认为衰老与植物激素密切相关：脱落酸和乙烯可加速离体叶片的衰老，而生长素、细胞分裂素和赤霉素可推迟离体叶片的衰老，其中细胞分裂素延缓衰老作用最显著。细胞分裂素延缓衰老的机制之一就是通过调节相关酶的活性来抑制自由基的伤害作用。正常情况下，植物体中超氧化物歧化酶（superoxide dismutase，SOD）、过氧化物酶（POD）和过氧化氢酶（CAT）等协同作用防御氧自由基或其他过氧化物自由基对细胞膜系统的伤害，从而防止细胞衰老。SOD 是需氧生物中普遍存在的一种含金属的酶，可以催化氧自由基的歧化反应，生成过氧化氢，过氧化氢又可以被 CAT 转化成无害的分子氧和水。

$$2O_2^- + 2H^+ \xrightarrow{\text{SOD}} H_2O_2 + O_2$$

$$2H_2O_2 \xrightarrow{\text{CAT}} 2H_2O + O_2$$

把植物的离体叶片放在适宜浓度的细胞分裂素溶液中，置于 25～30℃黑暗条件下，叶片中叶绿素的分解比对照慢，可证明细胞分裂素具有保绿作用。在生产上，可利用细胞分裂素的这种效应延长蔬菜贮藏和市场供应时间。其中，一个重要的原因是细胞分裂素使 SOD 的活性维持在一个较高水平上。

SOD 活性的测定方法有直接法、邻苯三酚自氧化法、细胞色素 c 还原法、氮蓝四唑（NBT）法、化学发光法、荧光动力学法、免疫学方法、简易凝胶过滤扩散法、极谱氧电极法、微量测活方法等。

I NBT 法

在光照条件下，植物体中产生的氧自由基可将 NBT 还原成蓝色甲臜（在 560 nm 处有最大吸收峰），而 SOD 可清除氧自由基，从而竞争性地抑制 NBT 的还原反应，减少蓝色甲臜的形成。因此，反应液的蓝色深浅（甲臜含量）与 SOD 的活性呈负相关：SOD 活性低，清除的氧自由基少，与 NBT 反应生成甲臜多，反应液蓝色深；SOD 活性高，清除的氧自由基多，反应液蓝色浅。利用 NBT 法测定 SOD 活性时，将酶活单位（U）定义为在特定的反应体系中抑制 NBT 光还原反应 50% 时所需的酶量，即当 NBT 的还原抑制到对照一半（50%）时所需的酶量。

【实验材料】

小麦（*Triticum aestivum*）叶片。

【器材和试剂】

1. 器材

培养皿、移液管、滤纸、剪刀、容量瓶、离心管、比色杯、塑料布、研钵、10 mL 具塞刻度试管、500W 白炽灯、分光光度计、台式离心机、人工气候箱。

2. 试剂

（1）0.2 mg/mL 6-苄基腺嘌呤（6-BA）[或激动素（KT）]溶液：精确称取 0.2 g 6-BA 或激动素，用少量 1 mol/L NaOH 溶解后，用蒸馏水定容到 1 L，调 pH 至中性。

（2）50 mmol/L pH7.0 磷酸缓冲液：参考附录 III-2-5）略作修改。

（3）50 mmol/L pH7.8 磷酸缓冲液：参考附录 III-2-5）略作修改。

（4）提取介质：50 mmol/L pH7.0 磷酸缓冲液，内含 1% 不可溶聚乙烯吡咯烷酮。

（5）反应介质：50 mmol/L pH7.8 磷酸缓冲液，内含 77.12 μmol/L NBT（相对分子质量 817.6）、0.1 mmol/L EDTA（相对分子质量 292.248）、13.37 mmol/L 甲硫氨酸（相对分子质量 149）。

（6）80.2 μmol/L 核黄素溶液：将 0.0151 g 核黄素（相对分子质量 376.364）溶解于 500 mL 含有 0.1 mmol/L EDTA 的 50 mmol/L pH7.8 磷酸缓冲液。

（7）95% 乙醇。

（8）蒸馏水。

【实验内容与步骤】

1. 6-BA 对叶片保绿作用的观察

（1）将 0.2 mg/mL 6-BA 溶液用蒸馏水分别稀释成浓度为 0 μg/mL、2 μg/mL 和 20 μg/mL，

每种浓度溶液各 40 mL。

（2）取 6 套直径为 9 cm 的培养皿，编号；倒入新配制的梯度溶液，20 mL/皿，每个浓度 2 个重复。

（3）摘取 7～10 天苗龄小麦幼苗的第一片叶，剪去叶尖和叶基部，留下 4～5 cm 长的中段，向每个培养皿中放入 7～10 个叶片中段，叶片将漂浮在溶液上层，保证叶片不重叠，盖盖。

（4）将培养皿置于人工气候箱，22℃黑暗条件下放置 7～14 天。每天观察叶片褪色变黄的情况并记录。实验结束后，用滤纸吸干叶片表面的溶液，以培养皿为单位将叶片剪碎混匀，即可用于光合色素含量和 SOD 活性测定。

2. 光合色素含量的测定

（1）以培养皿为单位，分别称取 0.05～0.10 g 混匀的新鲜叶片（m_1）放在研钵中，加入约 5 mL 95%乙醇充分研磨，将乙醇提取液通过干燥滤纸过滤到干燥的 10 mL 容量瓶中（V_1）。再加入少量 95%乙醇继续研磨提取，直到绿色消失为止，过滤到容量瓶中，最后用 95%乙醇将提取液定容到 10 mL 刻度线。

（2）用 95%乙醇为对照，分别测定各个处理组提取液在 470 nm、665 nm、649 nm 处的吸光度值。

（3）光合色素含量的计算公式：

$$C_a(\mu g/mL) = 13.95 A_{665} - 6.88 A_{649}，\quad 叶绿素 a 含量（\mu g/g）= C_a \times \frac{V_1}{m_1}$$

$$C_b(\mu g/mL) = 24.96 A_{649} - 7.32 A_{665}，\quad 叶绿素 b 含量（\mu g/g）= C_b \times \frac{V_1}{m_1}$$

$$C_{a+b}(\mu g/mL) = 18.08 A_{649} + 6.63 A_{665}，\quad 叶绿素（a+b）含量（\mu g/g）= C_{a+b} \times \frac{V_1}{m_1}$$

$$C_k(\mu g/mL) = \frac{1000 A_{470} - 2.05 C_a - 114.8 C_b}{245}，\quad 类胡萝卜素含量（\mu g/g）= C_k \times \frac{V_1}{m_1}$$

式中，C_a、C_b、C_{a+b}、C_k 分别为叶绿素 a、叶绿素 b、叶绿素 a+b、类胡萝卜素的浓度（μg/mL）；A_{665}、A_{649}、A_{470} 分别为 665 nm、649 nm、470 nm 处的吸光度值；V_1 为提取叶绿素的总体积（mL）；m_1 为植物材料的鲜重（g）。

3. SOD 活性的测定

（1）酶的提取：以培养皿为单位，称取 0.5～1.0 g 混匀的新鲜叶片（m_2），置于预冷的研钵中，用 5 mL 预冷（V_2）的提取介质（分几次加入）将叶片研磨成匀浆，转入离心管内，2～4℃、8000 r/min 离心 15 min，将上清液倒入另一支试管中，冰浴保存备用。

（2）酶活性测定：取 5 支试管，做好标记，按表 32-1 加入试剂，将空白对照管用黑纸包住，与其他 4 个反应管一起放在 500 W 白炽灯旁，54 μmol/（$m^2 \cdot s$）光强下照光 10 min（T）。关灯后，将 4 个反应管用黑纸包住（如室内光线不强，可不罩黑纸）；以空白对照管溶液为参比，测定 4 个反应管溶液在 560 nm 处的吸光度值，其中无酶处理组记作 A_0，而加入酶提取液处理组记作 $A_样$。

表 32-1　各试管反应体系配制及实验记录

编号	蒸馏水处理	2 μg/mL 6-BA 处理	20 μg/mL 6-BA 处理	对照（黑暗）	无酶处理
反应介质/mL	3.0	3.0	3.0	3.0	3.0
酶提取液/mL（V_3）	0.1	0.1	0.1		
核黄素/mL	0.1	0.1	0.1	0.1	0.1
50 mmol/L 磷酸缓冲液/mL				0.1	0.1
A_{560}				0	$A_0=$

（3）SOD 活性计算：

$$SOD活性[U/(g \cdot h)] = \frac{(A_0 - A_样) \times V_2}{A_0 \times m_2 \times T \times V_3 \times 50\%}$$

式中，A_0 为无酶处理组溶液在 560 nm 处的吸光度值；$A_样$ 为加入提取酶液处理组溶液在 560 nm 处的吸光度值；V_2 为提取酶液的总体积（mL）；m_2 为植物材料的鲜重（g）；T 为照光时间（h）；V_3 为酶反应时加入酶液的体积（mL）；50% 为酶活单位校正系数，一个酶活单位为将 NBT 的还原抑制 50% 时所需的酶量。

测定结果记录在表 32-1。

【注意事项】

1. 选择绿色均匀的小麦叶片，保证所有材料贴于培养皿的滤纸上进行培养。

2. 提取 SOD 的全过程在低温或冰浴条件下完成。

3. NBT 试剂对人体有害，实验操作时应穿戴好实验服、手套等防护用品，避免直接接触或吸入体内。

4. 甲臜不溶于水，会在溶液中形成悬浊液，但这并不会对实验结果产生直接影响，因为实验是通过测量溶液的吸光度来定量分析的，而悬浊液中的甲臜颗粒仍然能够吸收特定波长的光。基于这一原因，本实验反应体系较小，需要将全部反应液转入比色杯中用于吸光度的测定。

II　邻苯三酚自氧化法

邻苯三酚在碱性条件下能迅速自氧化，生成超氧阴离子自由基，同时产生有色中间产物，其吸光度随时间增加而增加。SOD 能够催化氧自由基发生歧化反应，从而抑制邻苯三酚的自氧化，通过测量邻苯三酚自氧化速率的抑制率来反映样品中 SOD 的活性。

【实验材料】

小麦（*Triticum aestivum*）叶片。

【器材和试剂】

1. 器材

培养皿、移液管、滤纸、塑料布、研钵、10 mL 具塞刻度试管、石英比色杯、紫外分光光度计、台式离心机。

2. 试剂

（1）0.1 mol/L pH 8.20 Tris-HCl 缓冲液：参考附录Ⅲ-2-8）略作修改。

（2）提取介质：0.1 mol/L pH 8.20 Tris-HCl 缓冲液，内含 2 mmol/L EDTA。

（3）10 mmol/L HCl 溶液。

（4）6 mmol/L 邻苯三酚溶液：用 10 mmol/L HCl 配制成 6 mmol/L 溶液，置于 4℃冰箱中备用。

【实验内容与步骤】

1. 酶的提取

同 NBT 法，使用提取介质为含 EDTA 的 Tris-HCl 缓冲液，总用量为 5 mL（V_4）。

2. 邻苯三酚自氧化速率测定

参照表 32-2 空白和对照处理两列，依次加入试剂，总体积为 9 mL，迅速摇匀倒入 1 cm 石英比色杯中，以空白作为参比，在 325 nm 下测定对照处理的吸光度值（$A_{对照}$），每隔 0.5 min 记录一次吸光度值的变化，邻苯三酚自氧化速率控制在 0.70 吸光度值/min 为宜。

表 32-2　各试管反应体系配制及实验记录

编号	空白	对照处理	蒸馏水处理	2 μg/mL 6-BA 处理	20 μg/mL 6-BA 处理
25℃提取介质/mL	4.5	4.5	4.5	4.5	4.5
双蒸水/mL	4.2	4.2	4.1	4.1	4.1
10 mmol/L HCl/mL	0.3	—	—	—	—
酶粗提液/mL（V_5）	—	—	0.1	0.1	0.1
6 mmol/L 邻苯三酚/mL	—	0.3	0.3	0.3	0.3
总体积/mL（V_6）	9	9	9	9	9
A_{325}：0.5 min					
A_{325}：1.0 min					
A_{325}：1.5 min					
A_{325}：2.0 min					
A_{325}：2.5 min					
A_{325}：3.0 min					

3. SOD 活性测定

提取酶液的活性需逐一测定。按照表 33-2 依次加入试剂，加入邻苯三酚后迅速摇匀，以空白作为参比，记录加入酶提取液后邻苯三酚自氧化的吸光度值（$A_{样品}$）变化。

$$SOD酶活性(U/mL) = \frac{\Delta A_{对照} - \Delta A_{样品}}{\Delta A_{对照}} \times V_4 \times \frac{V_6}{V_5} \times \frac{1}{V_5} \times \frac{1}{50\%}$$

式中，$\Delta A_{对照}$ 为 1 min 内对照处理反应管溶液在 325 nm 处的吸光度值变化，最优值为 0.70；$\Delta A_{样品}$ 为 1 min 内添加酶液处理管溶液在 325 nm 处的吸光度值变化（反应时间及间隔与对照处理完全一致）；V_4 为提取酶液的总体积（mL）；V_5 为酶反应时加入酶液的体积（mL）；$\frac{V_6}{V_5}$ 为酶反应时的稀释倍数；50%为酶活单位校正系数，一个酶活单位指的是每分钟抑制邻苯三酚自氧化速率达 50%时的酶活。

【注意事项】

1. 为确保实验结果的准确性，需要严格控制实验条件，如光照强度、反应温度、反应时间等，确保实验条件的一致性。

2. 邻苯三酚溶液应现配现用，避免长时间存放导致氧化。

3. 该实验受光照影响显著，因此，操作过程中应该尽量避光。

【思考与作业】

1. 结合所学理论知识，分析细胞分裂素延缓叶片衰老的可能机制。

2. 两种 SOD 活性测定方法中，SOD 酶活性单位定义的不同之处及其意义是什么？

3. 比较 NBT 法和邻苯三酚自氧化法在测定 SOD 酶活性时的优缺点，并探讨如何根据实验需求选择合适的方法？

实验 33　愈伤组织的诱导及植物激素对植物形态建成的作用

【实验目的】

1. 掌握生长素和细胞分裂素浓度比例在烟草叶片离体培养中的作用。
2. 了解植物组织在离体培养条件下脱分化和再分化的特点。
3. 验证植物细胞的全能性理论。

【实验原理】

植物细胞具有全能性，即每个植物细胞都携带着一套完整的基因组，具有发育成完整植株的潜在能力，即使高度分化的细胞也保留着遗传上的全能性。当植物体局部受到创伤刺激或者处于离体状态，在适宜的营养和环境条件下，这些细胞会再生成全新的薄壁组织，表现出全能性，成为愈伤组织（callus）。

愈伤组织可以自然形成，也可以在组织培养（组培）过程中通过将植物体的一部分（外植体）置于含有生长素和细胞分裂素的培养液中培养而诱导产生。愈伤组织的形成过程大致经历三个时期：诱导期、分裂期和分化期。当外植体形成愈伤组织后，可通过调整生长素和细胞分裂素比例促使芽和根的分化。一般来说，生长素比例高有利于愈伤组织分化形成根，细胞分裂素比例高可促进愈伤组织分化形成芽。

【实验材料】

烟草（*Nicotiana tabacum*）幼苗。

【器材和试剂】

1. 器材

烧杯、玻璃棒、容量瓶、量筒、移液管、锥形瓶、培养皿、培养瓶、超净工作台、培养箱、冰箱、天平、高压灭菌锅、镊子、解剖刀、手术剪、酒精灯、滤纸、组培塑封膜。

2. 试剂

（1）琼脂。
（2）蔗糖。
（3）10%安替福民。

（4）70%乙醇。

（5）1 mol/L HCl。

（6）1 mg/mL 生长素溶液：精确称取 25 mg 吲哚乙酸（IAA）或萘乙酸（NAA），用少量乙醇溶解后，用水稀释定容到 25 mL。

（7）1 mg/mL 激动素（或 6-BA）溶液：精确称取 25 mg 激动素或 6-BA，用少量 1 mol/L HCl 溶解后，用水定容到 25 mL，调 pH 至中性。

（8）MS 培养基（从试剂公司购买，按照使用说明配制，含植物组织培养过程中需要的各种离子和营养成分），配制 1 L MS 培养基，主要营养成分含量见附表 III-3。

（9）1 mol/L NaOH 溶液。

（10）无菌水。

【实验内容与步骤】

1. 培养基的制备

1）诱导培养基

（1）根据 MS 配制说明，称取一定量 MS 培养基（如产品编号 HBB469 需要称取 41.44 g），加入 1000 mL 蒸馏水，加热溶解。注意：本培养基中含有琼脂和蔗糖，因此，在配制过程中不再加入琼脂和蔗糖；如果所购买的培养基中无这两种成分，则需要同时加入 10 g 琼脂和 30 g 蔗糖。

（2）向培养基中加入 0.1 mL 1 mg/mL 的生长素溶液和 1 mL 1 mg/mL 的 6-BA 溶液。

（3）用 1 mol/L NaOH 溶液调培养基 pH 至 5.6~6.0。

（4）把溶液装入培养瓶中，每瓶 25 mL，于高压灭菌锅中 1.05 MPa（121℃）蒸气压力下灭菌 15~20 min，冷却后备用。

2）分化培养基

（1）MS 培养基的配制同"诱导培养基"。

（2）按照表 33-1 中的激素浓度，对配制的培养基进行编号，并加入对应体积的激素。

表 33-1　各处理中生长素和激动素浓度配制表（1 L 用量）

编号	1 mg/mL 生长素/mL	1 mg/mL 6-BA/mL
1	0	0
2	0	0.2
3	2	0
4	2	0.2
5	2	0.02
6	0.02	2

（3）用 1 mol/L NaOH 调培养基 pH 至 5.6~6.0。

（4）把溶液装入培养瓶中，每瓶 25 mL，于高压灭菌锅中 1.05 MPa（121℃）蒸气压力下灭菌 15～20 min，冷却后备用。

2. 愈伤组织的诱导

（1）烟草叶片的消毒：取新鲜幼嫩的烟草叶片，用 70%乙醇浸泡 3 min，无菌水冲洗一遍后，用 10%安替福民浸泡 5 min，更换新的安替福民溶液再浸泡 5 min，然后用无菌水冲洗 5 次，置无菌培养皿中备用。

（2）接种叶片的制备：在无菌超净工作台上，用灭菌的镊子和解剖刀将灭菌后的叶片切成 0.5 cm×1.0 cm 叶切块，在无菌操作的情况下，用灭菌的长柄镊子将这些叶切块（背面朝下）放入灭菌后的诱导培养基上，3～5 块/瓶，封口，在培养箱中 25～28℃、16 h 光照/8h 黑暗培养，每周记录叶片形态的变化情况。

3. 愈伤组织的分化

烟草叶片在诱导培养基中诱导 3～4 周可得到愈伤组织，用灭菌的解剖刀小心地将愈伤组织切成 2 mm×2 mm×2 mm 的小块，用灭菌的长柄镊子将这些愈伤组织小块转接于分化培养基中，在培养箱中 25～28℃、16 h 光照/8 h 黑暗培养，每周记录生长变化情况，5 周后统计结果。

4. 结果记录

（1）愈伤组织出现的时间。
（2）芽和根出现的时间。
（3）统计根、芽及全苗数。

【注意事项】

1. 愈伤组织的诱导和分化实验中,所有的实验器材均需灭菌,且操作过程避免染菌。
2. 叶片背面接触培养基。

【思考与作业】

1. 培养基中加入的蔗糖在愈伤组织的诱导和分化中的作用是什么？
2. 总结不同浓度比例的生长素和激动素对愈伤组织的诱导及其分化的影响。

实验 34 植物基因组 DNA、RNA 的分离和提取

【实验目的】

1. 了解植物基因组 DNA 及 RNA 提取的基本原理。
2. 理解十六烷基三甲基溴化铵（CTAB）法提取 DNA 的作用机制。
3. 了解 DNA、RNA 提取的主要区别和注意事项。

【实验原理】

常见的植物样本包括叶片、种子、茎等，均具有细胞壁和多层细胞膜，这增加了植物 DNA 提取的难度。此外，植物组织中常含有色素、多糖、酚类等杂质，这些物质也会影响所提取 DNA 的纯度和质量。因此，植物基因组 DNA 提取是通过一系列物理和化学手段，破碎植物细胞壁和细胞膜，提取并纯化 DNA 的过程。具体步骤如下。

破碎细胞：利用液氮冷冻和机械研磨的方法，使植物组织细胞破碎，从而释放 DNA。

溶解细胞膜：通过加入特定的化学试剂[如十二烷基硫酸钠（SDS）、CTAB 等]溶解细胞膜和核膜蛋白，使 DNA 游离出来。由于植物组织的特异性，提取过程中更偏向于使用 CTAB 等试剂来破碎细胞壁和细胞膜，并去除多糖等杂质。

去除杂质：使用酚、氯仿等有机溶剂，通过抽提去除蛋白质、多糖等杂质。

沉淀 DNA：加入异丙醇或乙醇等有机溶剂，使 DNA 沉淀形成絮状物，便于后续收集和使用。

本实验介绍的 DNA 分离和提取方法，具有快速、简便的特点，适用于大多数幼嫩的植物组织，其中包括愈伤组织和原生质体中 DNA 的分离与提取。选用的材料少于 0.1 g，获得的 DNA 分子大于 50 kb，纯度符合大多数的限制酶酶切以及进行基因组 Southern 杂交分析的要求。

植物 RNA 的提取是分子生物学研究中的一项基础技术，对后续反转录聚合酶链反应（RT-PCR）、Northern 杂交、cDNA 文库构建等实验至关重要。然而，除植物组织中的多糖、多酚等次生代谢产物会影响 RNA 的提取效果外，RNA 也极易被 RNA 酶降解。因此，本实验采用 RNA 试剂盒来提取植物基因组 RNA。

【实验材料】

植物新鲜叶片。

【器材和试剂】

1. 器材

研钵、牙签、离心管、加样器、烧杯、电子天平、高速台式离心机、琼脂糖凝胶电泳仪、紫外分光光度计（Nano-drop）、紫外照度仪、恒温水浴锅、离心管、加样器及枪头、试剂瓶等；如提取 RNA，所用器材及试剂瓶均需在 180℃下烘干至少 6 h，而其他耗材及容器需经超纯水（DEPC 水）浸泡过夜处理。

2. 试剂

（1）氯仿:异戊醇（24:1，*V/V*）。

（2）异丙醇。

（3）乙醇。

（4）DNA 提取液：含 1% CTAB（*m/V*）、100 mmol/L pH 8.0 Tris-HCl、1.4 mmol/L NaCl、20 mmol/L EDTA、0.1%（*V/V*）巯基乙醇；使用前需灭菌。

（5）3 mol/L pH6.8 乙酸钠溶液：使用前需灭菌。

（6）TE pH8.0 缓冲液：含 10 mmol/L Tris、0.5 mmol/L EDTA，使用前需灭菌。

（7）50×TAE 缓冲液：由 Tris、乙酸（acetic acid）和 EDTA 组成的缓冲液，英文名为三种组成成分的英文首字母。称量 242 g Tris（相对分子质量 121.14）、37.2 g EDTA-Na$_2$·2H$_2$O（相对分子质量 372.2）于 1 L 烧杯中，向烧杯中加入约 600 mL 去离子水，充分搅拌溶解；加入 57.1 mL 的冰乙酸，充分搅拌；加入适量 NaOH 调节 pH 至 8.0～8.5，加去离子水定容至 1 L 后室温保存。

（8）1×TAE 缓冲液：2 mL 50×TAE 缓冲液，加去离子水至 100 mL。

（9）10 mg/mL 溴化乙锭（EB）贮存液：将 20 mg EB 溶于 2 mL ddH$_2$O 中，充分混匀后于 4℃保存。其在凝胶中的终浓度通常为 0.5 μg/mL，即 40 mL 凝胶中加入 1 μL 10 mg/mL EB 贮存液。

（10）10×上样缓冲液：购置于公司，配方见使用说明，通常为 50%甘油（*V/V*）、30 mmol/L EDTA-Na$_2$（pH 8.0）、1% SDS（*m/V*）、0.25%溴酚蓝（*m/V*）、0.25%二甲苯氰（*m/V*）。

（11）RNA 提取试剂盒（TRNzol）：含 DNase 缓冲液、RNase 抑制剂、DNase I、水饱和酚及裂解液 TRNzol 及配制方法。

【实验内容与步骤】

1. 植物基因组 DNA 的提取

（1）称取 0.1 g 植物叶组织，置于研钵中，经液氮冷冻后充分研磨成粉末，转入灭菌的 1.5 mL 离心管中。

（2）叶组织粉末在解冻前加入 650 mL 65℃预热的提取液，置于 65℃水浴锅中 30 min，其间轻轻晃动几次。

（3）加入 650 mL 氯仿:异戊醇（24:1），反复轻轻倒置，使液体充分混合 15 min，然后在室温环境下 3000 r/min（5000 g）离心 5 min，将上清液转入一个新的 1.5 mL 离心管中。

（4）加入等体积–20℃预冷的异丙醇，混匀，所得透明絮状物即为 DNA；室温、1800 r/min（3000 g）离心 2 min，弃去上清液。

（5）向含有沉淀的离心管中加入 1 mL 70%乙醇，漂洗所得沉淀 5 min，弃去乙醇。注意：提取的 DNA 无色透明，在弃去上清液时不要带走所得 DNA。

（6）待乙醇挥发完全后，用 500 μL 的 TE 缓冲液溶解所得 DNA。

（7）加入 1/10 倍体积的 3 mol/L NaAc 和 2 倍体积的 95%乙醇，再次沉淀 DNA，用 70%乙醇漂洗 DNA 并晾干。

（8）将 DNA 溶于 250 μL TE 缓冲液中。

2. 植物基因组 RNA 的提取

1）RNA 的提取

（1）称取 0.1 g 植物叶组织置于研钵中，经液氮冷冻后充分研磨成粉末，快速转入灭菌的 1.5 mL 离心管中。

（2）向离心管中加入 1 mL TRNzol 试剂，充分混匀后室温放置 5 min，使核酸蛋白复合物充分分离。然后，于 4℃、13 400 g 离心 10 min，并将上清液转移至新的离心管中。

（3）向上清液中加入等体积的氯仿:异戊醇，涡旋振荡 15 s，室温下放置 3 min；于 4℃、13 400 g 离心 15 min，将上层水相转移至另一离心管中。

（4）加入等体积的–20℃预冷的异丙醇，混匀，室温下静置 20～30 min 后，室温、13 400 g 离心 15 min，弃去上清液。

（5）向含有沉淀的离心管中加入 1 mL 70%乙醇，漂洗所得沉淀 5 min，弃去乙醇。注意：提取的物质无色透明，在弃去上清液时不要带走目标物质。

（6）待乙醇挥发完全后，用 80 μL RNase-free 的 ddH$_2$O 溶解 RNA，所得即为总 RNA。

2）DNase I 消化去除 DNA

（1）将总 RNA 样品、8 μL DNase buffer、0.5 μL RNase 抑制剂、0.5 μL DNase I 依次进行混合，用 ddH$_2$O 补足体系至 80 μL，37℃水浴温育 40 min。

（2）向该体系中加入 120 μL ddH$_2$O、100 μL 水饱和酚、100 μL 氯仿:异戊醇，混匀后在 4℃、13400 g 离心 10 min。

（3）将上层清液取出至另一 1.5 mL 离心管中，加入 1/10 体积 3 mol/L 乙酸钠（NaAc）、2.5 倍体积的无水乙醇，混匀后–20℃静置 2 h 或过夜。

（4）4℃、13 400 g 离心 15 min 后弃上清液，加入 1 mL 70%乙醇清洗沉淀，4℃、13 400 g 离心 10 min。弃上清液，风干。

（5）20 μL ddH$_2$O 溶解沉淀，所得溶液即为无 DNA 的 RNA 溶液。

3）RNase 酶污染的检测

（1）取两个 1.5 mL 离心管分别加入 2 µL 总 RNA 溶液和 3 µL ddH$_2$O，其中一份溶液放在 4℃条件下（对照组），另一份溶液于 37℃水浴中温育 30 min（温育组）。

（2）凝胶制备：首先需要称取适量的琼脂糖，通常为 0.4 g，放入制胶容器中。然后加入 40 mL 电泳缓冲液（如 1×TAE），加热煮沸使琼脂糖完全溶解。溶液冷却至约 60℃时，加入 1 µL 10 mg/mL EB 贮存液（或 GelGreen），轻轻摇匀，倒入制胶槽，等待其凝固。

（3）电泳设置：待琼脂糖凝胶凝固后，小心垂直拔出梳子和挡板，清除碎胶。将凝胶放入电泳槽中，加入 1×TAE 电泳缓冲液至液面高于胶面约 1 mm。

（4）样品制备：将单个离心管中的全部 RNA 与 0.5 µL 10×上样缓冲液混匀，逐个加入到凝胶孔中，并做好记录。

（5）电泳运行：插上导线，打开电泳仪电源，调节电压至适当值（通常是 3 V/cm），开始电泳。观察电流情况或电泳槽中负极的铂金丝是否有气泡出现，点样孔在负极方向。

（6）结果观察：电泳完成后关闭电源，取出凝胶。在紫外照度仪上观察电泳结果。如两种处理所得结果基本一致，则表明所得 RNA 可满足后续实验要求；如温育组与对照组相比出现了明显的弥散条带，则表明所得 RNA 可能被 RNase 污染，需要重新提取 RNA 并按照上述方法检测 RNA 酶污染情况，直到满足后续实验要求为止。

4）RNA 的定量检测

（1）取 1 µL 满足后续实验要求的 RNA 溶液，用 ddH$_2$O 稀释至 10 µL，混匀后点样至 Nano-drop 检测台，合盖测定样品在 230 nm、260 nm、280 nm 处的吸光度值。

（2）纯度计算：RNA 样品 A_{260}/A_{280} 值应在 1.7～2.0，A_{260}/A_{230} 值应大于 2.0。

（3）RNA 浓度计算：

$$RNA 浓度（µg/mL）= A_{260} × 稀释倍数 × 40\ µg/mL$$

【注意事项】

1. 如果植物样品不经液氮处理，提取液中的 CTAB 浓度需要提高到 4%（m/V）。

2. 为了避免蛋白质的共沉淀，加入异丙醇后需立即离心或挑取 DNA 沉淀物。

3. 多糖、单宁等物质与 DNA 的理化性质接近，容易同 DNA 共沉淀，即与 DNA 结合成黏稠的胶状物，从而影响 DNA 的质量和纯度。在多数情况下，使用 0.1%（V/V）巯基乙醇并不能完全抑制叶片中的氧化作用，只能达到使未被抑制的这部分氧化作用不会显著影响限制酶的活性的目的。如果使用的巯基乙醇浓度高于 0.1%（V/V），则会大大降低 DNA 的得率。为了提高 DNA 的纯度，还可加入聚乙烯吡咯烷酮（PVP），PVP 的加入可以有效防止多酚氧化成醌，避免溶液变褐；还可以保护 DNA 免受内源核酸酶的降解，确保 DNA 的完整性；PVP 的工作浓度为 0.1%～0.6%（V/V）。

4. 在 RNA 提取过程中，样品粉末与裂解液接触前，应防止冷冻的样品解冻，以免酚类物质被氧化成醌，影响 RNA 质量；使用的试剂和材料都必须确保无 RNase，以防止外源酶的污染。

【思考与作业】

1. 植物组织与动物组织的主要区别有哪些？在提取植物 DNA 过程中，哪些步骤是植物特有的？

2. 植物基因组 DNA 提取可以使用硅胶干燥的样品，RNA 提取可以用干燥的样品吗？为什么？为保证 RNA 提取的质量，材料选取时需要注意什么？

3. 请查阅相关文献：为保证 RNA 提取过程中使用的器材无 RNase，我们可以采取哪些措施？

实验 35　植物基因转化体系的构建及结果鉴定

【实验目的】

1. 了解常用的植物基因转化方法、原理及优缺点。
2. 掌握根癌农杆菌介导转化法的实验技术。
3. 掌握真空渗透转化法的实验技术。
4. 掌握抗性植株筛选的方法。

【实验原理】

植物基因转化体系是指以离体培养的植物组织、细胞及原生质体作为受体，通过某种途径和技术将外源基因导入植物细胞中，并使其在受体细胞或再生植株中稳定保留和表达，最后通过有性或无性繁殖传递给后代。

自 1983 年首例转基因植物问世以来，随着转基因技术的不断创新和改进，转基因成功的植物种类已相当可观。据不完全统计，截至 2024 年，转基因研究已经涵盖 40 科、近 200 种植物，包括粮食作物（如水稻、小麦、玉米、高粱、马铃薯、甘薯等）、经济作物（如棉花、大豆、油菜、亚麻、向日葵等）、蔬菜（如番茄、黄瓜、芥菜、甘蓝、花椰菜、胡萝卜、茄子、生菜、芹菜等）、瓜果（如苹果、李、番木瓜、甜瓜、草莓、香蕉等）、牧草（如苜蓿、白三叶草等）、花卉（如矮牵牛、菊花、香石竹、伽蓝等）以及造林树种（如泡桐、杨树等），涉及抗虫、抗病、抗除草剂、抗逆境、品质改良、对生长发育的调控和提高产量潜力等领域。

植物的基因转化方法多种多样，主要有农杆菌介导的基因转移、病毒载体介导的转化，以及各种物理、化学方法介导的基因直接转移等，每种方法都有其独有的特点和适用范围。以下是几种主要的植物基因转化方法。

农杆菌介导转化法受体类型广泛，包括多种双子叶植物和一些单子叶植物。该方法转化过程相对简单，周期短，转化频率高，但转化体常出现"嵌合"现象，且受植物种类和生理状态等因素影响。

真空渗透法能够提高外源基因的渗入效率，特别适用于一些难以通过常规方法转化的植物种类或需要提高转化效率的实验场景，但操作过程需要严格控制真空度和处理时间等参数，以确保转化效果。

基因枪转化法（微弹轰击法）适用范围广，无宿主限制，靶受体类型广泛。该方法可控度高，操作简便、快速，但费用较高，且存在转化效率低、外源性基因向植物中插入不够精确和稳定性不高等缺点。

电穿孔法操作简单，能够快速实现大量细胞的转化，但对原生质体生活力有一定影响，需要控制好电穿孔的条件。

花粉管通道法方便易行，不需专门仪器和昂贵药品，不依赖组织培养人工再生植株，技术简单，常规育种工作者易于掌握，可直接得到转化的种子，但受季节及植物发育期的限制。

显微注射法（子房注射法）转化效率高，但操作复杂，需要较高的技术水平和设备支持。

微束激光打孔法操作精确，能够针对单个细胞进行转化，但设备昂贵，技术复杂，不适用于大规模转化。

除了上述几种主要方法外，还有病毒介导法、聚乙二醇（PEG）介导的原生质体转化法、超声波介导法等多种植物基因转化方法。这些方法各有优缺点，适用于不同的植物种类和实验需求。本实验主要介绍农杆菌介导转化法和真空渗透转化法。

I 农杆菌介导转化法

农杆菌介导转化法是利用农杆菌[包括根癌农杆菌（*Agrobacterium tumefaciens*）和发根农杆菌（*Agrobacterium rhizogenes*）等]作为媒介，将外源基因导入植物细胞并整合到植物基因组中的一类方法。由于根癌农杆菌在农杆菌介导转化法中应用最为广泛，因此很多时候人们提及的农杆菌介导转化法实际上指的是根癌农杆菌介导转化法。其中，根癌农杆菌介导的烟草（*Nicotiana tabacum*）叶片组织转化以及转基因植株的再生是基因工程发展过程中的重大突破之一。本实验介绍的是一种改进方法，即将根癌农杆菌和叶片组织共培养，这种方法大大提高了基因转化效率。

【实验材料】

烟草、带有 pBIN437 质粒的根癌农杆菌 LBA4404 或 EHA105（质粒 pBIN437 带有链霉素抗性基因）、重组质粒。

【器材和试剂】

1. 器材

锥形瓶、离心管、牙签、剪刀、解剖刀、镊子、培养皿、移液器、灭菌锅、摇床、离心机、超净工作台、真空减压仪、花盆、体视显微镜、PCR 仪、琼脂糖凝胶电泳仪、紫外观测仪。

2. 试剂

（1）95% 乙醇。

（2）15% H_2O_2。

（3）MS 培养基：主要营养物质和盐分含量见附表 III-3-2）。如果购买成品，请按照产品说明书中的方法进行配制。

（4）100 mg/L 链霉素。

（5）300 mg/L 卡那霉素。

（6）500 mg/L 头孢霉素。

（7）0.1 mol/L NaCl 溶液：用于悬浮菌体。

（8）20 mmol/L $CaCl_2$ 溶液。

（9）40% 甘油。

（10）YEB 液体培养基：将 5.0 g 蔗糖、5.0 g 蛋白胨、5.0 g 牛肉提取物、1.0 g 酵母浸粉溶于 1 L 蒸馏水中，加热煮沸至完全溶解后，调节 pH 至 7.2，分装后进行高压灭菌处理备用。

（11）LB 培养基：将 10.0 g 胰化蛋白胨、5.0 g 酵母提取物、10.0 g NaCl 溶于 1000 mL 蒸馏水，然后调 pH 至 7.0，最后加入琼脂粉，加热融化并高压灭菌后，冷却至适当温度即可倒平板。此外，如果需要配制含抗生素的平板，可以在灭菌后培养基冷却至不烫手时加入抗生素，摇匀后倒平板。含抗生素的平板应在 4℃下保存，2 周内使用。

（12）初级选择性培养基：在 1 L MS 培养基中加入 0.3 mL 1 mg/mL 卡那霉素和 0.3 mL 1 mg/mL 头孢霉素，调节 pH 至 5.7。

（13）次级选择性培养基：在 1 L MS 培养基中加入 0.1 mL 1 mg/mL 卡那霉素和 0.5 mL 1 mg/mL 头孢霉素，调节 pH 至 5.7。

（14）生根培养基：在 1 L MS 培养基中加入 25 μL 1 mg/mL 卡那霉素，调节 pH 至 5.8～6.0。

（15）50 mmol/L pH7.0 磷酸缓冲液：依据附录 III-2-6）略作修改。

（16）20 mmol/L X-Gluc 母液：将 0.104 g 5-溴-4-氯-3-吲哚-β-D-葡糖苷酸（X-Gluc）（相对分子质量 521.79）溶于 10 mL N, N-二甲基甲酰胺（DMF）中，将配制好的母液分装成 100 μL 每管，贮存在 -20℃ 冰箱中备用。

（17）X-Gluc 基液：100 mL 50 mmol/L pH7.0 磷酸缓冲液含 372 mg EDTA-Na_2（10 mmol/L）、100 μL Triton-100（0.1%）、21.1 mg 铁氰化钾（0.5 mmol/L）和 16.5 mg 亚铁氰化钾（0.5 mmol/L）。

（18）GUS 工作液：450 mL X-Gluc 基液加入 50 μL X-Gluc 母液。

（19）75% 乙醇。

（20）DNA 提取相关试剂：参考实验 34。

（21）RNA 提取及检测试剂：参考实验 34。

（22）PCR 及反转录 PCR 试剂：依据产品说明进行溶液配制和使用，含 5×莫洛尼氏鼠白血病病毒（MMLV）反转录酶及缓冲液、10 mmol/L 脱氧核苷三磷酸（dNTP）、RNA 酶抑制剂。

（23）寡脱氧胸苷酸[oligo(dT)]、引物：由公司合成，依据产品说明进行溶液配制和使用。

【实验内容与步骤】

1. 烟草无菌叶切块的制备

（1）将适量烟草种子放入 1.5 mL 离心管中，用 95%乙醇处理 5 min，然后用无菌水清洗 3 次，接着用 15% H_2O_2 浸泡 8 min，再用无菌水清洗 3 遍。

（2）用灭菌牙签将消毒后的种子点播在 MS 培养基上（培养皿或组培瓶），28℃、16 h 光照/8 h 黑暗培养至烟草十字期（四片真叶交叉呈十字形）。

（3）在超净工作台内无菌操作，即将十字期的烟草移至装有 MS 培养基的组培瓶中，28℃、16 h 光照/8 h 黑暗培养 4~5 周备用。

（4）在超净工作台中将烟草无菌苗的叶片剪下，剔去主脉。选择较为平整的叶片部分，用锋利的灭菌解剖刀切成约 5 mm×5 mm 大小的叶切块。

2. 农杆菌感受态细胞的制备

（1）将含有质粒 pBIN437 的农杆菌接种于 50 mL 含有链霉素的 YEB 液体培养基（链霉素的工作浓度为 50 μg/L）锥形瓶中，在 28℃下振荡培养 24 h。

（2）吸取过夜培养的悬浮液 5 mL，接种于盛有 50 mL YEB 液体培养基（无链霉素）的锥形瓶中，在 30℃、250 r/min 摇床振荡培养 4 h 左右，得到对数生长期的菌液（可依据 600 nm 下的吸光度值 A_{600}≥0.5 来判断）。

（3）将菌液转入无菌离心管中，在 4℃、5000 r/min 离心 5 min，弃去上清液，所得沉淀即为农杆菌菌体。

（4）向离心管中加入 10 mL 预冷的 0.1 mol/L NaCl 溶液，轻轻悬浮菌体细胞，冰上放置 20 min 后，4℃、5000 r/min 离心 5 min，弃上清液，再次收集农杆菌菌体。

（5）用 1 mL 预冷的 20 mmol/L $CaCl_2$ 溶液悬浮菌体，并分装成 250 μL/管。

（6）加入 250 μL 40%甘油（悬浮液菌体最终体积为 500 μL/管，甘油最终浓度为 20%），液氮中速冻后置-80℃保存，以上所得即为感受态细胞。

3. 农杆菌的转化

（1）取 1 μg 左右质粒 DNA 加入到 500 μL 感受态细胞中，混匀后冰浴 30 min，-70℃放置 10 min 或液氮中冰冻 5 min；然后，转入 37℃水浴 5 min 或 42℃水浴 1 min。

（2）再次冰浴 2 min，加入 1 mL YEB 液体培养基，用于转化后细胞的恢复培养。

（3）28℃、175 r/min 摇床培养 3 h。

（4）取 500 μL 培养物涂布于含有合适抗生素的 LB 培养基上（培养皿），在 28℃下倒置培养 48 h。

（5）从培养皿中挑取单个菌落转移到 50 mL 含有合适抗生素 LB 液体培养基的锥形瓶中，28℃、175 r/min 摇床培养至对数生长期。

（6）4℃、5000 r/min 离心 5 min，弃上清液，收集菌体，用 1/2 MS 培养基重新悬浮至适当浓度[600 nm 下的吸光度值（A_{600}）为 0.6~0.8]，待用。

4. 农杆菌侵染叶切块与共培养

（1）将叶切块放入制备好的 5 mL 农杆菌菌液中侵染 8～10 min，其间通过晃动或者放入真空干燥器中减压抽真空，以保证叶切块充分接触菌液。

（2）侵染结束后，用无菌滤纸吸干叶切块表面的菌液，然后将其正面朝下置于 MS 培养基平板上，每个平板可接种 10 个叶切块。

（3）将培养皿封口，用锡箔纸包好，置于 28℃培养箱中暗培养 3 天。

5. 筛选培养与生根培养

（1）将叶切块从共培养的平板中移至含抗生素的初级选择性培养基上，置于 28℃光照培养 2 周，然后将叶切块转移至幼芽分化的次级选择性培养基中继续培养，每 2～3 周在次级选择性培养基上继代一次，直至愈伤组织分化出抗性芽。

（2）待抗性芽长到 3～5 cm 时，用解剖刀切除 2 cm 以下的叶片和气生根，在距离愈伤组织基部 0.5 cm 处的上方切成 45°的斜面以移出幼苗，并将幼苗转移到含有 50 mL 生根培养基的组培瓶中培养（将茎直接插入培养基的底部）。

6. 烟草植株的移栽

在生根培养基中培养 2 周后，挑选幼苗根系形成的小植株移栽至新的 MS 培养基中培养 4 天，之后即可将小植株移栽至土壤中培养直到收获种子（T_0代）；T_0代种子萌发，得到 T_0代幼苗。

7. GUS 组织化学染色法对转基因结果鉴定

（1）取 2 支 1.5 mL 离心管各加入 0.3～1.0 mL GUS 工作液。

（2）用镊子夹取转基因型及野生型烟草幼苗（各 2～3 株），分别放入一支离心管中并准确标记，抽气 5 min 以保证工作液完全浸没烟草幼苗。

（3）37℃浸泡 12～16 h。

（4）倒掉染色液，加入 75%乙醇浸没烟草幼苗，脱色 30 min，然后换成新的 75%乙醇继续漂洗和脱色（也可采用 50%、60%、70%、80%、90%和 100%乙醇依次洗脱 30 min）。

（5）体视显微镜或者肉眼观察叶片的染色情况，拍照。如果有 GUS 基因表达产物，则出现蓝色。

8. 特异性 PCR 扩增法对转基因结果进行鉴定

1）提取野生型和转基因型幼苗叶片的基因组 DNA

参照实验 34。

2）PCR 扩增

根据所转基因的保守序列设计引物，进行 PCR 扩增，扩增体系包括 DNA 模板 100 ng、

10×PCR 缓冲液 2.0 μL、dNTP 混合液 2.0 μL、MgCl₂ 1.5 μL、正反向引物各 0.2 μL、*Taq* DNA 聚合酶 0.5 μL，ddH₂O 补足至 20 μL。扩增程序设置为：预变性 94℃、10 min；循环扩增 94℃、1min，58℃、1 min，72℃、1.5 min，共 35 个循环；延伸 72℃、5 min。

3）琼脂糖凝胶电泳

（1）凝胶制备及电泳设置：同实验 34。

（2）样品制备：PCR 扩增结束后，取 9 μL PCR 产物，加入 1 μL 10×上样缓冲液混匀，逐个加载到凝胶孔中，并做好记录。

（3）电泳运行：插上导线，打开电泳仪电源，调节电压至适当值（通常是 3 V/cm）开始电泳。观察电流情况或电泳槽中负极的铂金丝是否有气泡出现，点样孔在负极方向。

（4）结果观察：电泳完成后关闭电源，取出凝胶。在紫外观测仪上观察电泳结果。DNA 会在凝胶中形成可见的条带，根据条带的位置和亮度可以判断 PCR 产物的大小及丰度。如果扩增条带大小与原初设计相符，可以送公司进行测序，对测序所得序列与原初设计的序列进行比对，如果一致，说明目的基因成功整合进入烟草染色体。

9. 实时荧光定量 PCR（qRT-PCR）验证

1）提取野生型和转基因型幼苗叶片的总 RNA

参照实验 34。

2）RNA 的反转录获得 cDNA

（1）反应体系：取 2 μg RNA 样品，加入 2 μL 10 μmol/L 的 Oligo dT，再加入 ddH₂O 补足体积至 16.3 μL，并轻轻混匀。

（2）将上述反应体系在 65℃温育 5 min，然后冰浴 3 min。

（3）加入 5 μL 5×MMLV 反转录酶缓冲液、2 μL 10 mmol/L dNTP、0.7 μL RNA 酶抑制剂，轻轻混匀，37℃温育 10 min，冰浴 5 min。

（4）加入 5 μL MMLV 反转录酶，混匀，42℃温育 1 h、95℃温育 5 min、冰浴 3 min，获得 cDNA。

3）qRT-PCR 扩增目的片段

根据所转基因的保守序列设计引物，进行 qRT-PCR 扩增，扩增体系 20 μL，包括 1～2 μL cDNA、2.0 μL 10×PCR buffer、2.0 μL dNTP、1 μL 5 mmol/L 正/反向引物、0.5 μL *Taq* DNA 聚合酶，ddH₂O 补足至 20 μL。扩增程序设置为：预变性 94℃、10 min，循环扩增 94℃、1min；退火温度及时间依据引物说明书设定（根据引物 GC 含量计算得到）；72℃、1.5 min；共 35 个循环；延伸：72℃ 5 min。

4）琼脂糖凝胶电泳

方法同上。

【注意事项】

1. 从种子的消毒开始到幼苗的获得、从幼苗切取小叶块、小叶块与农杆菌的共培养、选择培养，以及转基因烟草植株的获得，整个过程均需无菌操作。

2. 确保烟草无菌苗健康且处于适宜的生长阶段，通常选用萌发 1 个月左右、具有 4 片叶以上的烟草苗。

3. 共培养结束后，将叶块转移到含有抗生素（如卡那霉素、羧苄青霉素等）的分化培养基上进行抗性筛选。筛选过程中需定期观察并更换新鲜培养基，以确保抗性植株正常生长。

4. 在进行农杆菌转化实验时，需穿戴好实验服、手套等防护用品，避免直接接触农杆菌或含有农杆菌的培养基。

5. PCR 扩增时可设立阴性对照、阳性对照和空白对照，以验证 PCR 扩增的可靠性。

6. 切胶并提取 DNA 时，防止 EB（如使用）溅起和交叉污染。

II　真空渗透转化法

在植物基因转化体系的构建中，真空渗透法（vacuum infiltration method）是一种有效的技术。在真空环境下，外界压力低于细胞内压力，细胞内的水分和气体分子会向外扩散，导致细胞膜的通透性增加。这种通透性的增加使得外源基因或载体更容易进入细胞内部，促进了农杆菌与植物细胞的紧密接触。此外，在真空条件下，农杆菌致瘤质粒（Ti 质粒）中的转移 DNA（T-DNA）区域更容易被释放并整合到植物细胞的基因组中，可提高外源基因的转化效率。这种方法在植物基因工程领域具有广泛的应用前景和重要的研究价值。

真空渗透法操作简便，适用于多种植物种类和基因型，为植物基因转化提供了更多的可能性。该方法多在活体水平上直接对植物的花序（可以应用于花粉粒、幼嫩植株等其他植物部位）进行转化操作。渗透操作对植物会造成损伤，瘦弱的植株在抽真空后难以存活，或者难以收获晚期花所结的果荚和种子。因此，植物良好的生长状态是保证转化效率的关键。

【实验材料】

带质粒的农杆菌、野生型拟南芥（*Arabidopsis thaliana*）种子和幼苗。

【器材和试剂】

1. 器材

高速冷冻离心机、真空箱、抽气泵、微量移液器、锥形瓶等。

2. 试剂

（1）300 mg/L 卡那霉素。

（2）YEB 液体培养基：将 5.0 g 蔗糖、5.0 g 蛋白胨、5.0 g 牛肉提取物、1.0 g 酵母浸粉溶于 1 L 蒸馏水中，加热煮沸至完全溶解后，调节 pH 至 7.2，分装后进行高压灭菌处理备用。

（3）1/2 MS 液体培养基：主要营养物质和盐分含量见附录 III-3。并稀释 2 倍。

（4）表面活性物质 Silwet L-77。

（5）转化渗透液：在 1/2 MS 培养基中（无蔗糖）加入 5.0 g 蔗糖、200 μL Silwet L-77。

（6）70% 乙醇。

（7）7% 次氯酸钠：用无菌水配制，另加 1 滴 Tween-20，现用现配。

（8）0.1% 琼脂水溶液。

（9）筛选培养基：在 1/2 MS 培养基中加入卡那霉素（终浓度为 50 μg/mL），调 pH 至 5.7。

【实验内容与步骤】

1. 农杆菌的转化

同"I 农杆菌介导转化法"。

吸取已转化了相应质粒的农杆菌菌液 10 mL，接种于盛有 100 mL YEB 液体培养基的锥形瓶中，在 30℃，250 r/min 摇床振荡培养 24 h，使农杆菌液 A_{600} 达到 1.2～1.6。室温 5000 r/min 离心 15 min。弃上清液，将农杆菌沉淀悬浮于相应体积的转化渗透液中，使 A_{600} 在 0.8 左右。

2. 拟南芥准备

选择生长至盛花期的拟南芥植株，确保植株健康且花序繁茂。

3. 真空渗透法转化

（1）将含农杆菌的转化渗透液倒在搪瓷盘中，将拟南芥花序完全浸入菌液中，并确保花序与菌液充分接触，中间不能有大的气泡。

（2）将转化渗透液和拟南芥一起放入真空箱中，用 15 cmHg（1 cmHg=1.33×10³Pa）的弱压抽真空 10～15 min，使菌液能够渗透到花序组织中。经此操作后，拟南芥的叶色略有加深。

（3）真空处理后，取出转化植物，在高湿遮光的环境中培养 2 天后，转入正常条件下使其继续生长至种子成熟。

4. 抗性筛选

（1）收获种子，将 1500 粒左右种子转入一个离心管中，用 70% 乙醇处理 2 min，再用次氯酸钠处理 15 min，在上述处理时要不停地悬浮种子，最后用无菌水洗 4 次。

（2）将无菌种子悬浮于 6 mL 0.1%琼脂水溶液中，用 1 mL 移液器均匀涂布于含筛选培养基的平板中，4℃静置 24 h，然后移入 22℃恒温室培养。可采用垂直培养和水平培养两种方法。

（3）挑选子叶深绿、根较长的植株转入土壤中继续培养。

【注意事项】

1. 实验过程中应对所有使用器材和试剂进行严格消毒处理，以避免污染。

2. 由于拟南芥开花时间不一致，可能需要重复进行真空渗透操作，以确保所有花序都被有效转化。

3. 真空渗透时注意观察叶片状态，当叶片变成深绿色、水渍状时，说明渗透效果较好。

4. 真空渗透法转化植株，培养温度不能超过 22℃；1 周内浇水时应避免水与植株接触。

【思考与作业】

1. 请详细阐述农杆菌如何介导外源基因进入烟草细胞，并解释 T-DNA 转移和整合到植物基因组中的具体过程。

2. 分析并讨论可能影响真空渗透法转化拟南芥效率的因素。你认为哪些因素是最重要的？如何优化这些因素以提高转化效率？

3. 除了表型观察外，还有哪些分子生物学技术可以用来确认外源基因已稳定整合到目标植物基因组中？目标基因的表达水平会受到哪些因素的影响？

实验 36　植物光合-光响应及光合-CO₂ 响应曲线的测定

【实验目的】

1. 理解光合作用的基本原理及其影响因素。
2. 掌握光合-光响应曲线及光合-CO₂ 响应曲线的测量方法和数据分析技巧。
3. 分析环境因素对植物生理指标的影响。

【实验原理】

光合作用是植物利用光能将 CO_2 和水转换成有机物和 O_2 的过程。光合速率受多种环境因素影响，其中光照强度和 CO_2 浓度是两个最关键的因子。光合-光响应曲线描述了在不同光照强度下光合速率的变化；而光合-CO_2 响应曲线则展示了在不同 CO_2 浓度下光合速率的变化。不仅如此，通过对数据进行模型拟合，如（非）直角双曲线模型、指数方程、直角双曲线的修正模型、Michaelis-Menten 模型等，还可以计算得到饱和光强、光补偿点、表观量子效率、羧化效率等指标来反映植物内在的生理状态。

便携式光合测定仪 Li-6800 可在保证其他条件恒定的情况下，单独调节光照强度（以调节光合有效辐射）或者输入口 CO_2 浓度（以改变胞间 CO_2 浓度），进行光响应曲线的测定。

【实验材料】

C_3 植物：小麦（*Triticum aestivum*）、辣椒（*Capsicum annuum*）植株。
C_4 植物：玉米（*Zea mays*）、高粱（*Sorghum bicolor*）植株。

【实验器材】

Li-6800 便携式光合测定仪。

【实验内容与步骤】

1. 叶片光合-光响应曲线的测定

1）预热与准备

（1）将 Li-6800 便携式光合测定仪放置在平稳的实验台上，确保仪器平稳可靠。
（2）打开仪器电源，并确认电源指示灯亮起。根据仪器说明书或实验要求，让仪器预热一段时间，确保仪器内部各部件达到稳定工作状态。

（3）校准：在叶室关闭的情况下，按 Start Up＞Warmup Tests 进行系统自检。依次校准光源、CO_2 浓度和温湿度传感器。校准完成后，点击"确定"保存设置。

（4）参数设置：在主界面上点击"实验设置"按钮设置工作参数。光源光合有效辐射（PAR）强度梯度为 1900 μmol photons/（m^2·s）、1500 μmol photons/（m^2·s）、1100 μmol photons/（m^2·s）、700 μmol photons/（m^2·s）、400 μmol photons/（m^2·s）、200 μmol photons/（m^2·s）、100 μmol photons/(m^2·s)、60 μmol photons/(m^2·s)、30 μmol photons/（m^2·s）、0，叶片和叶室的温度设定为 25℃，相对湿度 50%，CO_2 浓度与环境浓度接近 400 μmol/（m^2·s）。其中，每个设定光强下所采集的净光合速率数据为 3 min 内所观测值的平均值。设置完成后，点击"确定"保存设置。

在 Log Setup＞Open a Log File 标签下，点击 New File 创建并打开一个新的数据文件。可以在 Log Setup＞Match Options 下设置自动匹配，或在 Measurements 界面下进行手动匹配。注意：匹配（match）是获得高质量数据的关键，所以要经常匹配，尤其是在采集数据前。

2）准备样本

测量时间请尽量选择上午 10：00～11：30。如果植物叶片处于室内或生长箱内，由于其叶片气孔没有完全开放，需要先用饱和光强进行光诱导。可以用 400 W 的灯泡来照射（约 20 min），或者在室外光照条件下照射 10 min。

选择能代表植物生长状况的健康叶片，并确保叶片完全展开但未老化，将待测叶片放置在仪器的夹具上，确保叶片完全展开并与夹具接触良好。关闭仪器上的护罩，确保测量环境稳定。

3）平衡与测量和数据记录

叶片在设定的实验条件下适应一段时间，以达到平衡状态。运行光合-光响应曲线程序，开始测量光合速率随光照强度的变化情况。仪器可以自动记录所测定的数据，一条曲线测定完成后，仪器会发出警告，此时可以换另一叶片进行测定。

4）曲线评估

（1）借助国内的"光合计算"软件对曲线进行评估。

（2）借助在线网址 https://photosynthetic.sinaapp.com/calc.html 对曲线进行评估。

（3）借助 SPSS 曲线拟合来进行曲线评估。

光合软件和在线平台上提供了多种曲线拟合的方式，请同学根据拟合的绝对系数（R^2）或者实验目的选择合适的曲线类型。

在此，仅介绍直角双曲线方程来估算光合速率-光曲线方程，并根据拟合结果计算光补偿点（LCP）和光饱和点（LSP）所对应的光强值。

光合-光响应曲线直角双曲线模型表达式为

$$P_n = \frac{\alpha \times PAR \times P_{max}}{\alpha \times PAR + P_{max}} - R_d$$

$$PAR_{LCP} = \frac{P_{max} \times R_d}{\alpha \times (P_{max} - R_d)}$$

$$PAR_{LSP} = \frac{P_{max} \times (0.78 \times P_{max} + R_d)}{\alpha \times (0.22 \times P_{max} - R_d)}$$

式中，P_n 为光合速率[μmol CO_2/（$m^2 \cdot s$）]；P_{max} 为一定 CO_2 浓度下最大光合速率[μmol CO_2/（$m^2 \cdot s$）]；α 为光合速率的光响应曲线的初始斜率，它反映了表观量子效率（AQY）（μmol CO_2/μmol photons）；PAR 为光合有效辐射强度[μmol photons/（$m^2 \cdot s$）]；R_d 为暗呼吸速率[μmol CO_2/（$m^2 \cdot s$）]。

2. 叶片光合-CO_2 响应曲线的测定

1）预热和准备

同"光合-光响应曲线"，此实验设定 PAR 为固定值 1200 mol/（$m^2 \cdot s$），CO_2 浓度梯度为 400 μmol/（$m^2 \cdot s$）、250 μmol/（$m^2 \cdot s$）、200 μmol/（$m^2 \cdot s$）、150 μmol/（$m^2 \cdot s$）、100 μmol/（$m^2 \cdot s$）、50 μmol/（$m^2 \cdot s$）、0、400 μmol/（$m^2 \cdot s$）、500 μmol/（$m^2 \cdot s$）、700 μmol/（$m^2 \cdot s$）、900 μmol/（$m^2 \cdot s$）、1200 μmol/（$m^2 \cdot s$）、1500 μmol/（$m^2 \cdot s$）、1800 μmol/（$m^2 \cdot s$）。

2）实验材料准备、测量和数据记录

夹上待测叶片后，让叶片在设定的实验条件下适应一段时间，以达到平衡状态，运行 A-Ci 曲线程序，开始测量光合速率随 CO_2 浓度的变化情况。

3）曲线评估

借助 SPSS、光合计算或者在线程序等进行曲线评估。在此仅介绍直角双曲线方程。光合-CO_2 响应曲线直角双曲线模型表达式为

$$P_n = \frac{CE \times C_i \times P_{max}}{CE \times C_i + P_{max}} - R_{esp}$$

式中，P_n 为光合速率[μmol CO_2/（$m^2 \cdot s$）]；P_{max} 为一定 CO_2 浓度下最大光合速率[μmol CO_2/（$m^2 \cdot s$）]；CE 为光合速率的 CO_2 响应曲线的初始斜率，它反映了核酮糖-1, 5-二磷酸羧化酶/加氧酶（Rubisco）的初始羧化效率；C_i 为胞间 CO_2 浓度[μmol/（$m^2 \cdot s$）]；R_{esp} 为光呼吸速率[μmol CO_2/（$m^2 \cdot s$）]（由于光下暗呼吸速率很小，可以近似将光下叶片向空气中释放 CO_2 的速率看成是光呼吸速率）。

【注意事项】

1. Li-6800 便携式光合测定仪非常灵敏，在实验前认真检查仪器的气路、药品并进行预热、校准。

2. 正确夹持叶片于测量窗口，避免损伤叶片，并等待其适应环境后再开始测量。

3. 将光合测定仪放置在稳定、无风、无干扰源的环境中，保持恒定的温度和湿度。

【思考与作业】

1. 对比 C$_3$ 植物和 C$_4$ 植物光合-光响应和光合-CO$_2$ 响应的差异，并分析原因。

2. 理解曲线模拟中各个参数的生物学的意义，并尝试使用不同的模型进行拟合、对比分析。

实验 37 植物呼吸速率的测定——氧电极法

【实验目的】

1. 理解氧电极法测定呼吸速率的机制。
2. 掌握氧电极法的测定方法。

【实验原理】

呼吸作用是植物细胞在有氧条件下分解有机物、释放能量的过程，通过测定呼吸速率，可以了解植物在不同条件下的能量代谢水平，进而分析植物的生长状况和健康状态。

植物呼吸速率的测定方法多种多样，这些方法主要基于测定植物在呼吸过程中释放的 CO_2 量、吸收的 O_2 量或消耗的有机物量。以下是几种常用的测定方法：红外线 CO_2 气体分析仪法、氧电极法、微量呼吸检压法（瓦尔堡呼吸计法）、广口瓶法（小篮子法）、气流法等。

氧电极法测定呼吸速率是基于氧分子在电极表面发生的氧化还原反应以及由此产生的电势差或电流变化，具有灵敏度高、反应迅速、操作方便和取样量少等优点。它不仅可以测定反应体系的吸氧与耗氧数量，还可以追踪氧浓度变化的动态过程，并能用于研究某些试剂与环境条件对体系放氧或耗氧的影响，因此在生物研究中被广泛应用。例如，测定生物组织、微生物、原生质体和线粒体等的耗氧速率；测定叶片、细胞、叶绿体的光合放氧、破碎叶绿体的 Hill 反应以及光系统 I（PSI）与光系统 II（PSII）的活性等光合作用过程；在生化研究中，可用于测定 Rubisco 的加氧反应速率、过氧化氢酶分解 H_2O_2 的放氧反应速率等。总之，凡是生物体及活性物质的耗氧或放氧反应，几乎都可以用氧电极法测定。

离体的叶碎片在水溶液中能进行呼吸作用，如供给 CO_2 底物并给予光照，叶碎片便进行光合作用。呼吸的耗氧量与光合的放氧量能被氧电极测氧装置测定。由于测定的叶片浸在水溶液中，气孔在此条件下通常是张开的，这就免除了气孔开度变化的干扰。要测试一些药物对光合作用或呼吸作用的影响，只要把药物注入反应液中即可，处理非常方便，结果十分直观。

【实验材料】

玉米（*Zea mays*）幼苗。

【器材和试剂】

1. 器材

Chlorolab-2 氧电极装置 1 套[包括氧电极、氧电极控制盒（带有电磁搅拌器）、反应杯、光源等]、计算机、针筒、剪刀、微量进样器、刀片、遮光用的黑布、厘米尺、离心管等。

2. 试剂

测定介质：50 mmol/L pH 7.5 的 Tris-HCl 缓冲溶液，内含 50 mmol/L HCO_3^-。称取 6.05 g Tris、2.1g NaHCO₃溶于 800～900 mL 水中，滴加 1 mol/L HCl，调 pH 至 7.5，加水至 1000 mL。除此之外，测定介质还可包括磷酸、4-羟乙基哌嗪乙磺酸（Hepes）、N-三甲基-2-氨基乙磺酸（Tricine）等。此外，仅用 0.1 mmol/L pH 7.5 NaHCO₃的水溶液也可用作测定介质。

【实验内容与步骤】

1. Chlorolab-2 氧电极仪的安装和调试

具体操作参照仪器使用说明书。

2. 植物呼吸速率的测定

（1）材料准备：取玉米叶片，用双面刀片划取一定面积，剪成标准形状便于面积计算，如 0.5 cm×0.5 cm。将叶切块放入盛有测定介质（0.1 mol/L NaHCO₃）的大针筒中，进行真空渗入，排除叶切块内气体，使叶切块下沉。取出叶切块，统计面积，并将其固定在叶夹上，放入盛有测定介质的离心管中。注：也可将统计面积后的叶切块（不经真空渗入）直接剪碎放入盛有少量测定介质的离心管中备用。

（2）呼吸测定：将带叶切块的叶夹放入反应杯中，准确加入 5 mL 测定介质，盖上反应杯塞。如叶片已被剪碎，则可直接将碎片放入反应杯中，盖反应杯盖后从注液孔中补充测定介质。开启电磁搅拌器，在黑暗中平衡 1～3 min，待耗氧曲线斜率固定后，记录 2～3 min，所得斜率即为该叶切块的暗呼吸速率。

（3）光合测定：打开光源，光束通过反应杯，叶切块开始光合作用。叶片在照光初期仍处于耗氧状态，过 1～3 min 后才会由耗氧状态转为放氧状态，待放氧曲线斜率固定后，记录 2～3 min。

（4）用仪器自带的 Windows 软件计算光合速率和呼吸速率，单位为 μmol O₂/（mL·min）。可根据实际加入的样品重量（或面积）及反应杯中液体的体积进行换算，计算出的实际速率单位为 μmol O₂/（m²·s）或 μmol O₂/（g·s）。

【注意事项】

1. 氧电极对温度变化很敏感，故测定时需反应体系的温度恒定。
2. 电极在使用过程中会发生污染，电解液浓度也会逐渐改变，使灵敏度下降。因此每次使用前需用专用清洗剂擦洗电极，重新安装电极膜。

3. 室内培养的材料应该预先用强光照射，以促使气孔打开。

4. 应注意避免反应杯内存在气泡，或叶片切得过大，或搅拌速率不匀，因为这些因素都会使记录曲线扭曲。

【思考与作业】

1. 测定过程中为何要不断搅拌溶液，以及维持反应体系的温度恒定？
2. 为什么要将测定体系中气泡排除？

实验 38　矿质元素缺乏症状的观察及光合、荧光参数的测定

【实验目的】

1. 理解矿质元素对植物生长发育的重要性。
2. 掌握矿质元素缺乏症的诊断方法。
3. 理解矿质元素对光合作用的影响。
4. 评估植物对逆境的响应特点及能力。

【实验原理】

植物需要各种矿质元素来维持正常的生理活动，以组成植物本身或用以调节其生理功能。溶液培养法（水培养法）是研究哪些元素为植物生命活动所必需，以及这些元素的生理功能和相互关系的基本方法。当溶液中缺乏某种必需元素时，植物就会表现出这种元素的缺乏症状，有一定的普适性。矿质元素缺乏症状会表现在叶片上。例如，植物缺氮时老叶先失绿，严重缺氮时老叶完全变黄；缺磷时，叶色暗绿，某些植物的叶片呈紫红色；缺钾时，老叶症状较明显，叶片出现花斑状或叶缘缺绿。

植物形态特征的变化是由生理变化引起的，而且总是滞后于生理变化，这种生理与形态之间的滞后性，要求在评估植物生长状况时不仅要关注直观的形态特征，更要深入探究其背后的生理机制。将叶片净光合速率、叶绿素荧光特征等生理指标的测定与形态特征观察相结合，能够为我们提供一个更为全面、深入的视角来理解植物对缺素环境的适应与响应。净光合速率直接反映了植物的光合作用能力，是植物生长和能量积累的基础；而叶绿素荧光特征则揭示了光合作用过程中光能的吸收、传递、耗散和分配情况，是光合作用效率的重要指标。

通过对比不同缺素条件下这些生理指标的变化与形态特征的变化，我们可以更准确地判断植物的营养状况、生长潜力和抗逆能力。例如，在某种矿质元素缺乏的初期，虽然植物的叶片形态可能尚未发生显著变化，但其净光合速率和叶绿素荧光特征可能已经出现了明显下降，这预示着植物的生长即将受到限制。此时，及时采取补充养分的措施，可以有效缓解缺素对植物生长的不良影响。

因此，将生理指标的测定与形态特征观察相结合，不仅能够提高我们对植物生长状况评估的准确性和时效性，还能为植物营养管理、逆境生理研究以及作物高产优质栽培提供重要的科学依据。

【实验材料】

番茄（*Solanum lycopersicum*）和辣椒（*Capsicum annuum*）幼苗，均具有三片以上真叶，在蛭石中培养。

【器材和试剂】

1. 器材

植物培养缸、量筒、移液管、滴管、普通棉花、Li-6800 便携式光合测定仪和MINI-PAM-2000 叶绿素荧光仪。

2. 试剂

（1）0.1 mol/L HCl。
（2）0.1 mol/L NaOH。
（3）改良的 Hoagland 营养液：贮存液（母液）及溶液配制见表 38-1。

表 38-1　改良的 Hoagland 营养液的组成及配制用量

溶液标签	化合物名称	相对分子质量	贮存液浓度/（mmol/L）	贮存液浓度/（g/L）	1 L 用量/mL	工作液浓度/（mg/L）	贮存液倍数
KNO$_3$	KNO$_3$	101.1	1000	101.1	5	505.5	200
Ca(NO$_3$)$_2$	Ca(NO3)$_2$ · 4H$_2$O	236.15	1000	236.15	5	1180.75	200
MgSO$_4$	MgSO$_4$ · 7 H$_2$O	246.48	1000	246.48	2	492.96	500
KH$_2$PO$_4$	KH$_2$PO$_4$	136.09	1000	136.09	1	136.09	1000
微量元素	H$_3$BO$_3$	61.833	45	2.7825	1	2.7825	1000
	MnCl$_2$ · 4H$_2$O	197.91	10	1.9791		1.9791	
	CuSO$_4$ · 5H$_2$O	249.685	0.3	0.0749		0.0749	
	ZnSO$_4$ · 7H$_2$O	287.56	0.8	0.2300		0.2300	
	Na$_2$MoO$_4$ · 2H$_2$O	241.95	0.1	0.0242		0.0242	
铁盐溶液	FeSO$_4$ · 7H$_2$O	278.05	20	5.5610	1	5.5610	1000
	EDTA-Na$_2$ · 2H$_2$O	372.24	20	7.4448		7.4448	

20 mmol/L EDTA-Fe 贮存液：将 1 L 蒸馏水煮沸（去除水中的溶解氧和杀灭微生物）后，冷却至 70℃ 以下分成两份。一份 600 mL 蒸馏水中加入 7.445 g EDTA-Na$_2$ · 2H$_2$O，充分搅拌溶解；另一份 400 mL 蒸馏水，加入 5.561 g FeSO$_4$ · 7 H$_2$O，充分搅拌溶解。将两个溶液混匀后，调节 pH 至 5.5 左右，装入棕色瓶中（黑暗，可以用锡纸包裹）保存；如需延长使用期，可低温保存。注：在碱性条件下，Fe^{2+} 容易被氧化为 Fe^{3+}，并形成不溶性氢氧化铁沉淀，从而降低铁的有效性。通过调节铁盐溶液的 pH 至适宜的酸性范围（如 5.0~6.5），可以确保铁离子保持溶解状态，并减少氧化和沉淀的发生。

微量元素贮存液：分别称取 H$_3$BO$_3$ 2.78 g、MnCl$_2$ · 4H$_2$O 1.98 g、CuSO$_4$ · 5H$_2$O 0.0749 g、ZnSO$_4$ · 7H$_2$O 0.23 g、Na$_2$MoO$_4$ 0.0968 g、共同溶于 800 mL 蒸馏水中，调节

pH 至 5.5 左右，加水至 1000 mL，置于棕色瓶中保存。

（4）缺素营养液中使用的大量元素：在配制某大量元素缺少的溶液时，尽量保证其他元素的浓度不变（表 38-2）。

表 38-2　溶液培养中替换溶液的组成及配制用量

溶液标签	化合物名称	相对分子质量	贮存液浓度/（mmol/L）	贮存液浓度/（g/L）	1 L 用量/mL	工作液浓度/（mg/L）	使用条件
KCl	KCl	74.55	1000	74.55	1	74.55	缺 P
KCl	KCl	74.55	1000	74.55	5	372.75	缺 N
CaCl$_2$	CaCl$_2$	110.98	1000	110.98	5	554.90	缺 N
Na$_2$SO$_4$	Na$_2$SO$_4$	142.04	1000	142.04	2	284.08	缺 Mg
NaH$_2$PO$_4$	NaH$_2$PO$_4$	119.98	1000	119.98	1	119.98	缺 K
NaNO$_3$	NaNO$_3$	84.99	1000	84.99	5	424.95	缺 K
Mg(NO$_3$)$_2$	Mg(NO$_3$)$_2$	148.31	1000	148.31	5	741.55	缺 Ca

【实验内容与步骤】

1. 溶液培养与缺素症的观察

（1）培养液配制：取 6 个植物培养缸做好标记，在每个培养缸中放入 2/3 缸蒸馏水（约 600 mL），按表 38-3 分别加贮存液（mL）配成完全和缺素营养液，并用 0.1 mol/L HCl 或 0.1 mol/L NaOH 调 pH 为 5.6～6.0。

表 38-3　培养液配制表

贮存液名称	完全	缺 K	缺 Ca	缺 Mg	缺 N	缺 P
KNO$_3$/mL	5		5	5		5
KH$_2$PO$_4$/mL	1		1	1	1	
Ca(NO$_3$)$_2$/mL	5	5		5		5
MgSO$_4$/mL	2	2	2		2	2
KCl/mL					5	1
CaCl$_2$/mL					5	
Na$_2$SO$_4$/mL				2		
NaH$_2$PO$_4$/mL		1				
NaNO$_3$/mL		5				
Mg(NO$_3$)$_2$/mL			5			
EDTA-Fe/mL	1	1	1	1	1	1
微量元素/mL	1	1	1	1	1	1

（2）幼苗移植：选择健壮且长势一致的幼苗，轻轻地从蛭石中移至培养皿中，用水轻轻冲洗根部以洗去根部蛭石。用棉花条轻裹茎基部，小心固定在白瓷缸盖的孔内，并

使根部浸于营养液中，每缸移栽 3～6 株。注：调整棉花条厚度，包裹 1～1.5 层比较合适，切忌棉花条太薄，缠绕多层让茎基部受到损伤。移栽完成后，用蒸馏水将培养液补充至培养缸顶部，然后将培养缸移至培养室光照培养；也可先将培养缸移至培养室，再将培养液补充至培养缸顶部。

（3）幼苗生长情况的观察和记录：统计每种植物的初始高度和叶片数，每 3 天记录一次株高、叶片，并记录植物叶片、根部等各个部位的情况，是否表现出缺素症。隔 3 天通气一次并调 pH 至 5.6～6.0，培养共持续 2 周。

2. Li-6800 便携式光合测定仪对植物净光合速率的测定

溶液培养 2 周后，采用 Li-6800 便携式光合测定仪测定各组幼苗的净光合速率。测量时间请尽量选择上午 10：00～11：30，测定重复 3～5 次。如果植物叶片处于室内或生长箱内，由于其叶片气孔没有完全开放，需要先用饱和光强来进行气孔诱导，可以用 400 W 的灯泡来照射（约 20 min），或者在室外光照条件下照射 10 min。

1）预热与准备

同实验 36，其中 PAR 设定为固定值，如 1000 μmol/（$m^2 \cdot s$）；CO_2 浓度与环境浓度接近，如 400 μmol/（$m^2 \cdot s$）。

2）准备样本

选择能代表处理组生长状况的植物叶片，并确保叶片完全展开但未老化，将待测叶片放置在仪器的夹具上，确保叶片完全展开并与夹具接触良好。关闭仪器上的护罩，确保测量环境稳定。

3）平衡与测量和数据记录

让叶片在设定的实验条件下适应一段时间，以达到平衡状态。点击主界面上的"开始测量"按钮，仪器将自动调整光照强度和 CO_2 浓度，开始测量光合速率。

测量过程中，仪器将显示实时的光合速率曲线和其他相关参数，如蒸腾速率、气孔导度等。当这些指标波动较小时（5%以内），可认为达到稳定状态，可记录数据。点击主界面上的"停止测量"按钮，仪器将停止测量并显示最终的测量结果。

换下一个叶片，重复上面的步骤；为了提高测量结果的准确性，可以重复测量并取平均值。将测量结果记录下来，可以保存到计算机或导出到 U 盘等外部设备。

3. 叶绿素荧光参数的测定

溶液培养 2 周后，采用便携式调制 MINI-PAM-2000 叶绿素荧光仪测定叶绿素荧光相关指数，最优的测定时间为黎明前，测定重复 3～5 次。如果无法在黎明前完成测定而只能在天亮后（白天）进行，则测定前需要将植物材料进行暗处理 30 min 以上。该荧光仪还可测定瞬时荧光和快速光响应曲线。

（1）仪器连接：在仪器关闭状态下连接专用光纤到 MINI-PAM-2000；开机并预热

15 min。

（2）选择合适的叶片放入叶夹并将光纤探头放置在叶片上，选择所需测定的参数，并按照要求编辑光照强度。在波峰为 650 nm、强度为 0.1 μmol/（m^2·s）的红光下测得初始荧光（F_o）；在强度为 10 000 μmol/（m^2·s）的饱和脉冲光（脉冲时间为 0.8 s）下测定最大荧光（F_m）；然后测量 PSⅡ最大量子产量 F_v/F_m。在光照强度为 250 μmol/（m^2·s）的光化光下测定稳态荧光（F_t），待 F_t 稳定后，打开一次饱和脉冲光测得光适应后的最大荧光（F'_m）。根据以上参数，可计算得到以下叶绿素荧光相关的参数：

可变荧光：$F_v = F_m - F_o$

PSⅡ的最大光化学效率：$F_v/F_m =（F_m - F_o）/F_m$

PSⅡ的潜在活性：$F_v/F_o =（F_m - F_o）/F_o$

光适应下 PSⅡ的实际光化学效率：$Y（Ⅱ）= ΦPSⅡ =（F'_m - F_t）/F'_m$

光合电子传递速率：$ETR（Ⅱ）= Y（Ⅱ）× PAR × 0.84 × 0.5$

光化学猝灭系数：$qP =（F'_m - F_t）/（F'_m - F_o）$

非光化学猝灭系数：$NPQ =（F_m - F'_m）/F'_m$

（3）快速光曲线的测定：在主控单元的显示器中选择所需测量参数，包括光响应曲线和快速光曲线（RLC），根据实验需求编辑用于光响应曲线的光强设置（11 个 PAR 梯度）：0、30 μmol/（m^2·s）、60 μmol/（m^2·s）、100 μmol/（m^2·s）、200 μmol/（m^2·s）、400 μmol/（m^2·s）、700 μmol/（m^2·s）、1100 μmol/（m^2·s）、1500 μmol/（m^2·s）、1900 μmol/（m^2·s）、2400 μmol/（m^2·s），每个梯度持续 20 s，按键（START）开始运行快速光曲线（rapid light curve，RLC）测量，相对电子传递速率 rETR 随 PAR 的变化趋势图即为快速光曲线，得到的数据会在液晶显示屏上显示同时自动存储。

快速光曲线拟合利用公式 $rETR = rETR_{max} ×（1 - e^{-a×PAR/rETR_{max}}）× e^{-b×PAR/rETR_{max}}$ 进行快速光曲线拟合。式中，rETR 为相对电子传递速率；$rETR_{max}$ 为一定环境下最大相对电子传递速率；a 为初始斜率，反映了光能的利用效率；b 为光抑制参数。

$I_k = rETR_{max}/α$：半饱和光强，反映了样品对强光的耐受能力。

（4）数据输出：将 MINI-PAM-2000 与计算机相连，将测定所得数据导出到 Excel 中，用于后续分析。

【注意事项】

1. 配制培养液时先量取水，然后分别按照实验 38 中表 38-1，逐一加入贮存溶液，充分混合均匀后再加入另一种，所有的试剂均加入完，用 0.1 mol/L HCl 或 0.1 mol/L NaOH 调 pH 为 5.6～6.0。为了防止培养缸移动时造成营养液损失，建议最后补充蒸馏水至培养缸顶部。

2. 移植幼苗时选择健壮且长势一致的幼苗，切忌幼苗基部受到损伤。

3. 光合测定时需要对植物叶片进行光适应，而叶绿素荧光测定时需要对植物进行暗适应。

【思考与作业】

1. 描述各种元素的缺素症,包括最早出现的部位、根生长情况、叶片颜色的变化等,并分析产生这些不同症状的可能原因。

2. 比较缺素培养和完全培养的植物叶片净光合速率和荧光参数的差异,试解释原因。

实验 39　愈伤组织中吲哚生物碱的提取和测定

【实验目的】

1. 掌握愈伤组织中生物碱的提取方法，重点关注吲哚生物碱的提取。
2. 学习薄层层析（TLC）进行生物碱的定性分析以及反相高效液相色谱法（RP-HPLC）进行生物碱的定量分析。
3. 理解吲哚生物碱的重要性，以及从愈伤组织中提取的优势。

【实验原理】

生物碱是自然界中广泛存在的一大类碱性含氮化合物，具有广泛的生理功能，是许多药用植物的有效成分，目前运用于临床的生物碱药品已达 80 种之多，相当多的生物碱具有抗肿瘤活性、低毒性和成本低等特征，因此引起了人们的广泛关注。随着各类生物碱市场需求量的增加、经济效益的提高，生物碱提取分离方法的研究也在不断地深入和加强。

吲哚生物碱是一类含有吲哚环结构的生物活性物质，具有显著的生理活性和药理价值，如抗癌、抗菌、抗病毒等。它们广泛存在于包括长春花、云南萝芙木等多种植物中，虽然从植物体内提取生物碱的方法已经非常成熟，但仍存在提取效率低、资源消耗大、受季节和地域限制等缺点。愈伤组织作为植物体在离体培养条件下形成的未分化细胞团，具有代谢旺盛、次生代谢产物积累量高的特点，是提取生物碱的理想材料，而从植物愈伤组织中提取生物碱表现为生长速率快、条件可控、减少生态破坏等优点。

吲哚生物碱能以盐的状态稳定存在于酸性提取液中，此时可用有机溶剂石油醚萃取，去掉可溶于石油醚的所有杂质；再将提取液调成碱性，吲哚生物碱恢复游离状态，可被有机溶剂二氯甲烷萃取出，此时便得到纯化的吲哚生物总碱。吲哚生物总碱是多种性质相近的吲哚生物碱的混合物，薄层层析技术可以将这些性质相近的吲哚生物碱分开，其基本原理即基于吲哚生物碱的极性，能使极性不同的吲哚生物碱分离。另外，高效液相色谱仪可以十分灵敏地定性、定量分析性质相近的吲哚生物碱。

【实验材料】

长春花（*Catharanthus roseus*）的愈伤组织。

【器材和试剂】

1. 器材

玻璃器皿（锥形瓶、烧杯、量筒、玻璃棒、圆底烧瓶、层析缸、16 cm×16 cm 玻璃板、60 mL 分液漏斗）、离心机、高速分散器、旋转蒸发仪、三用紫外线分析仪、移液器、离心管、ImageMaster VDC 薄层扫描仪。

色谱分析相关设备和仪器（滤膜、滤器、高效液相色谱仪、紫外检测仪、色谱数据工作仪、进样器、0.22 μm 和 0.45 μm 滤膜、日本岛津 LC-4A 高效液相色谱仪、SPD-2AS 紫外检测仪、Anaster 色谱数据工作站）。

2. 试剂

（1）3 mol/L H_3PO_4。

（2）2 mol/L NaOH 和 0.1 mol/L NaOH。

（3）无水甲醇和甲醇（色谱纯）。

（4）石油醚。

（5）二氯甲烷。

（6）氨水。

（7）磷酸二氢铵。

（8）硅胶粉 Kieselgel 60 GF_{254}。

（9）氯仿。

（10）1 mg/mL 阿玛碱标准溶液：精确称取阿玛碱标品 5.0 mg，溶于 5 mL 无水甲醇中，低温保存备用。

（11）1 mg/mL 长春质碱标准溶液：精确称取长春质碱标品 5.0 mg，溶于 5 mL 无水甲醇中，低温保存备用。

（12）5 mmol/L $NH_4H_2PO_4$ pH7.0。

【实验内容与步骤】

1. 吲哚类总碱的分离提取

（1）按照图 39-1 进行吲哚生物总碱的提取。

（2）吲哚生物总碱的定量：用少许（0.3 mL）二氯甲烷将吲哚总碱从圆底烧瓶中洗入已称重的 1.5 mL 离心管中自然风干，再称重，重量差即为吲哚类总碱含量，再除以提取时所用愈伤组织的质量，计算得到单位质量愈伤组织内吲哚生物总碱的含量。

将风干后的提取物−20℃冰箱保存。如需进行定量或定性分析，可用少量（0.3 mL 左右）二氯甲烷将离心管中的提取物溶解，制成吲哚总生物碱样品液（现用现配）。

2. 阿玛碱和长春质碱的定性、定量分析

1）薄层层析法

（1）硅胶板的制备：称取 8.0 g 硅胶粉 Kieselgel 60 GF_{254} 与 24 mL 0.1 mol/L NaOH 混合搅匀，均匀铺在干净的玻璃板上（16 cm×16 cm），平置、自然晾干后，110℃活化 1 h，置于干燥器中备用。

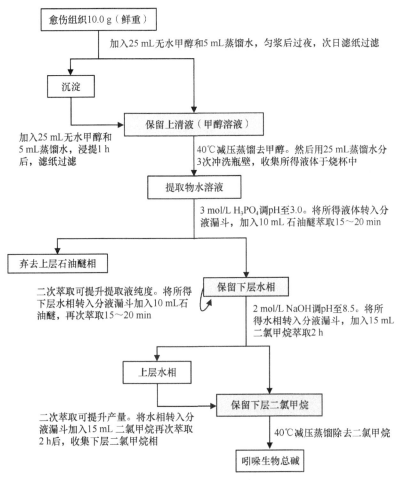

图 39-1　吲哚总碱提取流程图

（2）展层剂的配制：按照氯仿:甲醇:石油醚 = 9:1:5（V:V:V）配制溶液 105 mL。

（3）点样：将硅胶板平置于干净桌面上，用毛细管分别点阿玛碱标准液、长春质碱标准液及吲哚总碱样品液。样点位置距硅胶板下沿至少 2 cm，以保证层析时样点位于展层剂上方。

注意：点样时，同一样品可多次点样，但需要将同一样品点在同一位置，且应待前一次样品液风干后，再点下一次，直至将样品液全部点完。样点直径最好控制在 3 mm 之内，各样点应在一条直线上，间距大于 2 cm。

（4）层析：将点好样的硅胶板垂直放入盛有展层剂的层析缸中，盖好，于通风橱内层析，待展层液行至距上沿 4 cm 处，将硅胶板取出，自然风干。

（5）阿玛碱和长春质碱的定性、定量：将硅胶板置于 365 nm 紫外检测仪下观察，看到样品与标样在相同的 Rf 值处有亮绿色荧光点出现，即可证明样品中有该物质存在。使用 ImageMaster VDC 进行薄层扫描仪对已知浓度的标准液及样品液进行对比分析，即可测定出样品液中阿玛碱和长春质碱的含量。

2）RP-HPLC 法

（1）色谱条件：

色谱柱：Kromasil ODS C_{18}（250 mm×4.6 mm：内径：7 μm）。

流动相：甲醇:0.005 mol/L $NH_4H_2PO_4$ = 67:33（V/V），经 0.45 μm 滤膜过滤、超声脱气后使用。

流速：1.0 mL/min；检测波长：280 nm；柱温：28℃；进样量：5 μL。

（2）制作标准曲线：以检测到的生物碱为依据，用标准液配制适当浓度的系列标准液，按前述色谱条件进样分析（n=5），以峰面积（x）和吲哚生物碱浓度（mg/L）（y）进行线性回归，得到直线回归方程 $y=ax+b$ 用于后续的定量分析。

（3）长春质碱和阿玛碱的定性、定量分析：将吲哚总碱用甲醇定容至 1 mL，用 0.22 μm 滤膜过滤，按上述色谱条件进行分析，以峰面积外标法借助得到的回归方程对目标物质进行定量（注：所有数据均为 3 次平行重复测定的平均结果）。

【注意事项】

1. 提取生物碱时甲醇浸泡过夜的效果好，用二氯甲烷萃取时应该等待溶液澄清时再进行分离。

2. 薄层层析硅胶板一定要铺平，样品的上样量保证一致，分多次上样，而且加样点尽可能小；浸入展层液的下缘要平齐。

【思考与作业】

1. 制备硅胶板的要点是什么？

2. 简述吲哚生物碱在植物体内的合成途径及其可能的生理意义。

3. 为什么选择愈伤组织作为提取生物碱的材料？相比于其他组织或器官，其有何优势？

实验 40 利用转基因烟草愈伤组织生产抗癌类吲哚生物碱的虚拟仿真实验

【实验目的】

1. 深入了解植物次生代谢产物的重要性，以及其与生产、生活实践之间的密切联系。
2. 进一步掌握遗传转化和转化株系筛选鉴定的方法技能。
3. 理解合成生物学和生物反应器的概念及其应用。
4. 培养学生分析和解决问题，以及创新思维等方面的综合能力。

【实验背景】

在现有的教学体系内，由于实验周期和成功率等方面的顾虑，很多大型的综合类和探索类实验很难在本科一、二年级开展，而等学生进入本科三、四年级后进行科研探索时，表现出明显的技术欠缺。在此背景下，虚拟仿真项目在现代教育和科研中扮演着越来越重要的角色，其重要性和优势不容忽视。

首先，虚拟仿真项目打破了传统实验的时空限制。在传统实验中，学生需要亲自操作实验器材，受限于实验室的开放时间和设备数量。而虚拟仿真项目则可以在任何时间、任何地点进行，只需一台计算机或移动设备即可。这使得学生可以更加灵活地安排学习时间，提高学习效率。

其次，虚拟仿真项目提供了更为安全、经济的学习环境。在传统实验中，学生可能会因为操作不当而导致实验失败或设备损坏，甚至可能引发安全事故。而虚拟仿真项目则完全避免了这些风险，学生可以在虚拟环境中自由探索、尝试，无须担心任何后果。同时，虚拟仿真项目也大大降低了实验成本，无须购买昂贵的实验器材和试剂。

最后，虚拟仿真项目还具有高度的可重复性和可扩展性。学生可以在虚拟环境中反复进行实验操作，直到完全掌握为止。同时，教师也可以根据教学需要，随时添加新的实验内容或修改实验参数，使虚拟仿真项目更加贴近实际教学需求。

综上所述，虚拟仿真项目以其独特的优势和重要性，在现代教育和科研中发挥着越来越重要的作用。通过虚拟仿真项目的实施，学生可以更加高效、安全、经济地学习实验技能，为未来的科研和职业发展打下坚实的基础。

本实验借助虚拟仿真项目——稀缺药用植物次生代谢产物的虚拟合成（https://www.ilab-x.com→手机号注册→实验中心→搜索栏输入项目名称）完成本书涉及的几个项目的综合虚拟仿真练习及相关知识拓展。

（1）植物基因转化体系的构建及结果鉴定（实验 35）。

（2）植物基因组 DNA、RNA 的分离和提取（实验 34）。

（3）愈伤组织的诱导及植物激素对植物形态建成的作用（实验 33）。

（4）愈伤组织中吲哚生物碱的提取和测定（实验 39）。

【实验条件】

计算机、网络信号；工作环境由虚拟仿真平台提供，可预习实验 33、实验 34、实验 35 和实验 39。

【实验内容与步骤】

（1）农杆菌的培养和转化：①含有目的基因工程菌的培养、侵染菌液的制备；②含有双吲哚生物碱合成途径数个关键基因农杆菌的活化转接；③单菌落扩繁及对数生长期菌液的制备。

（2）工程菌侵染烟草叶片和共培养：①工程菌的侵染；②侵染叶片转入 MS 培养基上诱导愈伤组织。

（3）烟草叶片愈伤组织的诱导和再生培养。

（4）再生苗的移土培养和生长发育，直到收获 T_0 代种子。

（5）T_1 代植株的培养：将收获的 T_0 代种子种植直到收获新的种子（T_1 代）；将收获的 T_1 代种子种植长成新的植株（T_1 代幼苗）。

（6）特异性 PCR 扩增对 T_1 代幼苗转基因结果鉴定：①提取野生型和抗性苗（T_1 代）叶片的基因组 DNA；②根据基因的保守序列设计引物，进行 PCR 扩增，采用琼脂糖凝胶电泳方法进行条带大小的分析（提示：如果大小与设计相符，可以送公司进行测序，对测序所得序列与原初设计的序列进行比对，如果一致，说明目的基因整合进入烟草染色体）。

（7）GUS 组织化学染色法对 T_1 代幼苗抗性（转基因结果）的鉴定。

（8）qRT-PCR 对 T_1 代幼苗抗性（转基因结果）的鉴定。

（9）单株收获鉴定为阳性的 T_1 代转化植株的种子（T_2 代）。

（10）T_2 代幼苗的阳性转基因个体筛选和分离比的统计：收获所得 T_2 代种子培养成幼苗，同样经过抗性筛选[重复步骤（6）～（8）]，挑选分离比符合 3:1 的抗性苗进行转土培养，收获种子（T_3 代）。

（11）T_3 代幼苗转基因结果的鉴定：重复上面的步骤，对 T_3 代幼苗进行抗性筛选[重复步骤（6）～（8）]，挑选不发生分离的幼苗进行转土培养。

（12）鉴定阳性的 T_3 代植株，用于愈伤组织诱导和后续生物碱提取。

（13）吲哚总碱的定量：①用 T_3 代叶片诱导的愈伤组织提取吲哚总碱，计算单位质量愈伤组织内吲哚总碱含量；②借助 RP-HPLC 法将提取得到的生物碱进行定量，可设置多个吲哚生物碱标准品，并标记具有某吲哚生物碱高产的 T_3 代转化植株及愈伤组织。

（14）单株收获高产吲哚生物碱的 T_3 代转基因烟草植株的种子（T_4 代）。

（15）抗性筛选 T_4 代幼苗[重复步骤（6）、（7）]，并统计分离比，挑取不分离的幼苗进行转土培养，并进行愈伤组织的培养。

（16）重复步骤（13），提取 T_4 代转基因植株愈伤组织的吲哚生物碱，找到稳定高产某吲哚生物碱的纯合转基因烟草株系。

【注意事项】

请同学们认真预习和复习虚拟仿真实验所涉及的实验内容及注意事项，并进行拓展练习。

【思考与作业】

设计一种稀缺药物的生物合成体系，需要考虑哪些主要因素？

第四部分

植物生态实验

实验 41　气候因子的测定

【实验目的】

掌握几种常见生态测试仪器的工作原理和使用方法。

【实验背景】

在对植物生长发育过程产生直接或间接影响的生态因子中，热量和水分两个生态因子以及两者的组合往往具有决定性意义。

气候因子的测定方法最初为传统仪器测定法，后来出现了手持气象站（可观测风速、风向、温度、湿度和大气压等）、便携式气象观测站（可观测风速、风向、温度、湿度、大气压力、降雨量、$PM_{2.5}$、PM_{10}，大气 O_3、CO、SO_2、NO_2 浓度，太阳辐射、土壤温度、土壤湿度等）、微型气候观测站（可观测风速、风向、总辐射量、降雨量、土壤温度、土壤湿度等），而且随着科学技术的发展，更多便捷、功能强大的仪器逐渐用于教学和科学研究。本实验重点介绍传统方法测定气候因子的原理。

Ⅰ　太阳辐射强度的测定

太阳辐射强度的观测包括天空总辐射、直接辐射、散射辐射、地面反射辐射，这里以测定天空总辐射的太阳辐射表为例进行介绍。

太阳辐射表的设计原理以物体的热电效应为基础。由康铜-铜制成热电堆，热电堆将吸收的热能转化为电能，输出为电压值，其输出量的大小与辐射强度成正比。

【实验器材】

天空辐射表：仪器的感应主体由透光罩、感应器、干燥器等组成。透光罩是双层石英罩，既可以滤去投在黑片上的大气长波辐射，也可以防止风吹去黑白片上的热量。感应器下面的干燥器内装有硅胶，以吸收罩内水分。辐射测定的计量器是灵敏度较高的电流表，常称为辐射电流表或微安表。测量时，将天空辐射表热电堆的热端（+）和冷端（-）分别与辐射电流表的正极和负极相连。

【实验内容与步骤】

（1）用仪器罩盖住感应面，松开电流表的绝缘开关进行零点校正，并记录测定时间。

（2）暴露感应面，待电流指针稳定后，每隔 10～20 s 读数 1 次，连续读 3 次。

II　大气降水的测定

大气降水是指从天空降落到地面上的液态水或固态水，以 mm 为单位，取 1 位小数。目前常用的测量降水量的仪器有雨量计、虹吸式雨量计和翻斗式遥感雨量计。这里以虹吸式雨量计为例进行介绍。

【实验器材】

虹吸式雨量计（图 41-1）由盛水器、浮子室、自计钟、记录笔和外壳等组成。降水从盛水器的盛水口落入，由盛水器的锥形大漏斗汇总，经导水管流入小漏斗和进水管至浮子室。此时浮子室内水位上升，浮子升高并带动固定在浮子杆上的记录笔上升。同时装在钟筒上的自记纸随自计钟旋转，由装有自计墨水的笔尖在自计纸上画出曲线。当笔尖达自计纸 10 mm 线上时，浮子室内液面即达到虹吸管的弯曲部分，由于虹吸作用，水从虹吸管中自动溢出，浮子下降至笔尖指零线时停住，继续降水时重复上述动作。

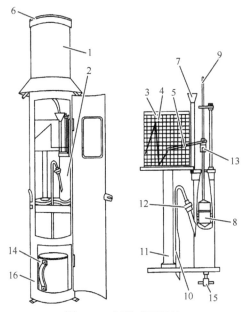

图 41-1　虹吸式雨量计

1. 盛水器；2. 浮子室；3. 自计钟；4. 装在钟筒上的自记纸；5. 记录笔；6. 盛水器的盛水口；7. 小漏斗；8. 浮子；9. 浮子杆；10. 虹吸管；11. 支柱；12. 弯曲管；13. 笔杆固定螺丝；14. 贮水筒；15.调节螺丝；16. 外壳

【实验内容与步骤】

（1）将虹吸式雨量计安装在观测场平整的地面上，用三根钢丝绳牵固，以免因振动使记录发生变化，盛水口面用水平仪调整至水平。

（2）将自计纸卷在钟筒上，再把自计钟上满发条放在支柱的钟轴上，保证齿轮啮合良好。

（3）将虹吸管的短弯曲端插入浮子室的出水管内，并用连接器密封紧固。

（4）将自计墨水注入笔尖，用手指夹住记录笔的笔杆，使笔尖接触纸面。对准时间消除齿隙。

（5）将清水缓慢倒入盛水器至虹吸作用开始出现为止，虹吸管溢流停止，笔尖停留在零线上。偏离过多时可拧松笔杆固定螺钉进行粗调；微调时，用手指扳动记录笔的笔杆，调节笔尖指零线。虹吸作用应在 10 mm 上开始，若未达到或超过 10 mm 线，需旋松虹吸管连接器，上下移动虹吸管。若虹吸作用不正常，溢流时间超过 10 s 时，可取下虹吸管，用软布系于绳中央，先用肥皂水后用清水擦洗。若虹吸时有气泡产生，不能溢完，说明虹吸管内漏气，可用白蜡或凡士林的油脂混合物涂堵密封。

（6）当仪器工作正常时，雨量记录有如下特点：无雨时，记录为水平线；有雨时，记录为平滑的上升曲线；当水从浮子室溢出时，记录为垂直线。贮水筒备校验降水量用。

III　蒸发量的测定

蒸发量是指在一定口径的蒸发器中，水因蒸发而降低的深度。蒸发量以 mm 为单位，取 1 位小数。测定蒸发量可采用小型蒸发器。

【实验器材】

蒸发器是由钝化成金黄色的铜质皿和镀锌钝化成彩虹色的钢质防禽圈组成。铜质皿由口缘内径 20 cm 的圆筒及出水嘴构成。

【实验内容与步骤】

1. 蒸发器的安装

在观测场地内的安置地点竖立一根圆柱，柱顶安一圈架，将蒸发器安放其中，用水平仪调整蒸发器口缘面至水平，并保持蒸发器口缘面距地面高度为 70 cm。

2. 测量

每天 20：00 进行观测，测量前一天 20：00 注入的 20 mm 清水（即今日原量）经 24 h 蒸发剩余的水量，计入观测簿余量栏。然后倒掉余量，重新量取 20 mm（干燥地区和干燥季节可增加取水量，如取 30 mm）清水注入蒸发器内，并计入观测簿次日原量栏。蒸发量计算式如下：

$$蒸发量 = 原量 + 降水量 - 余量$$

IV　空气温度的测定

一般观测中测定的是离地面 1.5 m 高度处的气温，包括三项：空气温度、空气最高温度和空气最低温度。

【实验器材】

最高温度表、最低温度表、自记温度计等。

【实验内容与步骤】

1. 最高温度表

最高温度表专门用于测定一定时间间隔内的最高温度，其构造与普通温度表不同。它的感应部分有一个玻璃针，深入毛细管使感应部分与毛细管之间形成一窄道（有的是感应部分和毛细管相接处特别窄）。气温上升时，感应球内水银体积膨胀产生压力，压力大于窄道处摩擦力时可将水银挤过窄道进入毛细管，毛细管中水银柱上升；气温下降时，球部内水银收缩，由于窄道极小，窄道摩擦力大于水银柱的内聚力而不能缩回感应部分，水银就在此处中断，因而处在窄道上部的水银柱顶端的示度就是一定时间内曾经出现过的最高温度值。

调整方法：手握住表身，球部向下，磁板面与甩动方向平行；手臂向外伸出与身体呈约30°的夹角，用手臂将表在前后45°范围内甩动，毛细管内水银就可落入球部，使示度接近当时的干球温度。调整后放回时，应先放球部再放表身，动作要迅速，避免日光直接照射，甩动角度不得过大，以防止球部翘起。

2. 最低温度表

最低温度表是专门用来测定一定时间间隔内最低温度的仪器。它的测温液是乙醇，毛细管内有一哑铃形的小游标。最低温度表水平放置时，游标停留在某一位置。当气温上升时，乙醇膨胀绕过游标而上升，而游标由于其顶端对管壁有足够的摩擦力，能维持在原位不动；当温度下降时，乙醇柱收缩道与游标顶端相接触，由于乙醇液面的表面张力比游标对管壁的摩擦力要大，使得游标不能突破乙醇柱顶，而乙醇柱可借液面的表面张力带游标向下移。基于此原理，游标只能降低不能升高，从而使得游标远离球部一端的示度为一定时间间隔内曾经出现过的最低温度。

调整方法：抬高最低温度表的感应部位，表身倾斜，使游标回到乙醇柱的顶端并停止滑动，再把温度表放回原处（先放表身，后放球部）。

3. 自记温度计

自记温度计是连续记录温度变化过程的变形温度计。仪器由感应部分、杠杆系统和钟筒三部分组成。感应部分的双金属片是由两条不同性质的金属（铜和铁）薄片沿平面焊接成双层的一块平板，温度变化时，它的两个组成部分因膨胀量不同引起翘曲。将双金属片做成弧形，并将它的一端固定不动，在温度改变时会引起其变形，其自由端将发生移动，并通过杠杆系统放大传递给杠杆长臂上的笔尖，使装有甘油墨水的笔尖与钟筒上的记录纸接触。钟筒的转动是靠装在钟筒下部的时钟装置驱动的，于是记录纸上得到连续的温度变化记录。特制的记录纸印有弧形坐标线，横坐标表示时间，纵坐标表示温度。

自计钟有"日计型"（转 1 周为 24 h）和"周计型"（转 1 周为 7 天）。日计型纸每一小格代表 10 min 或 15 min，周计型纸的每一小格为 2 h；温度刻度每小格为 1℃。

V　空气湿度的测定

【实验器材】

干湿球温度表、通风干湿表、毛发湿度计等。

【实验内容与步骤】

1. 干湿球温度表

干湿球温度表由两支型号完全相同的温度表组成，一支球部包有湿纱布称为湿球，另一支球部裸露称为干球。由于纱布上的水分不断蒸发，消耗的潜热使湿球及其附近的薄层空气降温。另外，湿球与流经其周围的空气发生热量交换，当湿球因蒸发而散失的热量与从周围空气中获得的热量相平衡时，湿球温度维持稳定。干湿球产生温差，通过温差测得空气湿度的大小。

计算公式为

$$e = E_t' - AP(t - t')$$

式中，e 为绝对湿度（g/m³）（即水汽的密度）；E_t' 为湿球温度下的饱和水汽压；t 为干球温度（℃）；t' 为湿球温度（℃）；P 为当时大气压；A 为干湿球系数。

2. 通风干湿表

通风干湿表携带方便，精确度较高，是一种适于野外测定空气温湿度的良好仪器。通风干湿表中两支温度表的球部均由双层金属管保护，金属管表面镀镍，可将照到球部的太阳光及其他物体的辐射热反射出去。通风装置主要由通风器及三通管组成，通风器内有一个风扇，当风扇转动时，空气在双层金属保护套管下部吸入，绕温度表球部向上流动，经中央圆管从通风扇窗口排出，这样就可以使球部处于 2.5 m/s 恒定速度的气流中。此外，温度表两侧各有一个金属保护板，仪器还附有贮水皮囊、防风罩及挂钩等。

润湿纱布：润湿纱布时，仪器必须保持垂直。先把水囊里的蒸馏水挤到离玻璃管口约 1 cm 处，然后将玻璃管插入护管稍微停留，待纱布湿润后，水回流到水囊中。湿球纱布湿润后，需要启动通风系统的发条或手动旋转装置，以确保空气能够以稳定的速度流经两支温度表。4 min 左右，待风扇风速恒定时，分别读取干球、湿球温度表示数。干球温度表显示的是周围空气的温度，而湿球温度表显示的是纱布湿润后的温度。

计算相对湿度：依据读取的干球和湿球温度值，通过查表或使用特定的公式计算相对湿度，计算的原理均是基于水的蒸发会吸收热量，进而导致温度下降。因此，通过测量干湿球两支温度计之间的温差，我们可以准确地换算出环境的相对湿度。

3. 毛发湿度计

毛发湿度计是自动记录相对湿度连续变化的仪器，它由三部分组成。

（1）感应部分：一束脱脂人发（40～42 根），发束的两端用毛发压板固定于毛发支架上。

（2）传感放大部分：毛发束中央借小钩与仪器的传递放大部分相连接。传递部分由两个弯曲的杠杆即双曲臂组成。上曲臂带有平衡锤使毛发束总是处于稍微拉紧状态。上、下曲臂杠杆分别借平衡锤和笔杆的重量得以轻轻保持接触。当相对湿度增大时，发束伸长，平衡锤下降，迫使笔杆抬起、笔尖上移；当相对湿度减少时，发束缩短，平衡锤抬起，笔杆由于本身重量而往下落，笔尖下降，指示出相对湿度变小。

（3）自记部分：同"自记温度计"。

【注意事项】

1. 实验期间，确保所有仪器设备安装稳固、位置准确，避免因人为因素导致测量误差。

2. 定期检查仪器设备，及时清理灰尘、水垢等，确保仪器正常工作。

3. 记录数据时要认真、准确，避免因疏忽造成数据丢失或错误。

4. 实验操作时要注意安全，防止接触尖锐、锋利的危险部件，也防止因操作不当而造成仪器损坏。

【思考与作业】

1. 以组为单位到气象站观测场参观各气候因子的测定仪器，并记录对各气象因子的观测结果。

2. 将传统测定方法与现代气象站数据进行对比分析，评估传统方法的准确性与局限性。

3. 设计一个实验方案，分析一周内太阳辐射、大气降水、蒸发量、温度和湿度等气候因子的变化规律，探讨这些因素对当地植物生长的可能影响。

4. 设计一个实验方案，研究某一气候因子（如温度或湿度）对特定植物生长发育的影响。

实验 42 土壤生态指标的测定

【实验目的】

1. 理解测定方法的基本原理。
2. 掌握土壤测试仪器的使用要领。

【实验背景】

土壤温度、水分状况和养分状况是土壤理化性质的重要方面。随着科学技术的发展，土壤指标的便捷测定方法逐渐被使用，如气候观测仪可以很方便地观测记录土壤温度和土壤湿度；土壤 C、N 元素分析仪（Vario MAX C/N-Macro-elemental analyzer，德国）只需要准确称量土壤，用特定的铝箔包裹后按照规范操作即可直接得到 C、N 含量；土壤全 P 可以采用多功能酶标仪（Infinite M200 PRO，瑞士，TECAN）、电感耦合等离子体发射光谱仪（720 ICP-OES，美国，Agilent）进行测定。本实验主要介绍传统方法测定土壤温度、土壤含水量、土壤有机质、全氮、水解氮、全磷含量的原理。

I 土壤温度的测定

【实验器材】

曲管地温表、直管地温表。

【实验原理】

1. 曲管地温表法

曲管地温表是测定浅层（5~20 cm）土壤温度使用最普遍的温度表。这种温度表是具有乳白玻璃插入式温标的水银温度表，表杆近球部弯曲成 135°，温度表下部的毛细管与玻璃套管之间充满棉花或草灰，其作用是消除温度表上部和埋在地下的部分因温度不同引起套管内空气对流而产生的读数不准确性。一套曲管地温表包括 4 支不同长度的温度表，可用于测定 5 cm、10 cm、15 cm、20 cm 深处的土壤温度。

2. 直管地温表法

在更深的土层中测定地温可使用直管地温表。直管地温表包括内、外两个部件：外部鞘筒由铁管或硬胶管制成，如果是由硬胶管制成的鞘筒，其下端连接一个传热良好的铜管；内部部件是一支装在特制铜套管中的水银温度表，表的球部与套管之间充满铜屑，形成了良好的传导介质，并提高温度表的灵敏度。特制铜套管被系在链子上或镶在一木板下端，长度约与鞘筒等长，链子或木板上端与鞘筒帽相连接。每套直管地温表包括 4～8 根不同长度的温度表，可供测定 0.2 m、0.4 m、0.6 m、0.8 m、1.2 m、1.6 m、2.4 m 和 3.2 m 深处的土壤温度。

II 土壤含水量的测定

【实验器材】

土钻、土壤筛（孔径 1 mm）、铝盒、角勺、分析天平、电热恒温烘箱、干燥器（内盛变色硅胶）。

【实验内容与步骤】

1. 风干土样水分的测定

（1）风干土样：选取有代表性的风干土壤样品，压碎，通过 1 mm 筛孔，混合均匀后备用。

（2）铝盒质量测定：将铝盒（含盖）在 105℃恒温箱中烘烤约 2 h，移入干燥器内冷却至室温，称重，精确称重至 0.001 g（$m_盒$）。

（3）风干土样水分的测定：用角勺将风干土样拌匀，舀取约 5.0 g，均匀地平铺在铝盒中，盖盖称重，精确至 0.001 g（$m_{风干}$）。揭开铝盒盖将其放在盒底部，将整个铝盒置于已预热至（105±2）℃的烘箱中烘烤 6～8 h。取出，盖盖，移入干燥器内冷却至室温，立即称重（$m_{烘干}$）。风干土样水分的测定应做 2 份平行测定。

（4）土壤含水量（soil water content，SWC）计算：

$$\text{SWC(\%)} = \frac{m_{风干} - m_{烘干}}{m_{烘干} - m_盒} \times 100\%$$

或

$$\text{SWC(\%)} = \frac{s_{风干} - s_{烘干}}{s_{烘干}} \times 100\%$$

式中，$s_{风干} = m_{风干} - m_盒$；$s_{烘干} = m_{烘干} - m_盒$。

（5）风干土换算成烘干土的系数 k：

基于上面的公式可以得出：$s_{烘干} = \dfrac{100 \times s_{风干}}{100 + \text{SWC}}$，因此，将 $\dfrac{100}{100 + \text{SWC}}$ 定义为风干土换算成烘干土的系数 k。

2. 新鲜土样水分的测定

（1）新鲜土样：在野外用土钻采有代表性的新鲜土样，刮去土钻中的上部浮土，将土钻中部所需深度处的土壤（约 20 g）捏碎后迅速装入已知准确质量的铝盒内（$m_盒$），盖紧，装入木盒或其他容器带回室内，将铝盒外表擦拭干净，立即称重，精确至 0.001 g（$m_{鲜样}$）。

（2）新鲜土样水分的测定：将盛有新鲜土样的铝盒在分析天平上称重，揭开盒盖放在盒底部，将整个铝盒置于已预热至（105±2）℃的烘箱中，烘烤 12 h。取出，盖盖，在干燥器中冷却至室温，立即称重（$m_{烘干}$）。新鲜土样水分的测定应做 3 份平行测定。

（3）SWC 计算：

$$SWC(\%) = \frac{m_{鲜样} - m_{烘干}}{m_{烘干} - m_盒} \times 100\%$$

（4）鲜土换算成烘干土的系数 k 同风干土换算成烘干土的系数：

$$k = \frac{100}{100 + SWC}$$

III　土壤有机质含量的测定

土壤有机质是指土壤中含碳的有机化合物，主要包括动植物残体、微生物残体、排泄物和分泌物等。土壤有机质既是植物矿质营养和有机营养的源泉，又是土壤中异养微生物的能量来源物质，同时也是形成土壤结构的重要条件，直接影响着土壤的保肥性、保墒性、缓冲性、耕性、通气状况和土壤温度等。所以土壤有机质含量是土壤肥力高低的重要指标之一。

土壤有机质含量的测定一般采用如下两种方法。①干烧法：土在 600℃烧灼至恒量时，所失去质量与干试样质量之比，以百分数表示，用以估计土中有机质含量。该方法适用于含碳酸盐和结晶水较少的土壤。②重铬酸钾容量法：以测定碳、氧、氢、氮为主体，还有少量硫、磷及金属元素组成的有机化合物的通称。测定结果为有机碳含量，乘以 1.724 可换算成有机质含量。

重铬酸钾容量法的测定原理为：在外加热的条件下（油浴的温度为 180℃，沸腾 5 min），用一定浓度重铬酸钾-硫酸溶液氧化土壤有机质（碳），剩余的重铬酸钾用硫酸亚铁来滴定，可以推算得知所消耗的重铬酸钾量，用其来计算有机碳的含量。本方法测得的结果与干烧法对比，只能氧化 90%的有机碳，因此需乘以校正系数（通常为 1.1），以计算有机碳量；再乘以系数 1.724，为有机质含量。

氧化和滴定时的反应式如下：

$$2K_2Cr_2O_7 + 3C + 8H_2SO_4 \Longrightarrow 3CO_2 + 2K_2SO_4 + 2Cr_2(SO_4)_3 + 8H_2O$$
$$K_2Cr_2O_7 + 6FeSO_4 + 7H_2SO_4 \Longrightarrow 3Fe_2(SO_4)_3 + Cr_2(SO_4)_3 + K_2SO_4 + 7H_2O$$

【器材和试剂】

1. 器材

硬质试管、油浴消化装置（包括石蜡油浴锅和铁丝笼）、可调温电炉、秒表、自动控温调节器、分析天平、移液管、烧杯、弯颈小漏斗、锥形瓶、酸式滴定管（25 mL）、洗瓶、胶头滴管等。

2. 试剂

（1）0.8 mol/L 重铬酸钾标准溶液（1/6 $K_2Cr_2O_7$ = 0.8 mol/L，C_1）：称取经 130℃烘干的重铬酸钾（相对分子质量 294.19）39.2245 g 溶于水中，定容至 1 L。

（2）邻菲啰啉指示剂：称取邻菲啰啉（分析纯）1.485 g 与 $FeSO_4 \cdot 7H_2O$ 0.695 g，溶于 100 mL 水中。

（3）2-羧基代二苯胺（N-phenylanthranilic acid，又名邻苯氨基苯甲酸，$C_{13}H_{11}O_{12}N$）指示剂：称取 0.25 g 试剂于小研钵中研细，然后倒入 100 mL 小烧杯中，加入 0.1 mol/L NaOH 溶液 12 mL，并用少量水将研钵中残留的试剂冲洗入 100 mL 烧杯中，将烧杯放在水浴上加热使其溶解，冷却后稀释定容到 250 mL，放置澄清或过滤，用其清液。

（4）硫酸银（Ag_2SO_4，分析纯），研成粉末。

（5）二氧化硅（SiO_2）。

（6）浓 H_2SO_4。

（7）0.2 mol/L $FeSO_4$ 溶液（须标定，C_2）：称取 55.61 g $FeSO_4 \cdot 7H_2O$（相对分子质量 278.05）溶于水中，加浓硫酸 5 mL，稀释至 1 L。此溶液需要用 1/6 $K_2Cr_2O_7$ 标准溶液标定（基于反应式，可以得出 $FeSO_4$ 与 $K_2Cr_2O_7$ 完全反应的摩尔系数比为 6:1）。由于二价铁不稳定，易氧化，因此此溶液须现用现配、现标定。

标定方法：准确移取 3 mL（V_1）重铬酸钾标准溶液置于锥形瓶中，用蒸馏水稀释至 40～50 mL；向锥形瓶中缓慢加入 5 mL 浓硫酸并冷却。然后加 2-羧基代二苯胺指示剂 12～15 滴，此时溶液呈棕红色。用标准的 $FeSO_4$ 溶液滴定，滴定过程中不断摇动锥形瓶，直至溶液的颜色由棕红色经紫色变为暗绿色（灰蓝绿色），即为滴定终点。如果用邻菲啰啉指示剂，加指示剂 2～3 滴，溶液由橙黄色经蓝绿色变为砖红色即为终点。记录 $FeSO_4$ 滴定用量 V_2（mL）。根据公式计算得到硫代硫酸钠的浓度 C_2，重复 3 次，取平均值作为 $FeSO_4$ 标准溶液浓度。

$$C_2(mol/L) = \frac{C_1 \times V_1}{V_2}$$

【实验内容与步骤】

1. 样品制备

准备 8 支干燥的硬质试管，依据表 42-1 编号，其中 2 支试管作为空白对照不加入土壤样品而是用 SiO_2 代替。另外 6 支试管，每个试管中加入通过 0.149 mm（100 目）筛孔的风干土样 0.1～1 g（精确到 0.0001 g）（m）。然后，用移液管向每个试管中准确加入 0.8 mol/L 重铬酸钾标准溶液 5 mL（V_3）（如果土壤中含有氯化物需先加 Ag_2SO_4 0.1 g），再缓慢加入浓 H_2SO_4 5 mL，充分摇匀，管口盖上弯颈小漏斗。

表 42-1　土壤有机质含量测定实验记录表

项目	试管编号							
	0-1	0-2	1	2	3	4	5	6
实验材料	SiO$_2$	SiO$_2$	土壤	土壤	土壤	土壤	土壤	土壤
风干土质量（m）/g								
0.8 mol/L 1/6 K$_2$Cr$_2$O$_7$ 标准（C_1）溶液（V_3）/mL	5	5	5	5	5	5	5	5
浓 H$_2$SO$_4$/mL	5	5	5	5	5	5	5	5
FeSO$_4$ 滴定用量（V_0）/mL			—	—	—	—	—	—
FeSO$_4$ 滴定用量（$V_样$）/mL	—	—						
烘干土/风干土的系数（k）								
土壤有机碳 $\left[SOC = \dfrac{\frac{C_1 \times V_3}{V_0} \times (V_0 - V_样) \times 1.1 \times 3.0}{m \times k} \right]$ /（g/kg）								
土壤有机质（SOC×1.724）/（g/kg）								

2. 测定

（1）将 8 支硬质试管放入带有试管固定卡扣的铁丝笼中固定，将铁丝笼放入温度为 185～190℃的石蜡油浴锅中，控制电炉使石蜡油浴锅内温度始终维持在 170～180℃，待试管内液体沸腾（产生气泡）时开始计时，5 min 后取出铁丝笼，稍冷后取出试管并擦净试管外部油液，将试管放入试管架上。

（2）将试管内物质倾入 250 mL 锥形瓶中，用蒸馏水洗净试管内部及小漏斗，使锥形瓶内溶液总体积达到 40～50 mL，保持混合液中硫酸浓度为 2～3 mol/L，然后加入 2-羧基代二苯胺指示剂 12～15 滴，此时溶液呈棕红色。

（3）用标准的 0.2 mol/L FeSO$_4$ 滴定，滴定过程中不断摇动锥形瓶，直至溶液的颜色由棕红色经紫色变为暗绿色（灰蓝绿色），即为滴定终点。如果用邻菲啰啉指示剂，加指示剂 2～3 滴，溶液由橙黄色经蓝绿色变为砖红色即为终点。记录 FeSO$_4$ 滴定用量（mL），其中空白对照的滴定用量为 V_0，取两支空白对照管滴定用量的平均值；土壤样品管滴定用量为 $V_样$。

3. 计算

基于该方法测定原理反应式，可以得出土壤有机碳与 K$_2$Cr$_2$O$_7$ 完全反应的摩尔系数比为 3:2，而 FeSO$_4$ 与 K$_2$Cr$_2$O$_7$ 完全反应的摩尔系数比为 6:1。因此，与 K$_2$Cr$_2$O$_7$ 完全反应，土壤有机碳与 FeSO$_4$ 的摩尔系数比为 1:4。换句话说，相对于空白对照组，土壤组滴定 K$_2$Cr$_2$O$_7$ 少消耗 1mol FeSO$_4$，相当于土壤中 1/4 mol 碳原子参与了与 K$_2$Cr$_2$O$_7$ 的反应。

由此，可以得出土壤有机碳（soil organic carbon，SOC）含量的计算公式为

$$SOC(g/kg) = \dfrac{\dfrac{C_1 \times V_3}{V_0} \times (V_0 - V_样) \times 1.1 \times 3.0 \times 10^{-3}}{m \times k} \times 10^3$$

式中，C_1 为重铬酸钾标准溶液的浓度（mol/L）；V_3 为重铬酸钾标准溶液加入的体积（mL）；V_0、$V_样$ 分别为滴定空白对照组和滴定土壤样品所消耗的 $FeSO_4$ 体积（mL）；1.1 为氧化校正系数；3.0 为 1/4 碳原子的摩尔质量（g/mol）；10^{-3} 为将 mL 换算成 L 的转换系数；m 为风干土壤样品的质量（g）；k 为将风干土换算成烘干土的系数；10^3 为将分母中的 g 换算成 kg 的转换系数。

另外，由于 $FeSO_4$ 溶液的浓度已经标定（C_2），也可以直接使用 C_2 来代替 $\dfrac{C_1 \times V_3}{V_0}$ 进行 SOC 含量计算。

$$土壤有机质（g/kg）= SOC（g/kg）\times 1.724$$

式中，1.724 为土壤有机碳换成土壤有机质的平均换算系数。

【注意事项】

1. 有机质含量高于 50 g/kg 时称土样 0.1 g，有机质含量为 20～30 g/kg 时称土样 0.3 g，有机质含量少于 20 g/kg 时称土样 0.5 g 以上。

2. 土壤中氯化物的存在可使结果偏高。因为氯化物也能被重铬酸钾氧化，所以盐土中有机质的测定必须防止氯化物的干扰，少量氯可加入少量 Ag_2SO_4。Ag_2SO_4 的加入不仅能沉淀氯化物，而且促进有机质分解。Ag_2SO_4 的用量不能太多，约加 0.1 g，否则生成 $Ag_2Cr_2O_7$ 沉淀，影响滴定。

3. 必须在试管内溶液表面开始沸腾时再计算反应时间。掌握沸腾的标准尽量一致，然后继续消煮 5 min，消煮时间对分析结果有较大影响，故应尽量保证计时准确且组间一致。如果土壤样品较多，则需多次测定，且每次测定时均需设置空白对照组。

4. 消煮好的溶液颜色一般应是黄色或黄中稍带绿色；如果以绿色为主，则说明重铬酸钾用量不足。在滴定时若消耗硫酸亚铁量小于空白用量的 1/3，有氧化不完全的可能，应弃去重做。

IV 土壤全氮含量的测定

土壤中氮素绝大部分为有机的结合形态，无机形态的氮一般占全氮的 1%～5%。土壤有机质和氮素的消长主要取决于生物积累和分解作用的相对强弱，以及气候、植被、耕作制度等因素，特别是水热条件对土壤有机质和氮素含量有显著影响。

测定土壤全氮（soil total nitrogen，STN）含量的方法主要分为干烧法和湿烧法两类。湿烧法就是常用的凯氏定氮法。这个方法是丹麦的凯道尔（Kjeldahl）于 1883 年发明的，用来研究蛋白质的变化，后来被用于测定各种形态的有机氮。由于设备比较简单易得、结果可靠，该法为一般实验室所采用。

半微量凯氏法是将样品在加速剂硫酸铜的参与下用浓硫酸消煮，各种含氮有机化合物经过复杂的高温分解反应转化为氨，与硫酸反应生成硫酸铵。硫酸铵碱化后反应成氨，氨被蒸馏出后被硼酸吸收，以标准酸（如硫酸或者盐酸）溶液滴定被硼酸吸收的氨，求

出土壤全氮含量（不包括全部硝态氮）。反应式为

$$2NH_3 + H_2SO_4 \xrightarrow{CuSO_4} (NH_4)_2SO_4$$

$$(NH_4)_2SO_4 + 2NaOH \xrightarrow{\triangle} Na_2SO_4 + 2H_2O + 2NH_3\uparrow$$

$$2NH_3 + 4H_3BO_3 == (NH_4)_2B_4O_7 + 5H_2O$$

$$(NH_4)_2B_4O_7 + H_2SO_4 + 5H_2O == (NH_4)_2SO_4 + 4H_3BO_3$$

或

$$(NH_4)_2B_4O_7 + 2HCl + 5H_2O == 2NH_4Cl + 4H_3BO_3$$

上述方法测定的土壤全氮不包括硝态氮和亚硝态氮。如果测定全氮时希望包含硝态氮和亚硝态氮，则在样品消煮前，需先用高锰酸钾将样品中的亚硝态氮氧化为硝态氮，再用还原铁粉使全部的硝态氮还原，转化为氨态氮。

【器材和试剂】

1. 器材

消煮炉（或高温可调电炉）、半自动凯氏定氮仪（如果没有，可以用半微量蒸馏装置代替）、半微量滴定管（5 mL）、消煮管（或凯氏瓶）、弯颈小漏斗、长颈漏斗、移液管、锥形瓶、分析天平、烧杯、塑料试剂瓶、土样筛（1 mm）等。

2. 试剂

（1）10 mol/L NaOH 溶液：称取 400 g NaOH（相对分子质量 40）于硬质玻璃烧杯中，加蒸馏水 400 mL 溶解，不断搅拌，冷却后倒入塑料试剂瓶，加塞，放置数日待 Na_2CO_3 沉降后，将清液虹吸入盛有 160 mL 无 CO_2 的水中，以去 CO_2 的蒸馏水定容至 1 L。

（2）甲基红-溴甲酚绿混合指示剂：0.5 g 溴甲酚绿和 0.1 g 甲基红溶于 100 mL 95% 乙醇中。

（3）20 g/L H_3BO_3：20 g H_3BO_3 溶于 1 L 水中，每升 H_3BO_3 溶液中加入甲基红-溴甲酚绿混合指示剂 10 mL，并用稀酸或稀碱调节至微紫红色，此时该溶液的 pH 应为 4.8。指示剂使用前与硼酸混合，此试剂宜现配，不宜久放。

（4）混合加速剂：将 100 g K_2SO_4、10 g $CuSO_4 \cdot 5H_2O$ 和 1 g Se 粉混合研磨，过 80 目筛后充分混匀，贮存于具塞瓶中。消煮时，每毫升 H_2SO_4 加 0.37 g 混合加速剂。

（5）高锰酸钾溶液：将 25 g 高锰酸钾溶于 500 mL 无离子水，贮存于棕色瓶中。

（6）还原铁粉：磨细通过孔径 0.149 mm（100 目）筛。

（7）1:1（V/V）硫酸：硫酸与等体积水混合。

（8）辛醇。

（9）0.01 mol/L 的碳酸钠标准溶液（C_1）：用万分之一天平精确称量经 180℃烘干 3 h 的碳酸钠（相对分子质量 106）1.06 g 溶于水中，定容至 1 L，用于标定硫酸标准溶液。

（10）0.5%酚酞指示剂：称取 0.5 g 酚酞，用 100 mL 60%乙醇溶解。

（11）0.01 mol/L 硫酸标准溶液（1/2 H_2SO_4=0.01 mol/L，C_2）：量取 2.83 mL H_2SO_4，加水稀释至 500 mL；然后移取一定量体积，再稀释 20 倍。此溶液需用标准碳酸钠溶液标定。

标定方法：准确移取 10 mL（V_1）Na_2CO_3 溶液标准置于锥形瓶中，并加 1～2 滴酚酞指示剂，此时溶液呈粉红色。用 1/2 H_2SO_4 标准溶液滴定，滴定过程中不断摇动锥形瓶，直至溶液的颜色由淡粉红色变为无色，即为滴定终点。记录硫酸标准溶液滴定用量 V_2（mL）。根据公式计算得到硫酸标准液的浓度 C_2，重复 3 次，取平均值作为硫酸标准溶液浓度。

$$C_2(\text{mol/L}) = \frac{2 \times C_1 \times V_1}{V_2}$$

【实验内容与步骤】

1. 样品制备

将风干土样过 0.149 mm 筛（100 目）。

2. 土样消煮

（1）不包括硝态氮和亚硝态氮的消煮：依据表 42-2 对消煮管（或凯氏瓶）进行编号，将 1.0 g 土样送入干燥的消煮管（凯氏瓶）底部，用少量无离子水（0.5～1 mL）湿润土样后，加入 2 g 加速剂和 5 mL 浓硫酸，摇匀，瓶口盖上弯颈小漏斗，将消煮管置于消煮炉上（变温加热），250℃加热至溶液微沸（约 40 min），待管内反应缓和时（10～15 min），400℃继续加热至溶液呈清澈的淡蓝色，然后继续消煮 30 min（全程约 90 min）。消煮完毕，冷却，待蒸馏。

表 42-2 土壤全氮含量测定实验记录表

项目	试管编号							
	0-1	0-2	1	2	3	4	5	6
实验材料	—	—	土壤	土壤	土壤	土壤	土壤	土壤
风干土质量（m）/g								
加速剂/g	2	2	2	2	2	2	2	2
浓 H_2SO_4/mL	5	5	5	5	5	5	5	5
20 g/L H_3BO_3/mL	5 或 3	5 或 3	5 或 3	5 或 3	5 或 3	5 或 3	5 或 3	5 或 3
10 mol/L NaOH 溶液/mL	20 或 8	20 或 8	20 或 8	20 或 8	20 或 8	20 或 8	20 或 8	20 或 8
0.01 mol/L 1/2 H_2SO_4 标准溶液（C_2）用量（V_0）/mL			—	—	—	—	—	—
0.01 mol/L 1/2 H_2SO_4 标准溶液（C_2）用量（$V_{样}$）/mL	—							
烘干土/风干土的系数（k）								
土壤全氮 $\left[\text{STN} = \dfrac{(V_{样} - V_0) \times C_2 \times 14.0}{m \times k} \right]$ /（g/kg）								

消煮炉中可放置 16 支消煮管，在消煮每组土样的同时，做 2 份空白测定（表 42-2

中 0-1，0-2），空白管中除不加土样外，其他操作皆与测定管相同。如果使用凯氏瓶和变温电炉进行消煮，则每组能够放置的凯氏瓶的数目不固定，但每组中也需要包括 2 份空白测定。

（2）包括硝态氮和亚硝态氮的消煮：将 1.0 g 土样送入干燥的消煮管底部，加 1 mL 高锰酸钾溶液，摇动消煮管，缓缓加入 1:1 硫酸 2 mL，不断转动消煮管，然后放置 5 min，再加 1 滴辛醇。通过长颈漏斗将 0.5 g（±0.01 g）还原铁粉送入消煮管底部，瓶口盖上弯颈小漏斗，转动消煮管，使铁粉与酸接触，待剧烈反应停止时（约 5 min），将消煮管置于消煮炉上，250℃加热至溶液微沸（约 40 min，管内土液应保持微沸，以不引起大量水分丢失为宜）。待消煮管冷却后，通过长颈漏斗加 2 g 加速剂和 5 mL 浓硫酸，摇匀。按上述（1）消煮的步骤，至溶液呈清澈的淡蓝色后继续消煮 30 min。消煮完毕，冷却，待蒸馏。在消煮土样的同时，做 2 份空白测定。

3. 氨的蒸馏

（1）蒸馏前先检查蒸馏装置是否漏气，并通过水的馏出液将管道洗净。

（2）消煮完成后，将消煮管安装在蒸馏装置上，由于是半自动定氮仪装置，设置加入硼酸的时间为 3 s（加入 150 mL 锥形瓶中），加入 10 mol/L NaOH 溶液的时间为 8 s（加入消煮管中），然后进行蒸馏。蒸馏过程中，氨气被蒸馏出来并通过冷凝管冷却成液体滴入锥形瓶中的硼酸溶液中。待馏出液体积约 50 mL 时，即蒸馏完毕（时间大概为 8 min）。取下锥形瓶时，用少量已调节至 pH 4.5 的蒸馏水冲洗冷凝管的末端。

如果没有半自动装置，使用凯氏瓶进行消煮，使用蒸馏装置进行氨的蒸馏，则需要：①蒸馏前先检查蒸馏装置是否漏气，并通过水的馏出液将管道洗净；②待消煮液冷却后，将消煮液全部转入蒸馏瓶内，并用去离子水充分洗涤凯氏瓶 4～5 次（总用水量 30～35 mL）；③于 150 mL 锥形瓶中加入 20 g/L 硼酸指示剂混合液 5 mL，放在冷凝管末端，管口置于硼酸液面以上 3～4 cm 处；④向蒸馏瓶内缓缓加入 10 mol/L NaOH 溶液 20 mL，通入蒸汽蒸馏 8 min，此时滴入装有硼酸的锥形瓶的馏出液体积约为 50 mL；⑤用少量已调节至 pH 4.5 的蒸馏水洗涤冷凝管的末端。

4. 滴定

用标定的 0.01 mol/L 1/2 H_2SO_4 或 0.01 mol/L HCl 标准溶液滴定锥形瓶中的馏出液，至馏出液由蓝绿色变为紫红色为止，记录所用酸标准溶液的用量（mL）。其中，空白管滴定所用酸标准溶液的体积记作 V_0，一般不得超过 0.4 mL；土壤样品管滴定所用酸标准溶液的体积记作 $V_样$。

5. STN 含量计算

基于该方法测定原理反应式，可以得出氮与 H_2SO_4 完全反应的摩尔系数比为 2:1，即滴定消耗 1 mol 1/2 H_2SO_4，相当于土壤中 1 mol 氮原子参与了反应。因此，STN 含量计算公式如下：

$$STN(g/kg) = \frac{(V_样 - V_0) \times C_2 \times 14.0 \times 10^{-3}}{m \times k} \times 10^3$$

式中，$V_样$为滴定土壤样品溶液时所用酸标准溶液的体积（mL）；V_0为滴定空白时所用酸标准溶液的体积（mL）；C_2为标定的 1/2 H_2SO_4 或 HCl 标准溶液浓度（mol/L）；14.0为氮原子的摩尔质量（g/mol）；m 为风干土样的质量（g）；k 为将风干土换算成烘干土的系数；10^{-3} 为将 mL 换算成 L；10^3 为将分母中的 g 换算成 kg。

结果记录于表 42-2。

【注意事项】

1. 一般应使所测样品中含氮量为 1～2 mg。如果土壤含氮量在 2 g/kg 以下，应称取土样 1 g；含氮量在 2～4 g/kg 时，应称取土样 0.5～1 g；含氮量在 4 g/kg 以上，应称取土样 0.5 g。

2. 硼酸的浓度和用量以能满足吸收 NH_3 为宜，大致可按每毫升 10 g/L H_3BO_3 能吸收氮（N）量为 0.46 mg 计算。例如，5 mL 20 g/L H_3BO_3 溶液最多可吸收的氮（N）量为 $5 \times 2 \times 0.46 = 4.6$ mg。因此，可根据消煮液中含氮量估计硼酸的用量，适当多加。

V 土壤水解氮含量的测定（碱解扩散法）

土壤水解氮也称土壤有效氮，包括无机态氮和部分有机物质中易分解的简单有机态氮，是氨态氮、硝态氮、氨基酸、酰胺和易水解蛋白质氮的总和。测定水解氮可以了解一定时期（如一个生长季或一年）内土壤中氮素的供应水平，对于制定改土培肥规划、拟定合理施肥方案、确定田间施肥量和作物管理等都有重要参考价值。

本实验所述碱解扩散法是利用稀碱与土样在一定条件下进行水解作用，使土壤中易水解的有机态氮转化为氨气状态，并不断地扩散逸出，与土壤中原有的氨态氮一起由硼酸吸收，再用标准酸滴定，计算出水解氮的含量。但此法测得的土壤有效氮不包括土壤中的硝态氮。

【器材和试剂】

1. 器材

土样筛（1 mm）、电子天平、扩散皿、恒温箱、半微量滴定管、移液管等。

2. 试剂

（1）1 mol/L NaOH 溶液：40 g NaOH 溶于 1 L 水中。

（2）碱性甘油：在甘油中溶解几小粒固体 NaOH。

（3）溴甲酚绿-甲基红指示剂：0.5 g 溴甲酚绿和 0.1 g 甲基红溶于 100 mL 95%乙醇中。

（4）20 g/L H_3BO_3：20 g H_3BO_3（化学纯）溶于 1 L 水中，每升 H_3BO_3 溶液中加入

溴甲酚绿-甲基红混合指示剂 10 mL，并用稀酸或稀碱调节至微紫红色，此时该溶液的 pH 应为 4.8。此试剂宜现用现配，不宜久放。

（5）0.01 mol/L HCl 标准溶液或 0.01 mol/L 硫酸标准溶液（1/2 H_2SO_4=0.01 mol/L）（C）：先配制 1 mol/L HCl 溶液，稀释 100 倍，用硼砂或 180℃下烘干的 Na_2CO_3 标定其准确的浓度。标定方法同土壤全氮的测定部分。

【实验内容与步骤】

1. 样品制备

将风干土样过 0.149 mm 筛（100 目）。

2. 氨态氮的碱解

精确称取风干土样 1 g，置于扩散皿外室，轻轻旋转扩散皿使土壤均匀地铺平。取 2 mL 20 g/L H_3BO_3 指示剂放于扩散皿内室，然后在扩散皿外室边缘涂上碱性甘油，盖上毛玻璃，旋转数次，使皿边与毛玻璃完全贴合，再渐渐转开毛玻璃一边，使扩散皿外室露出一条狭缝，迅速加入 5 mL 1 mol/L NaOH 溶液至扩散皿外室，立即盖严，再用橡皮筋圈紧，使毛玻璃固定。随后放入（40±1）℃恒温箱中，碱解扩散（24±0.5）h 后取出。在样品测定的同时设置 2 个空白对照。

3. 滴定

内室吸收土壤与 NaOH 反应放出的氨气，用标定的 0.01 mol/L 1/2 H_2SO_4 或 0.01 mol/L HCl 标准溶液，借助半微量滴定管滴定，直至内室溶液由蓝绿色变为紫红色为止，记录所用酸标准溶液的体积（mL）。其中，空白对照滴定所用酸标准溶液的体积记作 V_0，土壤样品滴定所用酸标准溶液的体积记作 $V_样$。

4. 土壤水解氮含量的计算

$$土壤水解氮含量（mg/kg）= \frac{(V_样 - V_0) \times C \times 14.0}{m \times k} \times 10^3$$

式中，$V_样$、V_0 为土样样品和空白对照所用 HCl 标准溶液的体积（mL）；C 为标准酸的浓度（mol/L）；14.0 为氮原子的摩尔质量；m 为风干土土样质量（g）；k 为将风干土换算成烘干土的系数；10^3 为将分母中的 g 换算成 kg 的转换系数。

两次平行测定结果允许误差为 5 mg/kg。

VI 土壤全磷含量的测定

土壤全磷含量的高低受土壤母质、成土作用和耕作施肥的影响很大。另外，土壤中磷的含量与土壤质地及有机质含量也有关系。黏性土含磷量多于砂性土，有机质丰富的土壤含磷量也较多。在土壤剖面中，耕作层含磷量一般高于底土层。本实验利用 $HClO_4$-H_2SO_4 法测定土壤全磷含量（也称为钼锑抗法）。

用高氯酸分解样品，它既是一种强酸，又是一种强氧化剂，而且高氯酸的脱水作用很强，有助于胶状硅脱水，并能与 Fe^{3+} 络合，在磷的比色测定中抑制硅和铁的干扰。硫酸的存在能提高消化液的温度，同时防止消化过程中溶液被蒸干，以利于消化作用顺利进行。溶液中的磷与钼锑抗显色剂反应，生成磷钼蓝，用分光光度法进行定量测定。

【器材和试剂】

1. 器材

土壤样品粉碎机、土壤筛（孔径 0.149 mm）、分析天平、消煮炉（或高温可调电炉）、分光光度计、玛瑙研钵、容量瓶、消煮管（或凯氏瓶）、弯颈小漏斗、移液管、滴管、烧杯、锥形瓶等。

2. 试剂

（1）4 mol/L NaOH 溶液：16 g NaOH 溶于 100 mL 蒸馏水中，摇匀。

（2）2 mol/L 硫酸溶液：吸取 6 mL 浓硫酸，缓缓加入 80 mL 水中，冷却后加水至 100 mL。

（3）2, 6-二硝基酚或 2, 4-二硝基酚指示剂：称取 0.25 g 二硝基酚溶于 100 mL 水中。此指示剂的变色点约为 pH3.0，酸性时无色，碱性时呈黄色。

（4）5 g/L 酒石酸锑钾溶液：称取酒石酸锑钾 0.5 g 溶于 100 mL 水中。

（5）硫酸钼锑贮备液：量取 153 mL 浓硫酸，缓缓加入到 400 mL 水中，冷却。另称取磨细过 100 目筛的钼酸铵 10 g 溶于温度约 60℃ 100 mL 水中，冷却。然后将硫酸溶液缓缓倒入钼酸铵溶液中，再加入 5 g/L 酒石酸锑钾溶液 100 mL，冷却后，加水稀释至 1000 mL，摇匀，贮存于棕色试剂瓶中。

（6）钼锑抗显色剂：称取 1.5 g 抗坏血酸（左旋，旋光度+21°～+22°）溶于 100 mL 硫酸钼锑贮备液中。此溶液宜现用现配。

（7）100 mg/L 磷标准贮备液：准确称取经 105℃ 下烘干 2 h 的磷酸二氢钾 0.439 g（磷酸二氢钾相对分子质量 136.09；磷的相对原子质量 30.973），用水溶解后，加入 5 mL 浓硫酸，转入 1 L 容量瓶中，加水定容至 1 L，该溶液含磷 100 mg/L，放入冰箱可供长期使用。

（8）5 mg/L 磷标准溶液：准确吸取 5 mL 磷贮备液，放入 100 mL 容量瓶中，加水定容。该溶液现用现配。

（9）浓硫酸（H_2SO_4，分析纯，98%，ρ＝1.84 g/m^3）。

（10）高氯酸（$HClO_4$，分析纯，70%～72%）。

【实验内容与步骤】

1. 样品制备

将风干土样过 0.149 mm 筛（100 目）。

2. 土样消煮

准确称取风干样品 0.5 g（m），精确到 0.0001 g，置于 50 mL 凯氏瓶（或 100 mL 消煮管）中，以少量水湿润后加浓硫酸 8 mL，摇匀后再加 70%～72%高氯酸 10 滴，摇匀，瓶口上加一个弯颈小漏斗，置于电炉（消煮炉）上加热消煮，至溶液开始转白后继续消煮 20 min。全部消煮时间为 40～60 min。在分解样品的同时做两个空白对照，即所用试剂同上，但不加土样，同样消煮得到空白消煮液。

将冷却后的消煮液倒入 100 mL 容量瓶中（容量瓶中事先盛水 30～40 mL），用水冲洗凯氏瓶（用水应根据少量多次的原则），轻轻摇动容量瓶，待完全冷却后，加水定容（V_1）。静置过夜，次日小心吸取上层澄清液进行磷的测定；或者用干的无磷定量滤纸过滤，将滤液接收在 100 mL 干燥的锥形瓶中待测定。

3. 测定

吸取澄清液或滤液 5 mL（V_2）注入 50 mL 容量瓶中，用水稀释至 30 mL，加二硝基酚指示剂 2 滴，滴加 4 mol/L NaOH 溶液直至溶液变为黄色，再加 2 mol/L 硫酸 1 滴，使溶液的黄色刚刚褪去。然后准确加入 5 mL 钼锑抗显色剂，再加水定容 50 mL（V_3），摇匀，30 min 后用 700 nm 波长进行吸光度值（A_{700}）的测定，以空白管所得溶液为参比。

4. 标准曲线的绘制

取 7 个 50 mL 容量瓶，按照表 42-3 加入各试剂。准确吸取 5 mg/L 磷标准溶液 0、1 mL、2 mL、4 mL、6 mL、8 mL、10 mL 于 50 mL 容量瓶中，用水稀释至 30 mL，再加空白对照定容后的消煮液 5 mL，加二硝基酚指示剂 2 滴，滴加 4 mol/L NaOH 溶液直至溶液变为黄色，再加 2 mol/L 硫酸 1 滴，使溶液的黄色刚刚褪去（即调节 pH 为 3）。然后准确加入 5 mL 钼锑抗显色剂，摇匀，加水定容，即得含磷量分别为 0、0.1 mg/L、0.2 mg/L、0.4 mg/L、0.6 mg/L、0.8 mg/L、1.0 mg/L 的标准溶液系列。摇匀，放置 30 min 后，在波长 700 mm 处测定其吸光度值（A_{700}）。最后，以磷含量（mg/L）为横坐标（x）、吸光度值（A_{700}）为纵坐标（y）建立回归方程：$y = ax+b$ 或 $y=ax$（如果两个方程的拟合绝对系数相似，建议采用设置截距为 0 的拟合方程）。

表 42-3　0～1.0 mg/L 标准磷溶液配制及测定结果记录表

加样顺序		管号						
		0	1	2	3	4	5	6
1	5 mg/L 磷标准母液/mL	0	1	2	4	6	8	10
2	蒸馏水/mL	30	29	28	26	24	22	20
3	空白消煮液/mL	5	5	5	5	5	5	5
4	二硝基酚指示剂/滴	2	2	2	2	2	2	2
5	4 mol/L NaOH 溶液			使溶液的黄色刚刚褪去				
6	钼锑抗显色剂/mL	5	5	5	5	5	5	5
x	每管中磷含量/（mg/L）	0	0.1	0.2	0.4	0.6	0.8	1.0
y	A_{700}							

5. 土壤全磷（soil total phosphorus，STP）含量计算

$$STP \text{ 含量（g/kg）} = \frac{\dfrac{A_{700} - b}{a} \times V_1 \times V_3 \times 10^{-3}}{m \times V_2 \times k}$$

式中，a，b 为拟合标准曲线方程所得系数和截距；m 为土样质量（g）；V_1 为样品制备溶液的体积（mL）；V_2 为吸取滤液的体积（mL）；V_3 为反应液总体积（mL）；k 为将风干土换算为烘干土的转换系数；10^{-3} 为将 mL 换算为 L 的转换系数。

【思考与作业】

1. 土壤样品的采集过程中，应注意哪些问题才能使样品具有充分的代表性？

2. 查阅相关资料或咨询相关人员，将传统测定土壤有机 C 和土壤全 N 的方法，与土壤 C、N 元素分析仪（Vario MAX C/N-Macro-elemental analyzer）测定方法进行对比分析。

3. 设计一个实验方案，研究某一土壤生态指标（土壤温度、土壤含水量、土壤全 N、土壤全 P）浓度梯度下，对特定植物生长发育的影响及可能的规律。

实验 43 水体主要生态指标的测定

【实验目的】

1. 掌握水体测试仪器的使用方法及要领。
2. 了解水体环境对水生生物生命活动的重要性。

【实验背景】

水体是地球上最重要的自然资源之一，水体中的氧气、养分含量对水生植物的生存和发展以及水生生态系统的维持具有重要意义。本实验通过测定水体溶解氧（dissolved oxygen，DO）、水体生物需氧量（biological oxygen demand，BOD）和水体化学需氧量（chemical oxygen demand，COD）等指标，使学生掌握水体测试仪器的使用方法及要领。

I 水体溶解氧含量的测定

以分子状态溶解于水中的氧通称为溶解氧。水体中溶解氧的变化，在一定程度上能够反映水体受污染的程度。在水环境保护的相关标准规定中，通常都包括溶解氧含量这一指标。当水体受到还原性物质污染时，水中溶解氧含量下降；当水体中藻类大量繁殖时，水中溶解氧呈过饱和状态。溶解氧浓度单位通常为 mg/L，大多数鱼类要求的溶解氧在 4 mg/L 以上。比较清洁的河流和湖泊中，溶解氧含量一般在 7.5 mg/L 以上；当溶解氧含量在 5 mg/L 以下时，各种浮游生物的生存受到影响；当溶解氧含量在 2 mg/L 以下时，水体就会发臭。

溶解氧也是水体自净作用最重要的因素：溶解氧含量高，有利于对水体中各类污染物的降解，从而使水体较快得以净化；反之，溶解氧含量低，水体中污染物降解较缓慢。需氧有机污染物排入水体后发生生物化学分解作用，消耗水中的溶解氧，是对水体的主要危害之一，往往破坏水生生态系统；受需氧有机物污染的水体，污染物质分解过程制约着溶解氧含量的变化过程。

当大气中氧溶入水体中的速度与氧从水体中逸出的速度相当时，水体中溶解氧含量即达到动态平衡。这时水体中的氧浓度称为溶解氧饱和含量。溶解氧饱和含量随温度、含盐量的升高而下降，随气压增大而增大。在 100 kPa 下，不同温度纯水的溶解氧饱和含量见表 43-1。

表 43-1　纯水的溶解氧饱和含量随温度的变化情况

温度/℃	溶解氧饱和含量/（mg/L）	温度/℃	溶解氧饱和含量/（mg/L）
0	14.6	30	7.6
5	12.8	35	7.1
10	11.3	40	6.6
15	10.2	45	6.1
20	9.2	50	5.6
25	8.4		

溶解氧饱和度是表示溶解氧含量的另一种方法，其计算公式为

$$溶解氧饱和度(\%) = \frac{溶解氧的实测含量}{实测温度对应的溶解氧的饱和含量} \times 100\%$$

溶解氧饱和度小于 100% 表示未达到饱和，水体从空气溶解吸收氧；大于 100% 为过饱和，溶解氧从水体中逸出。水中过饱和部分溶解氧形成气泡，并且在气泡内的压力超过水体界面外气压时才能逸出水面扩散到大气中。水体中的溶解氧实际大小取决于增氧作用与耗氧作用。受水体中表层浮游植物光合作用的影响，溶解氧具有昼夜节律；深水层阳光不足，光合作用增氧很少，主要依靠水团运动从表水层向深水层增补氧。深水层溶解氧饱和度低，日变化较小。

溶解氧含量的测定分为化学滴定法和仪器测定法两大类。化学滴定法常用碘量法，仪器测定法采用隔膜电池法和隔膜极谱法。本实验主要介绍碘量法测定水中溶解氧含量。

【实验原理】

碘量法测定水体中溶解氧含量是基于溶解氧的氧化性。当水样中加入硫酸锰（$MnSO_4$）和碱性碘化钾（KI）溶液时，立即生成 $Mn(OH)_2$ 沉淀；$Mn(OH)_2$ 极不稳定，迅速与水体中溶解氧化合生成 $MnO(OH)_2$ 棕色沉淀；在加入硫酸使溶液酸化后，已合成的 $MnO(OH)_2$ 将 KI 氧化并释放出与溶解氧量相当的游离碘 I_2；然后用淀粉作为指示剂，用硫代硫酸钠（$Na_2S_2O_3$）标准溶液与 I_2 完全反应，通过 $Na_2S_2O_3$ 标准溶液的用量换算出溶解氧的含量。此法适用于含少量还原性物质及硝酸氮 < 0.1 mg/L、铁含量不高于 1 mg/L 的较为清洁的水样。具体的化学反应方程式为

$$MnSO_4 + 2NaOH \Longrightarrow Mn(OH)_2 \downarrow + Na_2SO_4$$

$$2Mn(OH)_2 + O_2 \Longrightarrow 2MnO(OH)_2(棕色) \downarrow$$

$$MnO(OH)_2 + 2H_2SO_4 + 2KI \Longrightarrow MnSO_4 + I_2 + 3H_2O + K_2SO_4$$

$$I_2 + 2Na_2S_2O_3 \Longrightarrow 2NaI + Na_2S_4O_6$$

【器材和试剂】

1. 器材

碘量瓶（溶解氧瓶）（250 mL）、锥形瓶（250 mL）、容量瓶、全自动滴定管[如没有，

可用碱式滴定管（25 mL）代替]、移液管、吸耳球等。

2. 试剂

（1）2 mol/L 硫酸锰溶液：44.6 g $MnSO_4 \cdot 4H_2O$（相对分子质量 223.06）配制成 100 mL 溶液，并过滤去除不溶物。

（2）碱性碘化钾溶液：50 g NaOH 溶于 40 mL 水中，冷却；称取 15 g KI 溶于 20 mL 水中；将两种溶液混合均匀，并稀释至 100 mL，过滤去除不溶物后，贮存于棕色瓶内。此溶液酸化后，遇淀粉应不呈蓝色。

（3）1:1（V/V）硫酸溶液：浓硫酸 200 mL 加入等量的水中。

（4）1%淀粉溶液：称取 1 g 可溶性淀粉，用少量水调成糊状，然后加入刚煮沸的 100 mL 水（可继续加热 1~2 min）。冷却后加入 0.1 g 水杨酸或 0.4 g 氯化锌防腐。

（5）0.025 mol/L 重铬酸钾标准溶液（1/6 $K_2Cr_2O_7$=0.025 mol/L，C_1）：准确称取 105~110℃下烘干 2 h 的重铬酸钾（相对分子质量 294.1846）1.2258 g（万分之一天平），溶解后转入 1000 mL 容量瓶中，用水稀释至刻度，摇匀。

（6）0.025 mol/L 硫代硫酸钠溶液，需要标定来确定准确值：6.2045 g $Na_2S_2O_3 \cdot 5H_2O$（相对分子质量 248.18）溶于煮沸后冷却的水中，加 0.2 g 碳酸钠，稀释至 1000 mL，贮于棕色瓶中。

标定方法：在具塞的碘量瓶中加入 0.5 g 碘化钾（过量）及 25 mL 水，用移液管加入 10 mL（V_1）重铬酸钾标准溶液及 5 mL 1:1 硫酸，静置 5 min 后，用硫代硫酸钠溶液滴定至淡黄色，加 1 mL 1%淀粉溶液，继续滴定至蓝色刚好褪去为止，记录用量（V_2，mL）。基于化学反应式，可以得出 $Na_2S_2O_3$ 与 $K_2Cr_2O_7$ 完全反应的摩尔系数比为 6:1，因此，可以依据下面的公式得到硫代硫酸钠的浓度 C_2。

$$K_2Cr_2O_7 + 6KI + 7H_2SO_4 \longrightarrow 4K_2SO_4 + Cr_2(SO_4)_3 + 7H_2O + 3I_2$$

$$I_2 + 2Na_2S_2O_3 \longrightarrow Na_2S_4O_6 + 2NaI$$

$$C_2(\text{mol/L}) = \frac{C_1 \times V_1}{V_2}$$

【实验步骤】

1. 取样

取一溶解氧瓶，先用自来水荡洗 3 次；将自来水龙头接一长段乳胶管，然后将乳胶管插入溶解氧瓶底部，拧水龙头至流速缓慢，沿瓶壁注入水样（或用虹吸法将细玻璃管插入瓶底），注入水样溢流出瓶体积的 1/2 左右后，迅速盖上瓶盖。注意：取样时绝对不能使采集的水样与空气接触，且瓶中不能留有空气泡。

2. 固定溶解氧

用移液管插入溶解氧瓶的液面下缓慢加入 1 mL 硫酸锰溶液、2 mL 碱性碘化钾溶液，盖好瓶塞，颠倒混合数次，静置。

3. 加酸析出碘

待生成的棕色沉淀物降至瓶底后，用移液管量取 5 mL 1:1 硫酸；将移液管插入液面以下后加入硫酸；盖好瓶盖后颠倒溶氧瓶几次，置于暗处 10 min 得到澄清溶液（如仍有沉淀，可再加入少许硫酸使溶液澄清）。此时溶液为游离碘的颜色（黄色或棕色）。

4. 滴定定量

从溶解氧瓶内取出 100 mL 水样（$V_{样}$）共 2 份，分别置于 250 mL 锥形瓶中，用硫代硫酸钠标准溶液滴定至溶液呈淡黄色；用移液器或移液管加入 1 mL 1%淀粉溶液，继续滴定至蓝色刚好褪去，记录硫代硫酸钠溶液用量（V，mL）。

5. 计算溶解氧含量（DOC）

基于该方法测定原理反应式，可以得出氧与硫代硫酸钠完全反应的摩尔系数比为1:2，即滴定消耗 1 mol 硫代硫酸钠，相当于水体中 1/2 mol 氧原子参与了反应。

$$\text{DOC(mg O}_2\text{/L)}=\frac{C_2 \times V \times 8.0 \times 1000}{V_{样}}$$

式中，C_2 为硫代硫酸钠的标定浓度（mol/L）；V 为滴定到终点时消耗硫代硫酸钠溶液体积（mL）；8.0 为 1/2 氧原子摩尔质量（g/mol）；$V_{样}$ 为用于滴定所取水样的体积。

将两次计算结果取平均值，即为水中溶解氧含量的测定值。

【注意事项】

1. 保证溶解氧维持在水体中的状态。
2. 使用碱式滴定管滴定时的具体操作及读数时的注意事项。
3. 如果水体污染特别严重，需要用修正后的碘量法测定 DOC。
4. 如果水体的酸碱度与中性偏离较大，则需要对水样进行预处理以满足测定条件。

II　水体生物需氧量的测定

生物需氧量（BOD）是指在一定条件下，微生物分解存在于水中的可生化降解有机物所进行的生物化学反应过程中所消耗的溶解氧数量。这是用于衡量水中有机物等需氧污染物质含量的一项重要的综合指标，单位通常为 mg/L。考虑到生物完全降解有机物所需时间较长，国家规定以五日 BOD 来判断水质的标准，也就是说，用生物降解水中有机物 5 天所消耗的氧的总量来作为判断标准。

【实验原理】

BOD 的测定通常采用标准稀释法（参见 GB/T 7488—1987），在一定温度下（通常是 20℃）将水样放入培养瓶中，经过一定时间的培养（通常是 5 天），测定溶解氧的消耗量，这个消耗量也被称为 BOD_5。如果水样五日 BOD 未超过 7 mg/L，则不必进行稀释，可直接测定。

BOD 的测定结果受多种因素的影响，包括温度、pH、水中的营养物质、有机物的种类和浓度等。在标准条件下，BOD 反映了废水中有机污染的程度，因此是评价水体污染程度的重要指标之一。同时，BOD 也被广泛应用于环境工程、污水处理等领域。

【器材和试剂】

1. 器材

（20±1）℃恒温培养箱、5～20 L 下口玻璃瓶、溶解氧瓶（250 mL）、曝气装置、量筒、容量瓶、玻璃搅拌棒（棒长应比所用量筒高度长 20 cm，棒的底端固定一个直径比量筒直径略小并有几个小孔的硬橡胶板）、虹吸管等。

2. 试剂

（1）pH 7.2 磷酸盐缓冲溶液：将 0.85 g 磷酸二氢钾（KH_2PO_4）、2.175 g 磷酸氢二钾（K_2HPO_4）、3.34 g 磷酸氢二钠（$Na_2HPO_4 \cdot 7H_2O$）和 0.17 g 氯化铵（NH_4Cl）溶于水中，稀释至 100 mL。调溶液的 pH 至 7.2。

（2）11.0 g/L 硫酸镁溶液：将 2.25 g 硫酸镁（$MgSO_4 \cdot 7H_2O$）溶于水中，稀释至 100 mL。

（3）27.6 g/L 氯化钙溶液：将 2.75 g 无水氯化钙溶于水中，稀释至 100 mL。

（4）0.15 g/L 氯化铁溶液：将 0.025 g 氯化铁（$FeCl_3 \cdot 6H_2O$）溶于水中，稀释至 100 mL。

（5）0.5 mol/L 盐酸溶液：将 4 mL（ρ=1.18 g/mL）盐酸溶于水，稀释至 100 mL。

（6）0.5 mol/L 氢氧化钠溶液：将 2.0 g 氢氧化钠溶于水，稀释至 100 mL。

（7）0.025 mol/L 亚硫酸钠溶液（1/2 Na_2SO_3=0.025 mol/L）：将 0.1575 g 亚硫酸钠（相对分子质量 126.043）溶于水，稀释至 100 mL。此溶液不稳定，需当天配制。

（8）150 mg/L 葡萄糖-谷氨酸标准溶液：将葡萄糖和谷氨酸在 103℃干燥 1 h 后，各称取 15 mg 溶于水中，移入 100 mL 容量瓶内并稀释至标线，混合均匀。此标准溶液的 BOD_5 为（210±20）mg/L，临用前配制。

（9）稀释水：在 5～20 L 玻璃瓶内装入一定量的水，控制水温在 20℃左右。然后用无油空气压缩机或薄膜泵将此水曝气 2～8 h，使水中的溶解氧接近于饱和；也可以鼓入适量纯氧。瓶口盖两层经洗涤晾干的纱布，置于 20℃培养箱中放置数小时，使水中溶解氧含量达 8 mg/L 左右。临用前于每升水中加入氯化钙溶液、氯化铁溶液、硫酸镁溶液、磷酸盐缓冲溶液各 1 mL，并混合均匀。稀释水 pH 应在 7.2 左右，BOD_5 应小于 0.2 mg/L。

（10）接种液：可选用以下任一方法获得适用的接种液。①城市污水：一般采用生活污水，在室温下放置一昼夜，取上层清液待用。②表层土壤浸出液：取 100 g 花园土壤或植物生长土壤，加入 1 L 水，混合并静置 10 min，取上清溶液待用。③含城市污染的河水或湖水、污水处理厂的出水。④当分析含有难以降解物质的废水时，在排污口下游 3～8 km 处取水样作为废水的驯化接种液。如果无此种水源，可取中和或经适当稀释后的废水进行连续曝气，每天加入少量该种废水，同时加入适量表层土壤或生活污水，使能适应该种废水的微生物大量繁殖。当水中出现大量絮状物，或检查其化学需氧量的降低值出现突变时，表明适用的微生物已进行繁殖，可用做接种液。一般驯化过程需要 3～8 天。

（11）接种稀释水：取适量接种液加于稀释水中，混匀。每升稀释水中接种液加入量为：生活污水 1～10 mL，表层土壤浸出液 20～30 mL，河水或湖水 10～100 mL。接种稀释水 pH 应为 7.2，其 BOD_5 在 0.3～1.0 mg/L 为宜。接种稀释水配制后应立即使用。

（12）1:1（V/V）乙酸溶液。

（13）100 g/L 碘化钾溶液：将 10 g 碘化钾（KI）溶于水中，稀释至 100 mL。

（14）5 g/L 淀粉溶液：称取 0.5 g 可溶性淀粉，用少量水调成糊状，然后加入刚煮沸的 100 mL 水（可继续加热 1～2 min）。

【实验步骤】

1. 水样的预处理

（1）水样的 pH 若超过 6.5～7.5 范围时，可用盐酸或氢氧化钠稀溶液调 pH 近于 7，但用量不要超过水样体积的 0.5%。若水样的酸度或碱度很高，可改用高浓度的碱或酸液进行中和。

（2）水样中含有铜、锌、铅、镉、铬、砷、氰等有毒物质时，可使用经驯化的微生物接种液的稀释水进行稀释，或提高稀释倍数，降低毒物的浓度。

（3）含有少量游离氯的水样，一般放置 1～2 h 游离氯即可消失。对游离氯在短时间不能消散的水样，可加入亚硫酸钠溶液以除去之。其加入量的计算方法是：取中和好的水样 100 mL，加入 1:1 乙酸溶液 10 mL、10%（m/V）碘化钾溶液 1 mL，混匀。以淀粉溶液为指示剂，用亚硫酸钠标准溶液滴定游离碘。根据亚硫酸钠标准溶液消耗的体积及其浓度，计算水样中所需亚硫酸钠溶液的量。

（4）从水温较低的水域或富营养化的湖泊采集的水样，可能含有过饱和溶解氧，此时应将水样迅速升温至 20℃左右，充分振摇，以赶出过饱和的溶解氧。从水温较高的水域或废水排放口取得的水样，则应迅速使其冷却至 20℃左右，并充分振摇，使水样与空气中氧分压接近平衡。

2. 水样的测定

1）非稀释法

对溶解氧含量较高、有机物含量较少的清洁地表水可不经稀释，直接以虹吸法将约

20℃的混匀水样转移至 2 个溶解氧瓶内，转移过程中应避免产生气泡。且使两个溶解氧瓶充满水样后溢出少许，加塞水封（瓶内不应有气泡），立即测定其中一瓶溶解氧含量（DOC_1），将另一瓶放入培养箱中，在（20±1）℃培养 5 天后，测其溶解氧含量（DOC_2）。

2）稀释与接种法

对于污染的地表水和大多数工业废水，需要稀释后再培养测定。根据实践经验，稀释倍数（指稀释后体积与原水样体积之比）用下述方法计算。

（1）一般稀释法：按照选定的稀释比例，用虹吸法沿筒壁先引入部分稀释水（或接种稀释水）于 1000 mL 量筒中，加入需要量的均匀原水样（试样），再引入稀释水（或接种稀释水）至 800 mL，用带胶板的玻璃棒小心上下搅匀。搅拌时勿使搅棒的胶板露出水面，防止产生气泡。

按"非稀释法"测定步骤进行装瓶，测定当天溶解氧含量和培养 5 天后的溶解氧含量。另取两个溶解氧瓶，用虹吸法装满稀释水（或接种稀释水）作为空白样，分别测定 5 天前、后的溶解氧含量。

（2）直接稀释法：在溶解氧瓶内直接稀释。在已知两个容积相同（其差小于 1 mL）的溶解氧瓶内，用虹吸法加入部分稀释水（或接种稀释水），再加入根据瓶容积和稀释比例计算出的水样量，然后引入稀释水（或接种稀释水）至刚好充满，加塞，勿留气泡于瓶内。其余操作与上述一般稀释法相同。

在 BOD_5 测定中，一般采用碘量法测定溶解氧（实验 43-I）。如遇干扰物质，应根据具体情况采用其他测定法。

3. BOD_5 计算

1）非稀释法

$$BOD_5（mg/L）= DOC_1 - DOC_2$$

式中，DOC_1 为水样在培养前的溶解氧含量（mg/L）；DOC_2 为水样经 5 天培养后的溶解氧含量（mg/L）。

2）稀释与接种法

$$BOD_5（mg/L）= [（DOC_{d1} - DOC_{d2}）-（DOC_1 - DOC_2）\times f_1]/f_2$$

式中，DOC_{d1} 为稀释后的水样在培养前的溶解氧含量（mg/L）；DOC_{d2} 为稀释后的水样经 5 天培养后的溶解氧含量（mg/L）；DOC_1 为空白样在培养前的溶解氧含量（mg/L）；DOC_2 为空白样经 5 天培养后的溶解氧含量（mg/L）；f_1 为稀释水（或接种稀释水）在培养液中所占比例；f_2 为原水样在培养液中所占比例。

【注意事项】

1. 使用清洁、密封性好的玻璃瓶采集水样，并避免使用塑料瓶，因为塑料可能会释放有机物影响测定结果。

2. 水样应充满采样瓶，并尽量减少气泡，采样后立即密封并置于低温（0~4℃）条件下保存，以减缓微生物活动和化学变化。

3. 水样应在采集后尽快分析，一般不超过 6 h；如需远距离转运，保存时间不应超过 24 h。

III 水体化学需氧量的测定

化学需氧量（COD）是在一定条件下，以氧化 1 L 水样中还原性物质所消耗氧化剂的量为指标，折算成每升水样全部被氧化后需要的氧的毫克数，单位以 mg/L 表示。换句话说，COD 是以化学方法测量水样中需要被氧化的还原性物质的量，它反映了水中受还原性物质污染的程度，也作为有机物相对含量的综合指标之一。此外，BOD/COD 值可反映污水的生物降解能力。

在饮用水的标准中，Ⅰ类和Ⅱ类水 COD≤15 mg/L、Ⅲ类水 COD≤20 mg/L、Ⅳ类水 COD≤30 mg/L、Ⅴ类水 COD≤40 mg/L。在河流污染和工业废水性质的研究以及废水处理厂的运行管理中，它是一个重要的、能较快测定的有机物污染参数。

【实验原理】

COD 测定方法以我国标准 GB/T 11914—1989《水质 化学需氧量的测定 重铬酸盐法》和国际标准 ISO6060《水质化学需氧量的测定》为代表，该方法氧化率高、再现性好，已成为国际社会普遍公认的经典标准方法。其测定原理为：在强酸性溶液中，用一定量的重铬酸钾氧化水样中还原性物质，过量的重铬酸钾以试亚铁灵作指示剂，用硫酸亚铁铵溶液回滴剩余的重铬酸钾，反应式如下：

$$6Fe(NH_4)_2(SO_4)_2 + K_2Cr_2O_7 + 7H_2SO_4 =\!=\!=$$
$$3Fe_2(SO_4)_3 + Cr_2(SO_4)_3 + K_2SO_4 + 6(NH_4)_2SO_4 + 7H_2O$$

根据硫酸亚铁铵的用量可计算出水样中还原性物质消耗氧的量。通常，用 0.25 mol/L 1/6 $K_2Cr_2O_7$ 溶液可测定大于 50 mg/L 的 COD 值，未经稀释水样的测定上限是 700 mg/L，用 0.025 mol/L 1/6 $K_2Cr_2O_7$ 溶液可测定 5~50 mg/L 的 COD 值，但当 COD 值低于 10 mg/L 时，测量准确度较差。

【器材和试剂】

1. 器材

COD 消解管、COD 消解仪、全自动滴定管[如没有，可用酸式滴定管（25 mL）代替]、锥形瓶（150 mL、500 mL）、移液管、吸耳球等。

2. 试剂

（1）硫酸汞（化学纯）。

（2）硫酸-硫酸银试剂：向 50 mL 浓硫酸中加入 0.5 g 硫酸银，放置 1~2 天，使之溶解并混匀，使用前小心摇动。

（3）0.25 mol/L 重铬酸钾标准溶液（1/6 $K_2Cr_2O_7$ = 0.25 mol/L，C_1）：称取预先在 120℃ 烘干 2 h 的优级纯重铬酸钾（相对分子质量 294.1846）12.258 g 溶于水中，移入 1000 mL 容量瓶，稀释至标线，摇匀。

（4）试亚铁灵指示液：称取 1.458 g 邻菲啰啉、0.695 g 硫酸亚铁溶于水中，稀释至 100 mL，贮于棕色瓶内。

（5）0.1 mol/L 硫酸亚铁铵标准溶液[$(NH_4)_2Fe(SO_4)_2 \cdot 6H_2O$ ≈ 0.1 mol/L]：称取 39.214 g $(NH_4)_2Fe(SO_4)_2 \cdot 6H_2O$（相对分子质量 392.14）溶于水中，边搅拌边缓慢加入 20 mL 浓硫酸，冷却后移入 1000 mL 容量瓶中，加水稀释至标线，摇匀。临用前，用重铬酸钾标准溶液标定。

标定方法：用移液管准确吸取 10.00 mL（V_1）重铬酸钾标准溶液于 500 mL 锥形瓶中，加水稀释至 110 mL 左右，缓慢加入 30 mL 浓硫酸，摇匀。冷却后，加 3 滴试亚铁灵指示液（约 0.15 mL），摇匀，用硫酸亚铁铵溶液滴定，溶液的颜色由黄色经蓝绿色至红褐色即为终点，准确记录硫酸亚铁铵溶液用量（V_2，mL），根据反应式及公式计算得到硫酸亚铁铵的浓度 C_2。

$$C_2(\text{mol/L}) = \frac{C_1 \times V_1}{V_2}$$

式中，C_1 为 1/6 $K_2Cr_2O_7$ 标准溶液的浓度（mol/L）；V_1 为吸取重铬酸钾标准溶液体积（mL）；V_2 为硫酸亚铁铵溶液滴定的用量（mL）。

【实验内容与步骤】

1. 消解过程

依照表 43-2 内容设计，取 4 支 COD 消解管，其中 2 支 COD 消解管中加入 20 mL 混合均匀的水样（或适量水样稀释至 20 mL，$V_水$；准确记录稀释倍数 n），另外 2 支 COD 消解管中加入 20 mL 重蒸馏水（无任何污染）作为空白对照（记作 0-1，0-2）；然后向每支 COD 消解管准确加入 10 mL $K_2Cr_2O_7$ 标准溶液（V_3）、30 mL 的硫酸-硫酸银，置于 COD 消解仪消解 2 h。

2. 滴定定量

消解后冷却 30 min 左右，将消解后的混合液倒入 500 mL 锥形瓶，并用 90 mL 蒸馏水分多次冲洗 COD 消解管，使得溶液总体积不少于 140 mL，否则会因酸度太大，滴定终点不明显。加 3 滴试亚铁灵指示液（约 0.15 mL），摇匀后用硫酸亚铁铵滴定，溶液颜色由黄色经蓝绿色变为红褐色即为终点，准确记录硫酸亚铁铵溶液用量（mL）。其中，空白对照滴定所用硫酸亚铁铵溶液体积记作 V_0，水样滴定所用硫酸亚铁铵溶液体积记作 $V_样$。

3. COD 计算

基于该方法测定原理反应式，硫酸亚铁铵（$Fe^{2+} \rightarrow Fe^{3+}$）与 $K_2Cr_2O_7$（$Cr^{6+} \rightarrow Cr^{3+}$）完全反应的摩尔系数比为 6:1，转化成与氧原子 $O \rightarrow O^{2-}$ 完全反应的摩尔系数比为 1:2，即滴定消耗 1 mol 硫酸亚铁铵，相当于水体中 1/2 mol 氧原子参与了反应。因此，COD 的计算公式如下：

$$COD(mg/L) = \frac{(V_0 - V_样) \times C_2 \times 8.0 \times n \times 10^3}{V_水}$$

式中，V_0 为滴定空白对照所需硫酸亚铁铵标准溶液的体积（mL）；$V_样$ 为滴定水样所需硫酸亚铁铵标准溶液的体积（mL）；C_2 为硫酸亚铁铵标准溶液的浓度（mol/L）；8.0 为 1/2 氧原子摩尔质量（g/mol）；n 为待测水样的稀释倍数；10^3 为将单位由 g 换算成 mg 的转化系数；$V_水$ 为待测水样的体积（mL）。

表 43-2　COD 测定实验记录表

项目	COD 消解管编号			
	0-1	0-2	1	2
实验材料	重蒸馏水	重蒸馏水	待测水样	待测水样
水样体积（$V_水$）/mL	20	20	20	20
水样稀释倍数（n）	1	1		
0.25 mol/L 1/6 $K_2Cr_2O_7$ 标准溶液用量/mL	10	10	10	10
硫酸-硫酸银/mL	30	30	30	30
冷却后冲洗消解管蒸馏水用量/mL	90	90	90	90
硫酸亚铁铵标准溶液（C_2）用量（V_0）/mL			—	—
硫酸亚铁铵标准溶液（C_2）用量（$V_样$）/mL	—	—		
COD $\left[COD = \dfrac{(V_0 - V_样) \times C_2 \times 8.0 \times n \times 10^3}{V_水} \right]$ /（mg/L）				

【注意事项】

1. 水样采集后应立即密封并置于低温（如 4℃）条件下保存，以减缓微生物活动和化学变化对测定结果的影响。
2. 溶解氧测定过程中，要确保溶解氧瓶内无气泡，滴定操作要缓慢、准确。
3. BOD 测定过程中，要保持恒温水浴的温度稳定，避免温度波动影响结果。
4. COD 测定过程中，消解温度和时间要严格控制，避免过度消解或消解不完全。
5. 所有试剂要妥善保存，避免污染和失效。

【思考与作业】

1. 水中溶解氧（DO）、生物需氧量（BOD）和化学需氧量（COD）在水质评价中各自扮演什么角色？它们之间有何内在联系和区别？如何综合应用这些指标来评估水体的自净能力和污染状况?

2. 分析不同水体(如河流、湖泊、水库)DOC、BOD、COD 的差异及其原因。

3. 探讨水体污染对水生生物的影响,以及如何通过改善水体生存指标来恢复水生态系统的健康。

4. 设计一个实验方案,研究某一水体生态系统指标(如溶解氧)在不同季节或不同污染程度下的变化规律。

实验 44　渗透胁迫对种子萌发的影响

【实验目的】

1. 掌握种子萌发过程中发芽率、发芽势、发芽指数等各项指标的观察和计算方法。
2. 理解渗透胁迫对种子萌发影响的一般规律。

【实验原理】

水是影响陆生植物生长的主要生态因子，影响植物水分吸收的主要是植物的渗透势。因此，植物体内水分缺乏或者水分吸收受阻，通常被称为渗透胁迫。渗透胁迫对植物生长发育的各个阶段，如种子萌发、幼苗生长、成株生长等都有着不同程度的影响，因植物种类不同而表现出差异。本实验主要观察不同浓度的渗透液（PEG6000）对适合湿润区种植的辣椒（*Capsicum annuum*）及适合干旱和半干旱区种植的小麦（*Triticum aestivum*）种子萌发过程的影响。

【实验材料】

饱满的辣椒和小麦种子。

【器材和试剂】

1. 器材

电热恒温箱、电子天平、烧杯、容量瓶、移液管、毫米刻度尺、玻璃棒、镊子、培养皿、滤纸、量筒、烧杯、加样枪等。

2. 试剂

（1）浓度为 50 g/L、100 g/L、150 g/L、200 g/L 的 PEG 溶液，溶质为 PEG6000，溶剂为蒸馏水。
（2）50%浓硫酸：27.2 mL 98%浓硫酸缓慢倒入 50 mL 蒸馏水中。
（3）5%次氯酸钠。
（4）无菌水。

【实验内容与步骤】

1. 预处理

（1）种子的预处理：用 50%浓硫酸浸泡辣椒和小麦种子 20 min，再用 5%次氯酸钠溶液浸泡 20 min，然后用无菌水冲洗 5 次。

（2）器皿准备：取培养皿 60 套，分别按以下不同浓度的 PEG（0、50 g/L、100 g/L、150 g/L、200 g/L）处理并贴好标签；在每个培养皿底部平铺两张滤纸。每个处理重复 6 次，分别标记为植物名称和 1、2、3、4、5、6。

2. 种子的培养（辣椒和小麦分别培养）

挑选大小相当的种子播种于铺有滤纸的培养皿（发芽床）内，50 粒/皿，分别加入不同浓度 PEG 渗透液 10 mL，各浓度处理均设 6 个重复。将培养皿置于恒温箱中，25℃避光条件下培养直至连续 2 天没有新发芽的种子出现，则为发芽试验结束。培养期间，每天采用重量法补充蒸馏水，以维持溶液渗透势的恒定（补充蒸馏水时用滴管滴入，避免加入过猛，冲乱种子）。如果在发芽床内有 5%以上的种子发霉，则应该进行消毒或更换新的发芽床。

3. 实验记录

开始实验后，逐日观察记录正常萌发种子数、不萌发种子数及腐烂种子数，并将腐烂种子取出弃掉，将观察结果填入表 44-1 中。

表 44-1　辣椒/小麦种子发芽情况记录

PEG 浓度/（g/L）	重复样	时间/d											
		1	2	3	4	5	6	7	8	9	10	11	…
0	1												
	2												
	3												
	4												
	5												
	6												
50	1												
	2												
	3												
	4												
	5												
	6												
100	1												
	2												
	3												
	4												
	5												
	6												

续表

PEG 浓度/（g/L）	重复样	时间/d											
		1	2	3	4	5	6	7	8	9	10	11	···
150	1												
	2												
	3												
	4												
	5												
	6												
200	1												
	2												
	3												
	4												
	5												
	6												

　　种子萌发过程中的生长指标主要包括芽长、总长。在单日发芽数最多一天统计生长指标。辣椒种子和小麦种子的发芽速率存在差异，详细记录好植物名称和统计指标的发芽天数。用镊子轻轻将正常发芽种子取出，用滤纸吸干幼苗表面溶液后，用刻度尺分别测量芽长和总长。以上测量先以"株"为单位进行记录（自备记录纸），然后以"皿"为单位计算平均值，将结果记入表 44-2。

表 44-2　辣椒/小麦种子萌发及幼苗生长指标测定结果

指标	重复数	PEG 浓度/（g/L）				
		0	50	100	150	200
发芽个数/个	1					
	2					
	3					
	4					
	5					
	6					
芽长/cm	1					
	2					
	3					
	4					
	5					
	6					
总长/cm	1					
	2					
	3					
	4					
	5					
	6					

4. 计算

种子发芽试验结束后，根据记录结果计算种子的发芽势、发芽率和发芽指数等指标。

（1）发芽率（G_r）

$$发芽率（\%）=发芽的种子数/供试种子数×100\%$$

其计算公式为

$$G_r = \Sigma G_t / T ×100\%$$

式中，G_t 为在 t 日的发芽数（个）；T 为供试种子总数（个）。

（2）发芽势

$$发芽势（\%）=规定天数内发芽种子数/供试种子数×100\%$$

种子发芽势是判断种子品质优劣、出苗整齐与否的重要指标，与幼苗强弱和产量有密切的关系。发芽势高的种子，出苗迅速，整齐健壮。小麦种子发芽势的规定天数为 3 天；辣椒种子发芽势的规定天数为 6 天。

（3）发芽指数（G_i）

$$G_i = \Sigma(G_t / D_t)$$

式中，G_t 为在 t 日的发芽数（个）；D_t 为相应的发芽天数。

根据表 44-1 的数据，分别计算发芽率、发芽势和发芽指数，将结果填入表 44-3。

表 44-3　辣椒/小麦种子的发芽率、发芽势及发芽指数计算结果

指标	PEG 浓度/（g/L）				
	0	50	100	150	200
发芽率/%					
发芽势/%					
发芽指数/（个/天）					

【注意事项】

1. 种子与种子之间应保持适当的间距，以留出幼苗生长的空间。

2. 如有发霉或腐烂的种子应及时处理，避免病菌传播影响其他种子；如发霉种子数量较多，可以考虑更换新的培养液和发芽床。

【思考与作业】

1. 做种子萌发实验时，为什么要用硫酸和次氯酸钠预处理种子？

2. 试分析辣椒种子和小麦种子萌发过程中各指标随渗透胁迫增加的响应差异，了解渗透胁迫对种子萌发的影响。

实验 45　植物对渗透胁迫的响应

【实验目的】

1. 掌握植物渗透胁迫相关生理指标的测定方法。
2. 理解适用于植物干旱早期诊断指标的特点。

【实验原理】

渗透胁迫对植物形态和生理生化特征等都有着不同程度的影响。形态方面主要表现在根系发育受到影响，根长、根数和重量明显减少，根系活力降低；茎叶生长缓慢；生殖器官的发育受阻。生理生化方面主要表现为细胞膜的透性增强，细胞内的溶质外渗，相对电导率增大；细胞内渗透调节物质增加，蛋白质分子变性凝固且蛋白质合成受阻；酶系统发生紊乱；植物激素含量发生变化，如脱落酸（ABA）含量会上升，促进叶片气孔关闭，CO_2 进入量减少，光合作用下降，同化产物积累减少。

I　质膜透性的测定

植物细胞与外界环境发生的物质交换都必须通过质膜进行。各种不良环境因素对细胞的影响往往首先作用于这层由类脂和蛋白质所构成的生物膜上。极端温度、干旱、盐渍、重金属（如 Cd^{2+} 等）和大气污染物（如 SO_2、HF、O_3 等）都会使质膜受到不同程度的损伤，往往表现为膜透性增大，细胞内部电解质外渗。因此，质膜透性的测定常作为植物抗性研究的一个重要生理指标。测定质膜透性变化最常用的方法是测定组织外渗液的电导率变化，外渗液电导率增加越多表示质膜受损伤程度越大，也说明植物受胁迫影响的程度越大。

【实验材料】

萌发 4 天的小麦（*Triticum aestivum*）幼苗。

【器材和试剂】

1. 器材

电导仪、小烧杯、带十字头的小玻璃棒、搪瓷盆、纱布、刀片、水浴锅、量筒、分析天平、真空干燥器、真空泵、真空压力表、恒温设备、摇床等。

2. 试剂

（1）去离子水。

（2）Hoagland 营养贮备液，见实验 38。

（3）PEG6000。

【实验内容与步骤】

1. 胁迫幼苗的处理与培养

（1）将发芽小麦移栽至装有 800 mL 1/2 Hoagland 营养液的培养缸中，每缸 6 株，共移栽 6 缸。

（2）将移栽培养 3 天后的小麦分为对照和水分胁迫两个处理组，每组 3 个重复（即每组 3 缸）。对照组：每缸为 800 mL 1/2 Hoagland 营养液+200 mL 蒸馏水；处理组：每缸为 800 mL1/2 Hoagland 营养液+200 g PEG，使 PEG 最终浓度为 20%。在恒温 25℃的培养室中，光照 16 h/黑暗 8 h 培养 2 天后用于实验。

2. 质膜透性的测定

（1）剪取叶龄、部位相同的小麦叶片，包在湿纱布内，置于带盖的搪瓷盆中。用自来水轻轻冲洗叶片，除去表面污物，再用去离子水冲洗 1～2 次，并用剪刀将叶片剪成 1～2 cm 长度一致的小段，用干净纱布轻轻吸干叶片表面水分，然后保存在湿纱布中，以防叶片失水。注意：对照组和处理组分别进行，叶片要分开放置，以免影响实验结果。

（2）每组（对照组及处理组）小麦样品称取 2 个 1 g，分别标记为甲组和乙组，将样品放入试管中，向试管中准确加入 20 mL 去离子水浸没样品，并标记液面位置。

（3）甲组（对照组及处理组）试管放入真空干燥器中，用真空泵反复抽放气 3～4 次，除去细胞间隙中的空气，使叶组织内电解质易渗出。为使减压条件一致，最好接一个真空压力表，将压力控制在 400～500 mmHg。减压渗透 0.5 h 后可恢复常压，在 20～30℃振荡、保温 2～3 h。

（4）乙组（对照组及处理组）试管置沸水浴中保温 10～15 min 以杀死叶片细胞，使质膜变成全透性。静置冷却，最后用去离子水精确补足至 20 mL（以标记的刻度线为准）。

（5）用电导仪测各试管溶液的电导率（S/cm），其中，甲组外渗液测得结果记作 S_1，乙组外渗液测得结果记作 S_2，并将结果填入表 45-1。

（6）计算：

电解质的相对外渗率（%）=甲组外渗液电导率/乙组外渗液电导率×100%，即

$$L(\%) = S_1 / S_2 \times 100\%$$

电解质的相对外渗率（也称相对电导率）的大小表示质膜受伤害的程度。

由于对照组叶片也有少量电解质外渗，因此，由 PEG 处理引起的干旱胁迫而产生的外渗可通过下面的公式进行计算，所得结果称为伤害度（或伤害性外渗）。

$$伤害度(\%) = \frac{L_t - L_c}{1 - L_c} \times 100\%$$

式中，L_t 为处理组叶片的电解质的相对外渗率；L_c 为对照组叶片的电解质的相对外渗率。

表 45-1 不同处理组电导率的测定及伤害度计算

植物材料	对照组			渗透胁迫组		
	1	2	3	1	2	3
甲组电导率（S_1）/（S/cm）						
乙组电导率（S_2）/（S/cm）						
相对电导率（L）/%						
伤害度/%	—	—	—			

电解质的相对外渗率测定需使用去离子水，若无去离子水，可用普通蒸馏水代替，但需要设一空白对照用于结果的修正，空白对照试管中仅加入 20 mL 蒸馏水而不放入植物叶片，所得电导率结果记作 S_c，电解质的相对外渗率的修正公式如下：

$$L(\%) = \frac{S_1 - S_c}{S_2 - S_c} \times 100\%$$

【注意事项】

1. 将叶片用去离子水冲洗干净，去除表面灰尘和杂质，然后用干净纱布轻轻吸干叶片表面水分，避免用力过猛导致叶片破损。

2. 甲、乙两组叶片的采样位置和处理方式要保持严格一致，可以先将两组材料做相同的处理后混匀，然后称取相同质量的甲、乙两组叶片进行后面的实验。

II 叶片游离脯氨酸含量的测定

在逆境（渗透胁迫、冷冻等）条件下，植物体内脯氨酸的含量显著增加，因此，植物体内脯氨酸含量在一定程度上反映了植物的抗逆性。

测定脯氨酸含量的方法很多：①酸性茚三酮-分光光度计法；②高效液相色谱法（HPLC）；③气相色谱法（GC）；④近红外光谱法（NIR）；⑤酶法；⑥氰化丙烯酸铵法；⑦液质联用技术等。本实验重点介绍酸性茚三酮-分光光度计法的测定原理和注意事项。

磺基水杨酸对脯氨酸有特定反应，当用磺基水杨酸提取植物样品时，脯氨酸会游离于磺基水杨酸的溶液中。然后，在酸性加热条件下，脯氨酸与茚三酮反应，生成一种稳定的红色缩合物。这种红色物质易溶于甲苯，因此，用甲苯处理反应液后，红色物质全部转移至甲苯相中，这种红色缩合物在波长 520 nm 处有最大吸收峰，并且其吸光度值与脯氨酸浓度成正比。

【实验材料】

同 "I　质膜透性的测定" 所用材料。

【器材和试剂】

1. 器材

可见分光光度计、离心机、电子天平、水浴锅、研钵、容量瓶、大试管、具刻度试管、滴管等。

2. 试剂

（1）6 mol/L H_3PO_4：取 16 mL H_3PO_4 溶到 50 mL 蒸馏水中。

（2）2.5%酸性茚三酮：将 1.25 g 茚三酮溶于 30 mL 冰乙酸和 20 mL 6 mol/L 磷酸中，搅拌加热（70℃）溶解，冷却后于冰箱 4℃ 保存。

（3）3%磺基水杨酸：3 g 磺基水杨酸加蒸馏水溶解后定容至 100 mL。

（4）10 μg/mL 脯氨酸标准母液：精确称取 10 mg 脯氨酸倒入小烧杯内，用少量蒸馏水溶解，再倒入 100 mL 容量瓶中，加蒸馏水定容至刻度（为 100 μg/mL 脯氨酸母液），吸取该溶液 10 mL，加蒸馏水稀释定容至 100 mL，即为 10 μg/mL 脯氨酸标准母液。

（5）冰乙酸。

（6）甲苯。

【实验内容与步骤】

1. 脯氨酸标准曲线制作

取 9 支具塞刻度试管进行编号，按照表 45-2 编号并加入各试剂。混匀后加盖玻璃塞，在沸水浴中加热 40 min。冷却后加入 4 mL 甲苯，充分震荡以萃取红色物质。静置片刻后，待红色物质全部转移至甲苯溶液，以甲苯相（0 号管萃取液）为对照，测定剩余 8 个管甲苯萃取液在 520 nm 波长处的吸光度值（A_{520}）。最后以脯氨酸含量（μg）为横坐标（x）、吸光度值（A_{520}）为纵坐标（y）建立回归方程：$y=ax+b$ 或 $y=ax$（如果两个方程的拟合绝对系数相似，建议采用设置截距为 0 的拟合方程）。

表 45-2　0～20 μg 标准脯氨酸溶液配制表及制作

时间		管号								
		0	1	2	3	4	5	6	7	8
沸水浴前	10 μg/mL 脯氨酸标准母液/mL	0	0.2	0.4	0.6	0.8	1	1.2	1.6	2
	蒸馏水/mL	2	1.8	1.6	1.4	1.2	1	0.8	0.4	0
	冰乙酸/mL	2	2	2	2	2	2	2	2	2
	2.5%酸性茚三酮/mL	2	2	2	2	2	2	2	2	2

续表

时间		管号								
		0	1	2	3	4	5	6	7	8
沸水浴后	甲苯/mL	4	4	4	4	4	4	4	4	4
	每管中脯氨酸含量（x）/μg	0	2	4	6	8	10	12	16	20
	A_{520}（y）									

2. 游离脯氨酸提取

（1）向两个离心管中移入 3%磺基水杨酸 5 mL（$V_{总}$），分别用作对照组和处理组小麦叶片提取液。

（2）分别称取对照组和处理组新鲜小麦叶片各 0.5 g（m），放入研钵中剪碎，用 3%磺基水杨酸溶液研磨提取，5 mL 磺基水杨酸分多次加入。

（3）分别将匀浆液转入离心管中，在沸水浴中浸提 10 min。冷却后以 3000 r/min 离心 10 min，取上清液待测；或者用滤纸过滤到新试管中，留滤液待测。

3. 样品测定

取 3 个具塞试管，标记为参比、对照组和实验组，其中，参比试管中加入 2 mL 蒸馏水，对照组和实验组试管中分别加入 2 mL 对应材料的上清液或滤液（$V_{用}$）。后续操作参照脯氨酸标准曲线制作进行：分别向各试管加入 2 mL 冰乙酸和 2 mL 2.5%茚三酮溶液，在沸水浴中加热 40 min。冷却后加入 4 mL 甲苯，充分震荡以萃取红色物质。静置片刻后，以参比管萃取液作为对照，测定对照组和实验组萃取液在 520 nm 处的吸光度值（A_{520}）。

4. 计算

依据对照组和实验组萃取液的吸光度值（y，A_{520}），借助标准曲线方程计算出测定液中脯氨酸的含量（x，μg），按下列公式计算样品中脯氨酸在叶片中的含量（μg/g 鲜重）。

$$样品中脯氨酸含量(μg/g鲜重) = \frac{\dfrac{A_{520} - b}{a} \times V_{总}}{V_{用} \times m}$$

式中，a 为拟合标准曲线方程所得系数；b 为拟合标准曲线方程所得截距；$V_{总}$ 为提取液总体积（mL）；$V_{用}$ 为测定时所吸取的提取液体积（mL）；m 为新鲜样品质量（g）。

【注意事项】

1. 配制的酸性茚三酮溶液仅在 24 h 内稳定，因此最好现用现配。茚三酮的用量与脯氨酸的含量相关。一般当脯氨酸含量在 10 μg/mL 以下时，显色液中茚三酮的浓度要达到 10 mg/mL 才能保证脯氨酸充分显色。

2. 烘干样品中脯氨酸含量的测定也可采用此法。在科学研究中，即使只能使用鲜样测定目标物质含量，通常也会通过除以干物质含量系数（干重/鲜重）来换算成每克干重中的物质含量。这样转换的原因是：植物鲜样的含水量受环境条件（如温度、湿度、降水）和采样时间（如清晨与正午）的影响，因此，用鲜重计算得到的实验结果波动非常大；而换算成干重后，一方面消除了环境差异导致的植物含水量变化对数据准确性和可比性的干扰，另一方面可进行跨实验、跨物种或长期研究的数据比较。

III　脱落酸（ABA）的测定

脱落酸（abscisic acid，ABA）是一种植物激素，其在植物生长发育过程中起着至关重要的作用。ABA 的主要功能包括调节植物水分平衡、抑制细胞分裂和促进植物休眠等。近年来，随着植物生理学研究的深入，对 ABA 含量的检测方法和技术也得到了广泛关注与应用。

（1）酶联免疫吸附试验（ELISA）：将 ABA 与特异性抗体结合，形成抗原-抗体复合物。该复合物与酶标底物反应，产生颜色变化，通过比色法测定反应液的颜色变化，根据标准曲线计算 ABA 的浓度。该方法灵敏度高，适用于大量样品的筛选。

（2）高效液相色谱法（HPLC）：先提取植物组织中的 ABA，然后将提取液通过色谱柱进行分离。在特定条件下，如特定的流速、柱温、检测波长等，ABA 会被分离并检测出来。通过测量 ABA 的峰面积，并与标准品的峰面积进行比较，可以计算出样品中 ABA 的含量。该方法准确度高，但操作相对烦琐。

（3）气相色谱-质谱法（GC-MS）：将 ABA 提取并衍生化后，通过气相色谱进行分离，再通过质谱进行检测和定量。这种方法具有灵敏度高、准确性好的优点，但需要专业的仪器和操作技术。

（4）荧光分析法：某些荧光物质与 ABA 结合后，其荧光强度会发生变化。通过测量荧光强度的变化，可以间接测定 ABA 的含量。这种方法灵敏度高，但可能受到其他荧光物质的干扰。

（5）放射性同位素标记法：使用放射性同位素标记的 ABA 作为示踪剂，通过测量放射性强度来确定 ABA 的含量和分布。这种方法准确度高，但操作复杂且需要特殊的实验条件。

本实验介绍 ELISA-固相抗体型-双抗体夹心法测定 ABA 含量。

【实验材料】

同"I　质膜透性的测定"所用材料。

【器材和试剂】

1. 器材

灭菌锅、低温冰箱、温箱、通风橱、离心机、电子天平、酶标分光光度计、C_{18} 胶柱（Sep-Pak C_{18} Cartridge，Water 公司产品，可根据样品溶质极性的不同，分离水溶液或极性较大的水和有机溶剂的混合物）、注射器、96 孔微孔板（12×8）、氮气钢瓶、研钵、具塞试管等。

2. 试剂

（1）50 mmol/L $NaHCO_3$ 缓冲液，pH9.6。

（2）50 mmol/L Tris-HCl 缓冲液（内含 150 mmol/L NaCl 和 1 mmol/L $MgCl_2$），pH 7.8，此液为测定缓冲液（TBS）。

（3）0.1%明胶：在 1 L TBS 中加 1 g 明胶，高压灭菌（120℃）30 min。

（4）50 mg/L 兔抗鼠免疫球蛋白（RAMIG）：将 1 mg 冰冻干燥的兔抗鼠免疫球蛋白溶于 20 mL 50 mmol/L $NaHCO_3$ 缓冲液中。

（5）0.01 mg/mL 单克隆抗体（mAb）：将 0.1 g 冰冻干燥的克隆抗体溶于 10 mL 50 mmol/L $NaHCO_3$ 缓冲液中。

（6）0.2%碱性磷酸酯酶（AP）酶标液：将 10 μL AP 溶于 5 mL 0.1%明胶中。

（7）1 mg/mL 对硝基苯磷酸酯（p-NPP）：将 0.01 g 对硝基苯磷酸酯溶于 10 mL 50 mmol/L $NaHCO_3$ 缓冲液。该试剂为 AP 酶标液的显色底物，需现用现配。

（8）重氮甲烷的制备：取 3 支 15 mL 带盖试管，分别标记为 A、B、C，在通风橱内于 A 管中依次加入 1 mL 40% KOH（m/V）、5 mL 乙醚和 500 mg 亚硝基甲基脲（$CH_3NHCONH_2$，Sigma N-0132），在盐冰浴上搅拌 10 min。待乙醚层呈黄色（410 nm 下吸光度值约为 3 最佳）时，吸取上层含重氮甲烷的乙醚溶液加入试管 B，加数粒 KOH 结晶静置 30 min，将上清液吸入试管 C。C 管中的溶液可直接使用或于−20℃下保存（1 周内使用）。

注意：亚硝基甲基脲有致癌作用，操作时应注意安全。

（9）0.2 mol/L 乙酸：5.97 mL 乙酸（ρ = 1.05 g/mL）配制成 500 mL 水溶液。

（10）5 mol/L KOH：5.6106 g KOH 溶于 20 mL 水；40% KOH（m/V）：将 4 g KOH 溶于 10 mL 水。

（11）洗涤缓冲液：0.01 mol/L pH 7.4 磷酸缓冲液（PBS），含 0.05% Tween-20。

（12）80%甲醇[内含 10 mg/L 丁羟甲苯（BHT）]。

（13）甲醇（优级纯或色谱纯）。

（14）乙醚（优级纯或色谱纯）。

（15）丁羟甲苯。

（16）乙酸乙酯。

（17）ABA 标准溶液的配制：准确称取 ABA 标准品冻干粉 0.01 g 溶于 5 mL 甲醇（小烧杯中进行），后转移至 10 mL 容量瓶中，用甲醇冲洗小烧杯并定容，得到 1000 mg/L 脱落酸标准溶液。

分别准确移取 1000 mg/L 脱落酸标准溶液 0.1 mL、0.2 mL、0.5 mL、0.8 mL、1.0 mL 和 2.0 mL 至 6 个 10 mL 容量瓶中，甲醇定容，配制成浓度为 10 mg/L、20 mg/L、50 mg/L、

80 mg/L、100 mg/L、200 mg/L 的 ABA 系列标准溶液。

【实验内容与步骤】

1. 植物激素粗提液的制备

准确称取鲜重为 0.1 g 的小麦叶片（m）（对照组和处理组分别进行），置于预冷（0℃）的研钵中，加入 1 mL 80%甲醇（内含 10 mg/L 的丁羟甲苯）研磨或匀浆，静置片刻后将上清液吸入离心管中，残渣再加 1 mL 80%甲醇研磨一次，并转入离心管中；最后再加入 1 mL 80%甲醇洗涤研钵后转入离心管，提取液总体积为 3 mL（$V_总$）。配平后，4℃、5000 g 离心 10 min，所得上清液即为植物激素粗提液。将粗提液移入新的离心管中，用于后续实验或暂时保存于–20℃备用（最多保存 7 天）。

以上操作过程应在弱光下进行。

2. C$_{18}$胶柱的平衡

（1）注入甲醇：使用注射器将 5 mL 甲醇（优级纯或分析纯）从 C$_{18}$胶柱的顶端慢慢注入。在注入甲醇时，确保注射器的尖端或泵的导管插入到柱子的入口端。

（2）控制流速：在注入甲醇时，流速过快可能会导致柱子内部形成气泡，影响分离效果。通常建议的流速是 1～2 mL/min。

（3）观察流出液：在柱子的出口端放置一个收集容器，如试管或废液瓶，以收集流出的甲醇。观察流出液，确保甲醇均匀流出，没有气泡或间断。

（4）确保完全平衡：让甲醇完全通过柱子，直到流出液中没有气泡，并且柱子出口端流出的甲醇与注入的甲醇体积基本一致，即确保甲醇完全通过柱子，避免在柱子入口或出口处有甲醇残留。

（5）用 5 mL 80%甲醇漂洗 C$_{18}$胶柱，并完全去除漂洗液，具体操作步骤参照（1）～（4）进行。

3. 亲酯色素的洗脱

（1）上样：用注射器吸取溶于 80%甲醇的粗提液全部溶液，从 C$_{18}$胶柱顶端入口慢慢注入，在柱子的出口端放置一个试管用于收集提取液，等完全收集后，将试管做好标记并移走。

（2）亲酯色素的洗脱：分离洗脱过 1 个样品后，胶柱就成了旧柱；如有多个样品，C$_{18}$胶柱必须经过再生才能进行下一个样品的分离。使用注射器将 5 mL 乙醚从 C$_{18}$胶柱的顶端慢慢注入，在柱子的出口端放置一个收集容器，确保乙醚完全通过柱子以避免在柱子入口或出口有乙醚残留，充分洗去亲酯色素。

（3）如有多个样品，重复 C$_{18}$胶柱的平衡、上样、亲酯色素的洗脱过程。根据对样品纯度要求，一般 C$_{18}$胶柱可反复使用 10 次左右。

4. 植物样品的甲酯化

将 0.1 mL（$V_{吹干}$）经过 C_{18} 胶柱的提取液转入 1.5 mL 离心管内，氮气吹干，然后加入 100 μL 甲醇重新溶解，再加入过量（100～200 μL）重氮甲烷直至样液呈浅黄色，于冰浴反应 10 min；然后向溶液中加入 100 μL 0.2 mol/L 乙酸（在甲醇溶液，该 0.2 mol/L 乙酸能促进重氮甲烷分解），直至黄色消失为止。以氮气吹干样液，用 100 μL 甲醇溶解（$V_{甲酯化}$），即为植物激素待测液。

5. 样品的测定

（1）包被微孔板：取聚苯乙烯 96 孔微孔板（酶标板），按照参比（空白）、标准样品浓度或者编号、待测样品（对照组和处理）等对微孔进行编号，每个样品 3 次重复。将 100 μL RAMIG 加入已经标记的微孔中，置于 4℃，黑暗条件下反应 12 h。RAMIG 被吸附到微孔板的表面，形成固相抗体。这一步的目的是为了捕获后续加入的 mAb。

（2）洗涤 RAMIG：弃去孔内溶液；然后每孔加满洗涤液，静置 1 min，弃去洗涤液，在吸水纸上晾干，如此重复洗涤 3 次去除未结合的 RAMIG 和其他杂质。

（3）加入 mAb：吸取 200 μL mAb 加入到微孔板的微孔中，37℃反应 60 min。mAb 会与固定在微孔板上的 RAMIG 结合，形成固相 RAMIG-mAb 复合物。

（4）洗涤 mAb：弃去孔内溶液；然后向每孔加满洗涤液，静置 1 min，弃去洗涤液，在吸水纸上晾干。如此重复洗涤 3 次去除未结合的 mAb 和其他杂质，能够确保只有特异性结合的 mAb 被保留下来，可通过抗原-抗体反应来定量检测 ABA 含量。

（5）ABA 与 RAMIG-mAb 特异性反应：按照编号所示，将 10 μL 待测液（$V_{用}$）及不同浓度的 ABA 标准品溶液 10 μL 加入对应编号的微孔中，然后再向微孔中加入 40 μL 测定缓冲液 TBS，此时待测液和标准液的稀释倍数为 5（n）；将 50 μL 测定缓冲液 TBS 加入标有参比的微孔中；将 96 孔板置于 37℃黑暗条件下反应 1 h。

（6）加入酶标液：向每个微孔中加入 50 μL 0.2% AP 酶标液，混匀，置于 37℃反应 1 h。AP 酶标液可与结合在 mAb 上的抗原（ABA）进一步结合，形成酶标复合物。

（7）去除反应液：弃去孔内溶液；然后每孔加满洗涤液，静置 1 min，弃去洗涤液，在吸水纸上晾干。如此重复洗涤 3 次以去除未结合的酶标液。

（8）加入显色反应底物：向每个微孔中加入 200 μL 显色底物 1 mg/mL p-NPP，于 37℃反应 20 min；p-NPP 在 AP 催化下发生水解反应，会生成对硝基苯酚（p-NP）和无机磷酸盐，其中，对硝基苯酚是一种黄色的化合物，其最大吸收波长通常在 405 nm 左右，其颜色深浅与反应产物的浓度成正比，因此可以通过分光光度计来测定其吸光度值，从而间接测定激素的含量。

（9）反应结束后，向每个微孔中加入 50 μL 5 mol/L KOH 终止反应，以确保反应颜色不再变化。此时，溶液总体积为 250 μL（$V_{终点}$）。

（10）用酶标仪测定各个样品在 405 nm 处的吸光度值。其中，空白溶液所测定结果记作 A_0，待测液所测定结果记作 A。

6. 结果计算

以 ABA 含量（mg/L）为横坐标（x）、其在 405 nm 下的吸光度值（A_{405}）为纵坐标（y）建立回归方程：$y=ax+b$。样品鲜重中 ABA 含量（%）计算公式如下：

$$ABA含量(\%) = \dfrac{\left(\dfrac{A-b}{a} - \dfrac{A_0-b}{a}\right) \times V_{甲酯化} \times \dfrac{V_{总}}{V_{吹干}} \times 10^{-6} \times 10^{-3}}{m} \times 100$$

式中，a 为拟合标准曲线方程所得系数；b 为拟合标准曲线方程所得截距；A 为试样溶液所测定吸光值；A_0 为空白溶液所测定吸光值；$\dfrac{A-b}{a}$ 和 $\dfrac{A_0-b}{a}$ 为基于拟合方差得到的脱落酸浓度（mg/L）；$V_{甲酯化}$ 为样品甲酯化后所得体积（µL）；$V_{总}$ 为激素粗提液总体积（mL）；$V_{吹干}$ 为氮气吹干所用体积（mL）；m 为称取的植物鲜样质量（g）；10^{-6} 为甲酯化所用体积由 µL 换算成 L 的转化系数；10^{-3} 为脱落酸浓度由 mg 换算成 g 的转化系数。

【注意事项】

1. 确保所有试剂如包被抗体、酶标抗体、底物溶液等均在有效期内，并按照说明书正确保存。稀释试剂时应使用适当的缓冲液，并确保稀释比例准确。

2. 洗涤步骤对于去除未结合的成分至关重要，应确保洗涤充分且不溢出孔外；使用适当的洗涤缓冲液，并控制洗涤次数和时间。

3. 实验过程中应严格区分不同样本和试剂，避免交叉污染；使用一次性加样枪头和离心管等耗材，减少污染风险。

【思考与作业】

1. 水分胁迫条件下，叶片质膜透性、游离脯氨酸含量与脱落酸含量的变化有怎样的规律？说明了什么？

2. 对比对照组和处理组小麦叶片在三个指标间的差异，并分析其中的原因。

实验 46　蚕豆根尖细胞微核试验在环境监测中的应用

【实验目的】

1. 了解环境污染对生物遗传物质的改变作用。
2. 掌握微核试验技术，并在显微镜下观察和区分细胞有丝分裂相的不同时期。

【实验原理】

细胞中的染色体在复制过程中经常会发生一些断裂，这些断裂在一般情况下能自己愈合，恢复原状，这样细胞就能恢复正常的生活。如果细胞受到外界污染物或诱变剂的干扰，染色体断裂就会增加，愈合受阻，而断裂下来的染色体由于缺少着丝粒，不能移到两极，从而停留在细胞质中。当细胞完成分裂形成新的细胞核时，这些片段就自己形成大小不等的小核，称为微核（图 46-1）。因此，在细胞分裂后观察统计微核的数量，就可以测量环境污染的程度或样品突变性的强弱。

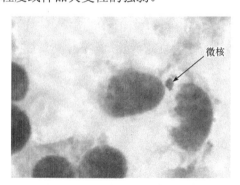

图 46-1　蚕豆根尖细胞中的微核

1986 年，蚕豆（*Vicia faba*）根尖微核试验被中国国家环境保护局列为一种环境生物测试的规范方法。它作为一种环境变异的测试手段，在我国不少地区的环保部门和医疗卫生系统中都有广泛的应用。蚕豆根尖微核试验与染色体畸变试验一样具有准确、快速、操作简便、有明显剂量-效应关系、适合大量样品检测等特点。美国国家环境保护总局也肯定了蚕豆根尖微核试验在环境突变性检测中的作用，对许多环境致癌物都进行了标准化的试验，建立了庞大的数据库，并建议在世界范围内推广。

从一次细胞分裂开始到下一次细胞分裂开始的全过程，称为细胞分裂周期。现在公认的细胞周期由四个阶段组成：分裂期（M），以及分裂间期的 G_1 期、S 期、G_2 期。分裂间期的细胞在显微镜下观察似乎处于静止状态，但在细胞内却进行着复杂而剧烈的生命活动，主要是蛋白质的合成、遗传物质的复制等，这些变化为下一步的细胞分裂做好准备。在显微镜下观察进入分裂期的细胞，可以看到细胞发生明显的变化，观察到各个时期的细胞分裂相（分裂前期、中期、后期、末期和胞质分裂期）。

【实验材料】

蚕豆（*Vicia faba*）种子。

【器材和试剂】

1. 器材

（1）显微镜、盖玻片、载玻片等显微解剖实验用具。载玻片和盖玻片一定要清洁干净，以免影响观察统计结果。

（2）人工光源：自制日光灯灯架，架高 50 cm，光源为两个并列的 40 W 日光灯。

（3）血细胞计数器。

（4）瓷盘、滤纸、光照培养箱、镊子、水浴锅、解剖针、刀片、滴管、小烧杯或指管等。

2. 试剂

（1）卡诺固定液：3:1 无水乙醇-冰乙酸（*V/V*）溶液（现用现配）。

（2）70%乙醇。

（3）1.0 mol/L HCl。

（4）1%乙酸洋红：将 50 mL 45%的乙酸水溶液放入 150 mL 锥形瓶中文火煮沸，然后徐徐投入 0.5 g 洋红粉末，再煮 1～2 h，在此溶液中悬一个铁钉，1 min 后取出，使染色剂中含有微量铁离子（或在溶液冷却后加 1～2 滴乙酸铁溶液）以便增强染色效果。将溶液过滤后，置于具玻璃塞的棕色玻璃瓶中备用。

（5）20 µmol/L CdCl$_2$ 溶液。

【实验内容与步骤】

1. 材料准备

取蚕豆种子在蒸馏水中浸泡 24 h，使种子充分吸胀，置于铺有滤纸的瓷盘中并盖上湿纱布，在 23℃的光照培养箱中培养 1～2 天，使其长出 1.5～3.0 cm 长的初生根，此时切除初生根以保证侧根的生长发育。

2. 染毒处理

待侧根露白后，随机分成两组。每组选择 10 粒种子放在小烧杯或试管中。一组用蒸馏水处理 6 h（对照组），另一组用 20 µmol/L CdCl$_2$ 溶液处理 6 h（染毒组）。

处理结束后，取出种子用蒸馏水冲洗，并移至含蒸馏水的瓷盘中修复培养 24 h。

3. 材料固定

取修复培养结束的蚕豆根尖 0.5～1 cm 于卡诺固定液中固定 12～14 h。然后，用 70% 乙醇浸泡清洗 2 次，每次 10～15 min，最后将根尖转入蒸馏水中备用。

4. 材料解离

将固定后的根尖材料用 0.1 mol/L HCl 在 60℃恒温水浴中解离 15～20 min。

5. 制片

将解离后的根尖材料用蒸馏水漂洗数次，取出置于载玻片上并做好标记，从根冠起切取根尖 1～1.5 mm，用解剖针捣碎，加 1～2 滴 1%乙酸洋红染液，染色 10～15 min。盖上盖玻片轻压。

6. 镜检

在 400 倍显微镜下，凡小于主核 1/4 以下、与主核有相同染色效果的，圆形、椭圆形或其他类似形状的染色物质都可以算作微核。

7. 微核的定量表示

通常每个处理组至少观察 5 张较好的制片，每张制片至少能观察到 1000 个以上的细胞。每 1000 个细胞出现的微核数称为微核千分率，而出现微核的细胞数称为微核细胞千分率。

【注意事项】

对严重污染的水环境进行检测时，检测处理可能会造成根尖死亡，应稀释后再进行测试。

【思考与作业】

1. 微核千分率与微核细胞千分率有何区别？在什么情况下这两个指标数值相等？
2. 分析两个处理组蚕豆根尖的微核千分率有何区别？试分析产生区别的原因。
3. 蚕豆根尖微核试验还能对其他环境要素的污染程度进行检测。试设计一个试验，应用蚕豆根尖微核试验技术对你所关注的环境污染进行监测。

实验 47　种群在有限环境中的 Logistic 增长

【实验目的】

1. 了解在有限环境下种群的增长方式，理解环境对种群增长的限制作用。
2. 学习并掌握逻辑斯谛（Logistic）增长方程参数估计和曲线拟合的方法。

【实验原理】

自然条件下的种群不可能无限制的增长。当种群增长到一定阶段，随密度上升，空间、资源或其他生活条件的限制使种内竞争增加，种群出生率下降、死亡率上升，导致种群实际增长率下降，直至种群不再增长甚至数量下降。种群在有限环境中的增长称为 Logistic 增长，可用 Logistic 增长方程来进行描述：

$$dN/dt = rN[(K - N)/K]$$

其积分式为

$$N_t = K / (1 + e^{a - rt})$$

式中，K 为环境容纳量，即种群数量的最大值；N 为种群的数量；e=2.718 28，是一个常数，即自然对数的底；a 为截距，反映曲线对原点的相对位置，其值取决于 N_0；r 为种群的瞬时增长率；t 为时间。

【实验材料】

紫萍（*Spirodela polyrrhiza*），为短日照类型。

【器材与试剂】

1. 器材

光照培养箱、50 mL 锥形瓶、量筒、移液器、电子天平、烧杯、坐标纸、镊子等。

2. 试剂

（1）0.1 mol/L HCl。
（2）0.1 mol/L NaOH。
（3）Hoagland 营养液贮备液，参考实验 38。

【实验内容与步骤】

1. 0.5×Hoagland 营养液的配制

先用量桶量取约 600 mL 蒸馏水倒至烧杯中，按实验 38 依次加入贮备液（mL），用量为 1×Hoagland 溶液的 1/2，并用 0.1 mol/L HCl 或 0.1 mol/L NaOH 调 pH 为 6.3 后，补水至 1000 mL，灭菌后待用。

2. 紫萍的培养

紫萍的培养分为两种处理：第一种处理实验期间不更换培养液，第二种处理实验期间 7 天更换一次培养液。首次实验，在 150 mL 组培瓶（或锥形瓶中）倒入 50 mL 0.5×Hoagland 营养液，并放入 4 片紫萍叶状体，做好标记后转入培养箱，在 26℃、16 h 光照和 22℃、8 h 黑暗条件下培养。

3. 观察计数

每隔 7 天观察一次，并准确记录每种处理下紫萍叶状体的数目，直至观测数目达到平衡后停止实验。

4. Logistic 方程参数环境容纳量 K 值的估计

（1）目测法：在坐标纸上描点，判断种群增长的总趋势，目测出环境容纳量 K 值。
（2）平均法：利用到达平衡点开始的一天及以后几天的数据，计算平均值。
（3）三点法：取相同时间间隔的 3 个观察值，应用下列公式计算 K 值

$$K = \frac{2N_1N_2N_3 - N_2^2(N_1 + N_3)}{N_1N_3 - N_2^2}$$

式中，N_1、N_2、N_3 分别为时间间隔相等的三个种群数量值，要求时间间隔尽可能大一些。

5. Logistic 方程参数的构建

求出 K 值后，将 Logistic 方程变为

$$(K - N)/N = \mathrm{e}^{a-rt}$$

两边取对数，即

$$\ln[(K - N)/N] = a - rt$$

设 $y = \ln[(K - N)/N]$，$b = -r$，$x = t$，则可将 Logistic 方程写为 $y = a + bx$。利用直线回归的统计方法求得参数 a 和 b，把求得的值（a、r、K）代入 Logistic 方程，则得到 N 的理论值。将理论值与实际值进行显著性检验，确定无显著性差异，则 Logistic 方程拟合成立。

6. 借助软件构建方程

随着计算机及软件开发的高度发展,借助一些软件可以直接得出曲线方程及拟合效果(R^2),如 Curve-Expert 软件就是专门拟合生物增长曲线的软件。另外,也可借助 SPSS 软件回归拟合或者其他一些软件编程来拟合方程。

【思考与作业】

1. 查阅相关资料了解 Richard 增长模型和 Logistic 增长模型之间的关系,哪种方程能作为种群增长的普遍性模型?

2. 试以另一种植物为实验材料,设计试验拟合种群增长的 Logistic 方程并进行检验。

实验 48　浮游植物对温度、pH 耐受性的观测

【实验目的】

1. 学习判断生物对生态因子耐受性范围的测定方法。
2. 加深对谢尔福德（Shelford）耐受性定律的理解。
3. 认识影响浮游植物耐受能力的因素。

【实验背景】

温度和 pH 对植物生长、发育等都有着不同程度的影响。不同种植物或同种植物不同来源的个体间对温度和 pH 的耐受限度及范围均会存有差异，这种耐受性的差异与其分布生境和生活习性密切相关。

【实验材料】

（1）紫萍（*Spirodela polyrhiza*），在温湿多雨的季节繁殖较快，其生长发育的最适温度区间为 25～30℃，水体酸碱为 pH 5.4～7.2。

（2）槐叶萍（*Salvinia natans*），其生长发育的最适温度区间为 20～28℃，水体酸碱度区间为 pH 5.0～8.0，但具体生长情况与培养液成分也有一定的关系。

【器材和试剂】

1. 器材

移液器、量筒、滴管、镊子、培养缸（培养瓶）、光照培养箱、温度计、计数器、烧杯、pH 计。

2. 试剂

（1）0.1 mol/L HCl。

（2）0.1 mol/L NaOH。

（3）Hoagland 营养液贮备液，参考实验 38。

【实验内容与步骤】

1. 浮游植物对高温和低温的耐受能力

（1）0.5×Hoagland 营养液的配制：先用量桶量取约 600 mL 蒸馏水倒至烧杯中，按

实验 38 依次加入贮备液（mL），用量为 1×Hoagland 溶液的 1/2，并用 0.1 mol/L HCl 或 0.1 mol/L NaOH 调 pH 为 6.0～6.3 后补水至 1000 mL，灭菌后待用。

（2）将灭菌后的营养液分装到无菌的培养瓶中，100 mL/瓶。

（3）将长势一致的紫萍按 30 叶状体/瓶、槐叶萍按 12 叶状体/瓶转入含营养液的培养瓶中，每种植物 12 瓶，分为 4 个处理组，每组 3 个重复。以组为单位将植物材料分别放置在控温控光的培养箱中培养，设置低温（1℃和 5℃）和高温（45℃和 49℃）、16 h 光照/8 h 黑暗培养。

（4）每隔 1 天观测一次各处理组植物的增长情况。如果植物能正常生长和繁殖，则该温度下停止观测；如果植物不能正常生长和繁殖，则观察在该温度条件下叶状体死亡数（叶片变黄）达到总数 50%时所需要的时间。

注：如果在特定温度下，死亡的叶状体数目在 1 天内就超过总叶状体数目的 50%，则表明所设置温度不合适，需提高或降低 1℃后，重新设置处理并进行观测。

（5）统计两种植物存活的叶状体数目在各个极端温度下随时间的变化情况，记录在表 48-1，并计算死亡率（死亡率=死亡个体数/初始个体数×100%）。

表 48-1 极端温度条件下两种浮萍种群数目随时间变化情况统计表

培养温度	培养时间/d	紫萍		槐叶萍	
		种群数目	死亡率	种群数目	死亡率
低温/℃（具体温度）	0	30		12	
	1				
	2				
	3				
	4				
	5				
	……				
高温/℃（具体温度）	0				
	1				
	2				
	3				
	4				
	5				
	……				

2. 浮游植物对培养液 pH 的耐受能力

（1）0.5×Hoagland 营养液的配制：同温度耐受性能力检测试验，共配制 4 份用于设置不同 pH 处理。用 0.1 mol/L HCl 或 0.1 mol/L NaOH 依次将 4 份溶液调 pH 至 3.5、4.0、9.0、9.5，将各 pH 溶液补水至 1000 mL，灭菌后待用。

（2）将灭菌后的营养液分装到无菌的培养瓶中，100 mL/瓶。

（3）将长势一致的紫萍按 30 叶状体/瓶，槐叶萍按 12 叶状体/瓶转入含营养液的培养瓶中，每种 pH 处理组含 3 个重复，4 种 pH 处理共 12 瓶，25℃、16 h 光照/8 h 黑暗培养。

（4）每隔 1 天观测一次植物的增长情况。如果植物能正常生长、繁殖，则该 pH 处理下停止观测；如果浮萍不能正常生长和繁殖，则观察在该 pH 条件下叶状体死亡数（叶片变黄）达到总数目 50%时所需的时间。

注：如果在特定 pH 条件下死亡的叶状体数目在 1 天内超过总叶状体数目的 50%，则表明所设置 pH 处理不合适，需提高或者降低 pH 后，重新设置处理并进行观测。

（5）统计两种植物存活的叶状体数目在各个极端 pH 条件下随时间的变化情况，记录在表 48-2 并计算死亡率。

表 48-2　极端 pH 条件下两种浮萍种群数目随时间变化情况统计表

溶液 pH	培养时间/d	紫萍		槐叶萍	
		种群数目	死亡率	种群数目	死亡率
pH（具体数值）	0	30		12	
	1				
	2				
	3				
	4				
	5				
	……				
pH（具体数值）	0				
	1				
	2				
	3				
	4				
	5				
	……				

3. 结果分析

（1）依据表中记录结果，以时间为横坐标、死亡率为纵坐标分别绘制两种浮萍生长状况随时间变化的情况。

（2）根据实验结果，结合 Shelford 耐受性定律等，分析各组间的差异，并评估不同浮萍对温度、pH 耐受性的差异及其影响因素。

【注意事项】

实验过程中应严格遵守无菌操作规范，避免实验水体受到污染。同时，实验器材和试剂也应保持清洁无污染。

【思考与作业】

1. 本实验所用培养液为 0.5×Hoagland 营养液，如果换成其他成分，是否会对结果有影响？解释原因。

2. 对实验结果进行总结，分析实验过程中可能存在的问题和不足之处，并提出改进措施。同时，也可以将实验结果与已有研究进行比较和分析，以进一步验证实验结果的准确性和可靠性。

实验 49　植物种间竞争

【实验目的】

1. 了解植物间竞争的作用形式以及相应的测定方法。
2. 理解环境条件对植物种间关系的影响。

【实验原理】

植物-植物种间相互作用是生态系统中一个复杂而关键的现象，它涵盖了植物之间多种形式的相互影响和关联。这些相互作用大致可以分为竞争、促进、中性等。种间竞争是植物间最常见的相互作用形式，是指两个种在所需环境资源不足的情况下发生的相互排斥关系，主要体现在对生长空间、光线、水分和养分等资源的争夺上。种间竞争在决定物种共存还是竞争排斥方面起着重要作用。

种间竞争在自然界中普遍存在且易于观察，竞争的双方在个体生长和种群数量增长方面都会受到抑制。种间竞争能力取决于种的生态位和生态幅，还受个体大小、生长速率、抗逆性以及植物的生长习性的影响。当资源相对匮乏时，植物之间的竞争尤为激烈，可能导致某些植物个体生长受限甚至死亡。

植物间竞争关系的研究方法很多，本实验介绍等密度梯度置换实验法和目标植物密度固定的邻株法。

I　等密度梯度置换实验法

总密度不变的情况下，进行不同密度比的梯度种植，通过输入比例和输出比例的计算，可以给出植物的竞争模型，得出植物最后存在的关系，如 A（或 B）物种被竞争排除，或者 A、B 两物种共存。对于一年生植物，密度梯度置换实验法可以很好地预测种群的发展趋势和两物种间的竞争结果。

【实验材料】

多年生黑麦草（*Lolium perenne*）和高羊茅（*Festuca arundinacea*）种子，两者均为草坪草常用植物。

【器材和材料】

1. 器材

花盆、有机肥、蛭石、沙土、剪刀、漏斗、胶皮管、标签、天平、信封等。

2. 试剂

Hoagland 营养液配制所需相关试剂（参考实验 38）。

【实验内容与步骤】

1. 实验设计

黑麦草（甲物种）和高羊茅（乙物种）种子按不同比例进行播种，甲、乙两者的比例分别为 0.00:1.00、0.25:0.75、0.50:0.50、0.75:0.25、1.00:0.00，即从全部为高羊茅种子到全部为黑麦草种子。为了验证环境条件对竞争关系的影响，同时设置无营养补充（正常浇水）和营养补充两组处理。每个处理 3 次重复，共 30 盆。

（1）将沙土和有机肥充分混匀，分别装到花盆里，使土面稍低于盆口约 2 cm，放在温室内备用。

（2）按实验设计种植比例，每盆均匀播种 40 粒种子。播完后，将每个花盆贴上标签，写明处理、重复编号和播种日期

（3）将花盆摆在温室内，无营养补充组每周浇 500 mL 蒸馏水，而营养补充组浇 500 mL 1×Hoagland 营养液；如补液间隔期间发现培养基质出现缺水症状，可适当补充蒸馏水；每周交换位置以避免位置效应。

（4）种子萌发后，统计发芽率和幼苗存活情况。

（5）将生长 3 个月的幼苗进行收获，分盆、分种统计并登记分蘖数、生物量和株高。

（6）将不同处理条件下 3 次重复所测定的分蘖数、生物量、株高进行汇总，便于后续数据分析。

2. 数据分析

（1）应用图解法分析不同营养处理组以及不同种植比例下每种植物的单株分蘖数、生物量和株高的生长情况，并重点分析同种植物在不同处理间的差异。

（2）以两种植物的生物量比值作为输出比例（y），以种植时两种植物的种子数量比值作为输入比例（x），绘制输入比例和输出比例图。绘图时，同时绘制输入比例=输入比例的参考线，以便用于趋势分析；采用对数坐标轴效果更好。

$$输入比例 = \frac{物种甲播种的种子数}{物种乙播种的种子数}$$

$$输出比例 = \frac{物种甲收获的种子数}{物种乙收获的种子数}$$

因本实验中很难收获得到种子，因此，我们用生物量代替种子数进行计算和绘图。

（3）对比有无营养补充处理对曲线的斜率是否有影响，以及与参考线的关系是否发生了变化。

【注意事项】

1. 收获植物材料时要严格按照标记和物种来收获，以盆为单位；每盆内植株，也要进行区分，先统计每株的株高、分蘖数和生物量，在此基础上计算每盆的情况。避免盆内植株重复测量或者漏测的情况。

2. 遮阴、强光、干旱和水涝等均会影响植物种间的竞争关系，因此，本实验尽量在均质且无其他胁迫的环境中进行。

3. 因为本实验种植密度大，因此，所得结果也包含了种内个体间的竞争，在此实验结果分析中不对种内竞争进行区分。

II 目标植物密度固定——邻株法

邻株法测定植物种内竞争的核心原理在于通过控制实验条件，将不同种类的植物种植在相邻的位置，以模拟自然环境中植物间的竞争关系。这种方法允许研究者直接观察和分析植物在竞争过程中的生长表现、资源利用效率以及最终的生物量积累等关键指标。此外，邻株法可以有目的地研究邻居植物对目标植物的地上部竞争、地下部竞争和整株竞争，同时，还可以减少目标植物种内竞争的干扰。

室内盆栽试验可以很容易构建出目标植物单种和目标植物-竞争植物混种处理。在野外条件下，可以通过移除一定范围内竞争植物的方法构建目标植物单种的情况，也称为邻体移除法。

【实验材料】

多年生黑麦草（*Lolium perenne*）和高羊茅（*Festuca arundinacea*）7 天幼苗。

【器材和材料】

同"I 等密度梯度置换实验法"。

【实验内容与步骤】

1. 实验设计

设置黑麦草单种（isolation，1 株/盆）、高羊茅单种（1 株/盆）和黑麦草-高羊茅（各 1 株/盆）混种 3 种种植方式处理。同时，每种种植方式下设置无营养补充和营养补充两种营养处理。每个处理 3 次重复，共 18 盆。

（1）将沙土和有机肥充分混匀，分别装到直径小于 10 cm 的花盆里，使土面稍低于盆口约 2cm，放在温室内备用。

（2）按实验设计移栽植物，将每个花盆贴上标签，写明处理、重复编号和移栽日期。

（3）将花盆摆在温室内，无营养补充组每周浇 100 mL 蒸馏水，而营养补充组每周浇 100 mL 1×Hoagland 营养液；如果补液间隔期间发现培养基质出现缺水症状，可适当补充蒸馏水；每周交换位置以避免位置效应。

（4）将生长 3 个月的幼苗进行收获，分盆、分种统计并登记分蘖数、生物量和株高。

2. 数据分析

（1）应用图解法分析不同营养处理组以及不同种植方式下每种植物的单株分蘖数、生物量和株高的生长情况，并重点分析同种植物在不同种植方式间的差异及这种差异是否受营养处理的调节。

（2）计算两个物种间的相对竞争系数（relative competition index，RCI）

$$\text{RCI}_{i,j} = (B_{i,\text{iso}} - B_{i,j}) / B_{i,\text{iso}}$$

式中，$B_{i,\text{iso}}$ 为目标物种单独种植时所得生物量；$B_{i,j}$ 为两物种混种时所得生物量。

（3）对比有无营养补充处理对两种植物生长和相对竞争系数的影响。

【注意事项】

1. 实验条件应尽量保持一致以减少非处理因素差异对植物生长的影响。
2. 幼苗移栽时要十分小心，以免损伤植物。

【思考与作业】

1. 对比两种测定种间竞争的方法，查阅文献解释每种方法的优缺点和适用范围。
2. 植物-植物种间相互作用，除了竞争外，还有种间相互促进作用，请举例说明。

实验 50　植物种间化感作用

【实验目的】

1. 理解化感作用的作用形式，以及其与种间竞争的区别。
2. 了解化感作用在自然生态系统和人工生态系统中的重要作用。

【实验背景】

Candolle 在 1832 年首先提出植物间存在化感作用（allelopathy）。20 世纪 30 年代，Molisch 给出化感作用的定义：化学物质从一种植物转移到另一种植物的过程中，对另一种植物产生直接或间接影响。随着研究的不断深入，目前认为化感作用是指一种植物（包括微生物）通过释放化学物质到环境中，对另一种植物（或微生物）的生长、发育和分布产生直接或间接影响的现象。化感作用发生在两个物种之间，实际上是供体植物（化感植物）对受体植物（目标植物）的化学抑制作用。

化感作用的作用方式包括直接作用（不需要借助媒介物质完成对其他植物的影响）和间接作用（需要借助水体或者土壤等媒介发挥作用）。但实际上两种作用无法完全分开。例如，接触释放属于直接作用，其指的是植物体表面（如叶片、茎、根等）直接释放化学物质到环境中，这些物质也可能通过雨水冲刷、风传播或根系分泌物等方式进入土壤或水体，影响周围植物的生长和发育等。

化感作用涉及的化学物质种类繁多，包括但不限于以下几类：酚类化合物、萜类化合物、生物碱、有机酸、糖类和氨基酸等。

作用方式和化学物质的多样性，以及这些物质在不同环境条件下的变化，增加了化感作用的复杂性。此外，化感作用还受到植物种类、生长阶段、环境条件（如光照、温度、水分、土壤类型等）以及微生物群落等多种因素的影响。因此，研究化感作用需要综合考虑多种因素，以揭示其背后的生态学机制。

【实验材料】

向日葵（*Helianthus annuus*）和莴苣（*Lactuca sativa*）种子。

【实验器材】

花盆、有机肥、沙土、剪刀、漏斗、胶皮管、标签以及放置花盆的台阶型装置等。

【实验内容与步骤】

1. 实验设计

在台阶型装置的上排放置 6 个底部带漏斗的花盆，下排放置 6 个正常花盆；用细胶皮管连通上排花盆底部漏斗，并将胶皮管的另一头垂在下排花盆的上方（图 50-1）。

（1）将沙土和有机肥充分混匀，分别装入花盆中，使土面低于盆口约 2 cm。

（2）向上排的 3 个花盆内播种向日葵（化感作用植物）种子 10 粒，作为处理组，上排另外 3 个花盆内不播种任何植物，作为对照组。按需浇水直至向日葵发芽，随后改为向上排花盆中定量浇水，以使得部分水从上排的花盆中经漏斗渗出。前两次渗出液弃去，之后将渗出液通过胶皮管导入下排花盆，保障下排花盆中土壤含水量满足种子萌发所需。

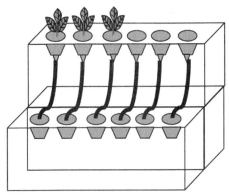

图 50-1　台阶型装置示意图

（3）向下排的花盆中播莴苣（化感响应植物）种子，50 粒/盆；依据胶皮管对应的上排花盆的处理情况对下排花盆进行对应编号，写明处理和播种日期。

（4）定期定量给上排花盆浇水并将渗出液通过胶皮管导入下排花盆，以满足下排花盆中的莴苣正常的生长发育。整个实验期间，下排花盆中无其他补充水分途径。

（5）莴苣种子萌发后，统计其发芽率和幼苗成活状况；3 周后以盆为单位测定莴苣的株高，然后，分地上部、地下部收获莴苣幼苗，将地上部和地下部分装在纸袋中并做好标记，65℃烘干 24 h，称量得到莴苣的地上部生物量和地下部生物量。

2. 化感作用响应指数（response index，RI）计算

$$RI = P_{treat}/P_{control}-1$$

式中，$P_{control}$ 为在对照条件下所得到的性状（发芽率、株高、生物量）的平均值；P_{treat} 为在处理条件下所得到的性状（发芽率、株高、生物量）值。将三次重复所得结果进行单样本 t-检验，当 RI>0 时，表示化感作用植物渗出液对响应植物具有促进作用；当 RI<0 时，表示渗出液对响应植物抑制作用；当 RI=0 时，表示无显著作用。

【注意事项】

为了准确评估化感作用的效应，必须设置无任何植物种植的对照组，以便与处理组所得结果进行比较。

【思考与作业】

化感作用与种间竞争的本质区别在哪里？

实验 51　植物种群的空间分布格局

【实验目的】

1. 理解种群分布格局内个体间的关系。
2. 学习并掌握判断种群空间分布格局的方法。

【实验原理】

种群的空间分布格局，是指组成种群的个体在其生活空间中的位置状态或布局。植物种群的空间分布格局一般有三种类型：随机分布（random distribution）、均匀分布（uniform distribution）和集群分布（clumped distribution）。

植物种群的空间分布格局主要取决于种群个体间的相互作用和各环境因子的综合作用。判断植物种群空间分布格局的方法很多，比较常用的方法为方差/平均值比率法和卡方检验法。

（1）方差/平均值比率法：是指在 n 个相同面积的样方内统计目标物种的个数，分别记作 $X_1, X_2, X_3, \cdots, X_n$，然后计算所有样方内该物种的平均值 $\bar{X}$ 和方差 S^2，并借助 $S^2 / \bar{X}$ 与 1 之间的差异显著性的检验结果（借助 t 检验或者卡方检验）对种群分布的空间格局进行判断。

$$\bar{X} = \frac{\sum_{i=1}^{n} X_i}{n}$$

$$S^2 = \frac{\sum_{i=1}^{n} (X_i - \bar{X})^2}{n}$$

若 $S^2 / \bar{X} \approx 1$（与 1 之间差异不显著），表示种群为随机分布；

若 $S^2 / \bar{X} > 1$（在右侧显著区间），表示种群为集群分布；

若 $S^2 / \bar{X} < 1$（在左侧显著区间），表示种群为均匀分布。

（2）卡方（χ^2）检验法：

$$\chi^2 = \frac{S^2 (n-1)}{\bar{X}}$$

计算 χ^2 值后，通过查阅卡方临界值表[$\chi^2_{(f-1, 0.025)}$，$\chi^2_{(f-1, 0.975)}$]来判断种群的分布情况。如果计算所得结果位于两个显著区之间，则为随机分布；位于右侧显著区间则为集群分布；而位于左侧显著区间，则为均匀分布。

随着统计学在生态学领域的应用，借助卡方检验来判断种群的分布格局逐渐成为主流，已陆续被写进国内外教材。

【实验内容与步骤】

（1）选择合适的草地群落，用绳子拉一个 100 m 长的样线，每隔 10 m 作一个 1 m× 1 m 的样方并对样方内 3 种目标植物的个体数目进行计数，将调查数据填入表 51-1。

表 51-1 调查数据记录表

样方编号	种群数目 X		
	物种 1	物种 2	物种 3
1			
2			
3			
4			
5			
6			
7			
8			
9			
10			
样方总数：n			
种群总数：$N = \sum\limits_{i=1}^{n} X_i$			
样方内平均值：$\bar{X} = \dfrac{N}{n}$			
方差：$S^2 = \dfrac{\sum\limits_{i=1}^{n}(X_i - \bar{X})^2}{n}$			
$S^2 / \bar{X}$			
卡方值：$\chi^2 = \dfrac{S^2(n-1)}{\bar{X}}$			

（2）利用表 51-1 中数据进行计算，得出每种植物的分布格局。

【注意事项】

1. 结合实验数据和生态学知识，分析植物种群空间分布格局的形成原因。考虑种内竞争、资源分布、环境异质性等因素的影响。

2. 根据研究对象的类型和生境条件，选择合适的样方面积。一般草本植物可用 1 m×1 m 样方，灌木可用 5 m×5 m 样方，乔木则根据具体情况适当扩大样方面积。

【思考与作业】

1. 所调查植物种群的分布格局为哪种类型？试分析其形成原因。

2. 增大或减少样方数会对实验结果产生什么样的影响？

3. 查阅文献了解更多判断种群分布格局的方法，以及每种方法的计算和检验过程。

实验 52 植物群落结构调查和多样性分析的基本方法

【实验目的】

1. 掌握植物群落结构和多样性调查的基本方法。
2. 了解植物群落的基本组成和分布特征。
3. 学会运用统计和分析工具对植物群落数据进行处理与分析。

【实验原理】

植物群落作为生态系统中最重要的组成部分之一，其结构和多样性对于维持生态平衡、促进生物多样性及保障人类福祉具有重要意义。植物群落的结构和多样性研究不仅有助于理解生态系统的基本功能和动态变化，还为生态保护、恢复及资源合理利用提供科学依据。本实验旨在通过系统调查和分析植物群落的结构及多样性，掌握相关调查方法和分析技术，为未来的生态学研究及环境保护工作打下基础。

生物多样性分为三个层次：遗传多样性、物种多样性和生态系统多样性。

物种多样性是生物多样性的基础，指一个群落或生态系统中物种数目的丰富程度。它反映了群落中物种的丰富度和均匀度，是群落结构稳定性的重要指标。物种多样性的度量方法包括物种数（S）、物种丰富度指数、物种多样性指数[如香农-维纳（Shannon-Wiener）指数]等。物种多样性分析有以下三个方面的生态学意义：①它是描述群落结构特征的一个指标；②用来比较两个群落的复杂性，作为环境质量评价和比较资源丰富程度的指标；③对不同演替阶段的多样性比较，可作为演替方向、速度及稳定程度的指标。

群落结构：植物群落结构指群落内不同植物种类在空间上的分布和配置方式，包括垂直结构和水平结构。垂直结构主要体现在不同植物种类在高度上的分层现象，如乔木层、灌木层、草本层等；水平结构则反映植物种类在水平空间上的分布格局，如均匀分布、集群分布等。

调查方法：植物群落结构和多样性的调查方法多种多样，主要包括样地设置、样方法、样带法、样线法、中心点四分法、中点象限法等。这些方法通过在不同尺度和空间位置上进行取样，统计和分析植物种类、数量、分布及生长状况，从而揭示群落的结构特征和多样性水平。

本实验在群落调查的基础上，从群落特征角度进行物种多样性的测量和分析。

【实验器材】

测绳、皮卷尺、样方框、钢卷尺、求积仪、坐标纸、方格纸、记录表格、1 m² 样方框、铅笔、野外调查记录表格、计算器等。

【实验方法】

1. 样方法

样方法是面积取样中最常用的形式，也是植被调查中最普遍使用的一种取样技术。样方的大小、形状和数目主要取决于所研究群落的性质。一般来说，群落越复杂，样方面积越大，样方的数目一般不少于 5 个。样方数目越多，取样误差越小。样方可分为以下几种。

（1）记名样方：主要用来记录一定面积中植物的种类及各种植物的多度、个体数或茎蘖数。比较一定面积内各种植物的多少。

（2）面积样方：主要是测定群落占生境面积的大小，或者各种植物占整个群落面积的大小，这主要用在比较稀疏的群落里。一般是按照比例把样方中植物分类标记到坐标纸上，然后再用求积仪计算。有时根据需要，分别测定整个样方中全部植物所占的面积（面积样方），以及植物基部所占的面积（基面样方）。这些在认识群落的盖度、显著度中是不可缺少的。

（3）生物量样方：主要是测定一定面积样方内群落中各类植物的生物量。将样方中地上部或地下部进行收获称重，分析其中各类植物的地下部或地上部生物量。该方法适用于草本植物群落，对于森林群落，多采用体积测定法。

（4）永久样方：为了进行追踪研究，可以在样方外围用明显的标记进行固定，从而便于以后再在该样方中进行调查。一般将较大的铁片或铁柱在样方的左上方和右下方打进土中深层位置，以防位置移动。

2. 样带法

为了研究环境变化较大的地段，以长方形作为样地面积，而且每个样地面积固定、宽度固定，几个样地按照一定的走向连接起来，就形成了样带。样带的宽度在不同群落中是不同的，草原为 10～20 cm，灌木为 1～5 m，森林为 10～30 m。

在调查一个环境异质性比较高、结构也比较复杂多变的群落的过程中，有时为了提高工作效率，可以沿一个方向、中间间隔一定的距离布设若干平行的样带，再在与此相垂直的方向同样布设若干平行样带。在样带纵横交叉的地方设立样方，对这些样方进行深入调查、分析。

3. 样线法

将一条绳索置于所要调查的群落中，调查绳索一侧或两侧的植物种类和个体数。样线法获得的数据在计算群落数量特征时有其特有的计算方法，往往根据被样线所截的植物个体数目、面积等进行估算。

【实验内容与步骤】

1. 群落调查

每组 4~6 人，在选定的样地内进行调查并填表。注意根据不同的调查目的来确定调查项目，将调查区基本情况及基础数据记录在表 52-1 和表 52-2。

表 52-1 草原植被野外调查表

图幅号＿＿＿＿＿＿＿＿＿＿＿＿＿

经纬度＿＿＿＿＿＿＿＿＿＿＿＿＿

调查地点＿＿＿＿＿＿＿＿＿＿＿＿

植被类型＿＿＿＿＿＿＿＿＿＿＿＿

| 样地编号＿＿＿＿＿＿＿＿＿＿＿ |
| 调查地点＿＿＿＿＿＿＿＿＿＿＿ |
| 调查日期＿＿＿年＿＿月＿＿＿日 |
| 调查人 ＿＿＿＿＿＿＿＿＿＿＿ |
| ＿＿＿＿＿＿＿＿＿＿＿ |
| ＿＿＿＿＿＿＿＿＿＿＿ |

群落名称＿＿＿＿＿＿＿＿＿＿＿＿＿＿＿＿＿＿＿＿＿＿＿

地形（附简图及样地位置）

海拔＿＿＿＿＿＿＿＿＿＿＿＿＿

坡向＿＿＿＿＿＿＿＿＿＿＿ 坡度＿＿＿＿＿＿＿＿＿＿＿＿＿＿＿＿＿

地表状况（起伏状况；有无岩石裸露、水蚀、龟裂等情况）＿＿＿＿＿＿＿＿＿＿＿＿＿

＿＿＿＿＿＿＿＿＿＿＿＿＿＿＿＿＿＿＿＿＿＿＿＿＿＿＿＿＿＿＿＿＿＿＿＿＿＿＿

地面覆盖%＿＿＿＿ 裸露＿＿＿＿＿ 砾石＿＿＿＿＿ 凋落物＿＿＿＿＿ 植被＿＿＿＿＿

土壤类别及名称＿＿＿＿＿＿＿＿＿＿＿＿＿＿＿＿ 土壤记载编号＿＿＿＿＿＿＿＿＿＿

土壤一般特点（基岩、土壤厚度、质地、A 层厚度、颜色、pH 反应）＿＿＿＿＿＿＿＿＿

＿＿＿＿＿＿＿＿＿＿＿＿＿＿＿＿＿＿＿＿＿＿＿＿＿＿＿＿＿＿＿＿＿＿＿＿＿＿＿

＿＿＿＿＿＿＿＿＿＿＿＿＿＿＿＿＿＿＿＿＿＿＿＿＿＿＿＿＿＿＿＿＿＿＿＿＿＿＿

群落分布范围、边界、组合＿＿＿＿＿＿＿＿＿＿＿＿＿＿＿＿＿＿＿＿＿＿＿＿＿＿＿

＿＿＿＿＿＿＿＿＿＿＿＿＿＿＿＿＿＿＿＿＿＿＿＿＿＿＿＿＿＿＿＿＿＿＿＿＿＿＿

＿＿＿＿＿＿＿＿＿＿＿＿＿＿＿＿＿＿＿＿＿＿＿＿＿＿＿＿＿＿＿＿＿＿＿＿＿＿＿

利用现状及人类影响程度（未利用、利用适中、利用过度等）＿＿＿＿＿＿＿＿＿＿＿＿

＿＿＿＿＿＿＿＿＿＿＿＿＿＿＿＿＿＿＿＿＿＿＿＿＿＿＿＿＿＿＿＿＿＿＿＿＿＿＿

＿＿＿＿＿＿＿＿＿＿＿＿＿＿＿＿＿＿＿＿＿＿＿＿＿＿＿＿＿＿＿＿＿＿＿＿＿＿＿

群落外貌、季相、成层现象及镶嵌现象＿＿＿＿＿＿＿＿＿＿＿＿＿＿＿＿＿＿＿＿＿＿

＿＿＿＿＿＿＿＿＿＿＿＿＿＿＿＿＿＿＿＿＿＿＿＿＿＿＿＿＿＿＿＿＿＿＿＿＿＿＿

＿＿＿＿＿＿＿＿＿＿＿＿＿＿＿＿＿＿＿＿＿＿＿＿＿＿＿＿＿＿＿＿＿＿＿＿＿＿＿

水分补给状况＿＿＿＿＿＿＿＿＿＿＿＿＿＿＿＿＿＿＿＿＿＿＿＿＿＿＿＿＿＿＿＿＿

畜牧业供水状况＿＿＿＿＿＿＿＿＿＿＿＿＿＿＿＿＿＿＿＿＿＿＿＿＿＿＿＿＿＿＿＿

野生动物活动＿＿＿＿＿＿＿＿＿＿＿＿＿＿＿＿＿＿＿＿＿＿＿＿＿＿＿＿＿＿＿＿＿

对本群落类型的野外评价＿＿＿＿＿＿＿＿＿＿＿＿＿＿＿＿＿＿＿＿＿＿＿＿＿＿＿＿

＿＿＿＿＿＿＿＿＿＿＿＿＿＿＿＿＿＿＿＿＿＿＿＿＿＿＿＿＿＿＿＿＿＿＿＿＿＿＿

＿＿＿＿＿＿＿＿＿＿＿＿＿＿＿＿＿＿＿＿＿＿＿＿＿＿＿＿＿＿＿＿＿＿＿＿＿＿＿

表 52-2　种类组成描述

样地号：_____　　记载面积：_____　　调查日期：_____　　记载人：_____

总盖度：_____

植物名称	营养苗高度/cm		生殖苗高度/cm		株（丛）幅		盖度/%	多度	密度（株/m²）	物候	重量/g				频度/%										
	最高	平均	最高	平均	平均	最大					鲜重	相对%	干重	相对%	1	2	3	4	5	6	7	8	9	10	平均

　　如以确定植被性质为目标，无须测定过多的指标；测定了密度，就无须测定多度；而德氏多度与盖度级估测指标虽然不便于定量计算，但仅从反映群落植被性质的角度来看，这两个指标具有快速、方便的优点。如以评价草场资源为目标，需进行地上部生物量测定，这时，需进行专门的实验设计。例如，可先进行群落地上部总生物量测定，再根据各个种其他指标的相对数值推算出不同种或不同类群的生物量比例。

2. 草本样方调查

　　在草本群落调查中，多采用 1 m×1 m 样方测定物种数和每个物种的个体数，随机取样 10 个样方作为重复。将调查结果填入表 52-3，并依据表格中的提示计算相应的指标，分析各个物种在群落中的重要性。

　　测定重量、密度这两项数量指标时，样方法方便可靠，实测数据比较客观；测定频度时，样方法则表现出一定的局限性，因为物种频度受样方大小的显著影响；而测定盖度时，样方法则不如样线法客观。

表 52-3　样方抽样技术植被分析简表

日期：＿＿＿＿＿＿　地点：＿＿＿＿＿＿＿群落（编号或类型）：＿＿＿＿＿＿
观测人姓名：＿＿＿＿＿＿＿＿＿＿＿＿＿＿样方大小：＿＿＿＿＿＿

数量指标＼种名	密度/(株/m²)	相对密度/%	优势度	相对优势度/%	频度/%	相对频度/%	重要值

3. 群落多样性计算

　　本实验采用辛普森（Simpson）指数和 Shannon-Wiener 多样性指数进行植物群落物种多样性的分析。

Simpson 多样性指数公式如下：

$$D = 1 - \sum \{ n_i(n_i - 1) / [N(N-1)] \}$$

式中，D 为 Simpson 指数；N 为总个体数量；n_i 为第 i 个种的个体数量。

Shannon-Wiener 多样性指数公式如下：

$$H = -\sum (p_i \cdot \ln p_i)$$

式中，H 为 Shannon-Wiener 指数；p_i 为第 i 个种在全体物种中的重要性比例，如果以个体数量而言，则有 $p_i = n_i / N$，n_i 为样方内第 i 个种的个体数，N 为样方内总个体数。

【思考与作业】

1. 对森林群落而言，群落调查时选择哪些数量指标较为合适？为什么？

2. 试分析重要值与优势度的异同。

3. 按群落类型整理合并数据，并分别按照上述公式计算 Simpson 和 Shannon-Wiener 多样性指数。

4. 比较不同群落类型的物种多样性指数，并探讨其中的生态学意义。

主要参考文献

鲍士旦. 2000. 土壤农化分析. 北京: 中国农业出版社.

曹建康. 2007. 果蔬采后生理生化实验指导. 北京: 中国轻工业出版社.

康国章, 王永华, 郭天财, 等. 2006. 植物淀粉合成的调控酶. 遗传, 28(1): 110-116.

李合生. 2000. 植物生理生化实验原理和技术. 北京: 高等教育出版社.

李家实. 2002. 中药鉴定学. 上海: 上海科学技术出版社.

李泽珍, 狄建兵, 张杰. 2014. 乙烯利处理对猕猴桃品质的影响. 农产品加工, 6: 8-12.

刘祖琪, 张石城. 1994. 植物抗性生理学. 北京: 中国农业出版社.

吕殿录. 2000. 环境保护简明教程. 北京: 中国环境科学出版社.

内蒙古大学生物系. 1986. 植物生态学实验. 北京: 高等教育出版社.

秦怀英, 李友钦. 1991. 碳酸氢钠法测定土壤有效磷几个问题的探讨. 土壤通报, 22(6): 285-288.

苏家柽. 1988. 土壤农化分析手册. 北京: 中国农业出版社.

孙儒泳, 李博, 诸葛阳, 等. 1993. 普通生态学. 北京: 高等教育出版社.

王伯荪, 余世孝. 1996. 植物群落学实验手册. 广州: 广东高等教育出版社.

王强, 张欣薇, 黄英金, 等. 光环境和温度对商陆净光合速率、蒸腾速率和瞬时水分利用效率的协同影响. 植物生理学报, 57(1): 187-194.

向蓓蓓, 朱晔荣, 王勇. 2010. 长春花吲哚生物碱合成途径的基因工程研究进展. 生物学通报, 45(10): 4-8.

杨持. 2003. 生态学实验与实习. 北京: 高等教育出版社.

张博, 马永硕, 尚轶, 等. 2020. 植物合成生物学研究进展. 合成生物学, 1(2): 121-140.

张荣涛, 张秀省, 聂莉莉, 等. 2005. 秋水仙碱对长春花突变细胞生长速率和长春质碱积累的影响. 植物生理学通讯, 41(6): 728-730.

张志良, 瞿伟菁, 张雯. 2003. 植物生理学实验指导. 3 版. 北京: 高等教育出版社.

中国科学院上海植物生理研究所, 上海市植物生理学会. 1999. 现代植物生理学实验指南. 北京: 科学出版社.

周纪伦, 郑师章, 杨持. 1992. 植物种群生态学. 北京: 高等教育出版社.

周仪. 1987. 植物形态解剖试验. 北京: 北京师范大学出版社.

朱广廉, 钟诲文, 张爱琴. 1990. 植物生理学实验. 北京: 北京大学出版社.

朱晔荣, 李亚辉, 刘苗苗, 等. 2013. 新型能源植物浮萍生物质能的研究与开发. 自然杂志, 35(5): 359-364.

朱晔荣, 刘苗苗, 李亚辉, 等. 2013. 植物淀粉生物合成调节机制的研究进展. 植物生理学报, 49(12): 1319-1325.

邹奇. 2000. 植物生理学实验指导. 北京: 中国农业出版社.

Angiosperm Phylogeny Group. 2016. An update of the Angiosperm Phylogeny Group classification for the orders and families of flowering plants: APG IV. Botanical Journal of the Linnean Society, 181(1): 1-20.

Liang S J, Wang H, Yang M, et al. 2009. Sequential actions of pectinases and cellulases during secretory cavity formation in citrus fruits. Trees-Structure and Function, 23: 19-27.

Scopes R K. 1969. Crystalline 3-phosphoglycerate kinase from skeletal muscle. Biochem Journal, 113(3): 551-554.

Servaites J C, Schrader L E, Edwards G E. 1978. Glycolate synthesis in a C3, C4 and intermediate photosynthetic plant type. Plant and Cell Physiology, 19(8): 1399-1405.

Singh N K, Bracken C A, Hasegawa P M, et al. 1987. Characterization of osmot in a thaumatin-like protein associated with osmotic adaptation in plant cells. Plant Physiology, 85(2): 529-536.

附录I 生物绘图

1. 生物绘图的方法

（1）绘图前一定要准备好必需的用具，本课程要求自备如下用具：铅笔（3H 或 4H）、削铅笔刀、橡皮、尺子、绘图纸（16 开报纸或道林纸）、实验记录本。

（2）绘图前必须对所观察物体各部分的特点认识清楚，然后再着手绘图。

（3）所绘的图在图纸上的位置应布局合理、图形清晰，绘图纸整洁。

（4）绘图必须有严格的科学性，能正确反映所观察物体的特点，做到形体、大小、比例准确，线条清楚，重点突出，不能抄袭书本上的图或凭空想象。

（5）每个实验名称写在图纸的上方，图中所用材料及观察部位的说明写在图的下方，构造的注解要用平行线引出，然后正确地标出其名称。

（6）图中每个说明均用铅笔正楷字书写。

2. 如何绘细胞图

前面介绍了绘图的注意事项，现简单介绍绘细胞图的方法和步骤。

（1）描绘在显微镜下所见到的材料时，显微镜放在左边，绘图纸放在右边。用左眼看显微镜，同时张开右眼，这样可以边观察边绘图。

（2）在低倍物镜下选定一个较完整、清楚的细胞，注意其形状和特点，然后用高倍物镜观察其细致的结构。

（3）在图纸上选定适当的位置，用极轻的短线绘出细胞的轮廓和关键的地方（如角突出处）。注意：细胞长宽的比例要正确。全图不可太大或太小，约占图纸的 1/4，放在中央偏左较为合适。

（4）用粗细适当、均匀的线条绘出细胞壁。注意：线条不可重复描绘，连接地方应光滑。

（5）注意相邻细胞的位置及它们之间的关系。要绘出相邻细胞的部分细胞壁。

（6）用极轻的点绘出细胞核与细胞质的界限，然后打点显出各部分的详细构造。深暗处用密点，明淡处用疏点以至无点，点应小而圆，切勿用铅笔涂抹。

（7）图的注解要用虚线引向右方，用铅笔正楷字书写。

（8）最后写出实验的名称（在图纸的上方）和所用材料的名称（在图纸的下方）。

3. 如何绘组织图

组织由一群细胞组成，绘图时必须绘数个细胞才能表示细胞彼此结合的关系（如细胞排列得紧密或疏松、相邻细胞的壁如何相连等）；并且不同组织的功能各不相同，其细胞的形态构造也各有特点，因此绘图时必须注意表达细胞群的特点。

4. 如何绘器官图

器官的构造由不同种类的组织组成，因此不但要了解组织的特点，还要注意不同组织在器官内的分布和它们之间的联系。

描绘器官的构造图比绘制组织图更为复杂，常用以下数种方法。

1）器官内部构造的轮廓图（图解图）

这种图只表示器官切面的轮廓，不绘细胞内部构造。

（1）用线条绘出器官解剖构造的轮廓。

（2）在轮廓图上用不同粗细的线条区分出各类组织的界限。

（3）注意各类组织分布的比例。

2）器官内部构造的详图

图不仅能表示器官构造的轮廓，还能表示各类组织、细胞构造的特征，具体步骤如下。

（1）绘器官内部构造详图时，一般只绘标本的一部分（1/8～1/2），但要表示清楚器官构造的特点。

（2）用轻线条拟定器官构造图形的轮廓。

（3）在轮廓内再用线条区分出各类组织的分布，注意各类组织的比例要适当。

（4）根据组织的细胞特点，逐一描绘细胞的结构及细胞间的相互联系，如细胞的形状和大小、细胞壁的厚薄、细胞排列等。靠近图边缘的细胞，可以只绘每个细胞的一部分，表达图是标本的一部分。

（5）加点或线条时，详细表示各部分特征。例如，细胞壁增厚处可视增厚情况用双线条表示。

（6）图绘完毕，逐个标明各部分名称。

3）器官内部构造的轮廓图与详图

在同一图上用轮廓图和详图相结合的方法来表示器官的构造。轮廓图表达器官切面全貌的构造，再选一部分绘出细胞的详细构造。具体方法可以按照上述如何绘细胞图和如何绘组织图两种绘图法进行。

附录 II 基本实验技术

1. 临时装片标本的制作

临时装片是将新鲜材料放在载玻片的水滴中，再盖上盖玻片制成玻片标本的方法。该方法制成的玻片标本既可以观察到材料的生活状态及天然色彩，又可将其制成永久制片，其基本方法如下：

（1）擦净载玻片和盖玻片；

（2）在载玻片中央加 1 滴蒸馏水；

（3）将待观察的材料放在水滴当中；

（4）加盖盖玻片；

（5）用滤纸吸取盖玻片周围多余的水分；

（6）显微观察。

2. 徒手切片的制作

徒手切片主要是借助显微镜，快速了解植物细胞、组织、器官的外部形态和内部结构。因此，必须把植物组织切成薄片，制成临时玻片标本或永久玻片标本（永久制片），然后进行观察。

（1）准备：首先检查本实验所需的仪器、用具、药品、材料等是否齐备，然后洗擦载玻片。洗时先将载玻片与盖玻片用肥皂水洗干净，清水洗净，由水中取出（或浸泡于70%乙醇中待用），用纱布擦干。擦干时用左手拇指与食指持玻片的边缘（注意不要用手指涂玻片表面），右手持纱布，将玻片夹于两层纱布之间，然后移动拭擦，注意用力要均匀，将拭擦好的玻片放在一定的地方备用。

（2）切片：最简单和常用的切片方法是徒手切片法，即手执刀片（或剃刀）将新鲜的材料（如植物的根、茎、叶等）切成薄片。

有长轴的物体：①横切面，切面与材料的轴相垂直；②纵切面，切面与材料的轴相平行。

叶片状扁平物体：①横切面，切面与叶状体的面垂直；②纵切面，切面与叶状体的面平行。

切片开始时，取长 2～3 cm 的材料一段，用左手大拇指和食指夹住材料，并使材料的轴面与水平面相垂直。材料的上端伸出 2～3 mm，不宜太高，否则材料容易摇动，材料的下端可用中指顶住，切片时将材料缓缓向上顶。右手以拇指和食指把持刀片，刀口向内。

切片时右手持平刀片并蘸水使之清润，刀口应以水平方向斜滑，不可向内平切，更不可向外切。左手保持稳定，千万不可两手同时拉动（初学者一时不习惯，可将左手的臂贴在桌上，右手持刀进行切片），每切 2～3 片后，就把所切材料的薄片轻轻移入盛有清水（或 50%～70%乙醇）的培养皿中，以备取用，注意不要切斜（因为斜向切面的结构是不清楚的），材料要切得平、薄、全。如材料微小、扁、薄、软，可用马铃薯块茎、胡萝卜根等作为支持物，夹住后再切。使用时，可先用刀片把支持物切成小长方块，在其中央挖一沟或切一条缝，将材料嵌入其中即可切片。

切片后就可以进行观察，但有时候为了使植物组织细胞的不同部位显得更为清晰，可对材料进行染色。

（3）染色：染色的方法很多，视材料和实验内容不同而异，这里只介绍用番红染色的一个例子：用镊子夹取材料的边缘，选切好的薄片，放入盛有 0.1%番红水溶液的小培养皿中，染色 1～2 min。再放入清水中冲洗，直到不再退出红色为止。然后可进行封片观察。

（4）封片（水或甘油封片）：把没有染色或染色的薄片平放在载玻片中央，加 1 滴清水，盖上盖玻片，要使水充满于盖片之下，且避免产生气泡。如有气泡或水太少时，可用滴管从盖玻片的一侧边缘加水，要绝对保持盖玻片表面不沾水，若沾水时可用吸水纸或纱布将水擦去。盖玻片内水也不宜过多，以免盖玻片浮动。以上封片的方法称为水封片（如果载玻片上加的是 1 滴甘油，则为甘油封片），封片完毕即可放在低倍物镜下观察。

3. 永久制片的制作——石蜡切片的制作

1）取材

选取要进行制片的新鲜材料，如根茎过渡区部分的材料，将其切成 5 mm 长的小段。

2）固定

将材料放入盛有 FAA 固定液的带盖器皿中固定 24 h。若不急于制片，可将固定好的材料转入 70%乙醇中长期保存。

3）脱水

将固定好的材料依次浸泡于 70%、85%、95%、纯乙醇的浓度梯度中，把材料里的水分脱净，每级处理需要 1～3 h。

4）透明

脱水后的材料经乙醇:二甲苯（1:1）的混合液处理 2～3 h 后，再经纯二甲苯处理两次，每次 1～2 h。该步骤的目的是除去材料中的乙醇，让材料充分透明。

5）浸蜡

向盛有透明好的材料的二甲苯溶液中缓慢加入与二甲苯等量的液态石蜡（52～54℃），将混合液敞盖置于 37℃温箱中数小时至数日，时间长短视材料大小而定。然后，将温箱的温度升高至 56℃左右（高出所使用石蜡熔点温度 1～2℃），待石蜡完全熔化为止。

倒掉二甲苯与石蜡的混合液，将材料转至盛有 56～58℃ 的液态石蜡中，每隔 2～4 h 换一次新石蜡，连续换液 3 次，将材料中的二甲苯完全去除，让石蜡完全渗入到材料中。

6）包埋

将材料和石蜡一起倒入预先准备好的小纸盒中，并在石蜡凝固之前将材料按照一定的间距调整好位置，然后将小纸盒迅速放入冷水中使之尽快冷却。

7）修块

将包埋好的蜡块按照需要的切面修理成适当的大小。为了保证切片时能切成平直的蜡带，注意蜡块的上下两个边要保持平行。

8）粘接

用烧热的蜡铲将蜡块的底部粘接在小木块上。

9）切片

对固定在小木块上的蜡块进行修正，然后固定在旋转切片机上，调整好厚度后进行切片。切片的厚度视材料而定，一般为 8～15 μm。

10）粘片

在洁净的载玻片上涂少许明胶粘贴剂，使其干燥。使用前，在涂有粘贴剂的载玻片上加 1 滴蒸馏水，将合适长度的蜡带放在蒸馏水上；然后将该载玻片置于 35～45℃ 的展片台上，使蜡带展平；在室温或温箱中使该载玻片干燥。

11）染色

为了使细胞和组织显示出各自的特点，采用不同的染料进行染色。由于染色方法很多，在此不一一介绍，这里只介绍一种最常用的番红-固绿对染法，具体流程如下（在染色缸中进行）。

（1）脱蜡：将贴有蜡带的载玻片放入二甲苯中，使石蜡完全溶解。连续处理两次，每次 20～30 min。

（2）梯度置换二甲苯：将载玻片依次浸入 2:1、1:1、1:2 的二甲苯-无水乙醇溶液，再经两次无水乙醇处理，每次 10 min，彻底置换残留二甲苯。

（3）梯度水化：将载玻片依次浸入 95%、85%、70%、50% 乙醇溶液（V/V）。每种浓度乙醇溶液浸渍 2～3 min。每步转移时沥干残液。

（4）番红染色：将载玻片浸渍于 1% 番红乙醇溶液染色 2～24 h。

（5）梯度脱水：将染色后的载玻片置于流动的蒸馏水或去离子水中轻轻冲洗 0.5～1 min，洗掉浮色，然后经 50%、70%、85%、95% 乙醇溶液脱水，每种浓度乙醇溶液中浸渍脱水时间控制在 2 min 以内，总脱水时间控制在 5～10 min。

（6）固绿复染：将载玻片浸渍于含 0.1% 固绿（m/V）的 95% 乙醇中对染色 10～30 s。

（7）脱水：将载玻片经 95% 乙醇、无水乙醇两次，每步 30～60 s，使组织充分脱水。

（8）梯度透明化：将载玻片浸渍于 1:1 二甲苯-无水乙醇溶液中 10 min，再经两次二甲苯浸渍，每次 10～20 min，至组织透光性均一。

12）封片

取出载玻片，立即在材料上加 1 滴树胶，盖上盖玻片，置于室温或 30～35℃温箱中烘干。

4. 解离组织标本制备法

为了观察一个细胞的立体形态结构，可以用一些化学药品将细胞壁中的中层物质（中胶层）溶解，使细胞分离散开，这样便于观察。

在进行解离前，先把材料洗净，切成不粗于火柴杆的细长条或小片状。

1）铬酸-硝酸离析法

将材料放入小玻璃皿中，加入离析液，加入量约为材料的 2～3 倍，放置 30～60 min，直到用玻璃棒挤压材料能离散时为止，倒掉酸液，材料用清水洗净，然后放在 50%乙醇中保存，随时观察。

铬酸-硝酸离析法的配方：20%铬酸离析液 1 份，20%硝酸离析液 1 份，两种溶液混合使用。

2）硝酸离析法

将材料置于试管中，加入 20%硝酸（加入量以能淹没材料为宜），在小火焰上微微加热或在沸水浴中加热，不时用玻璃棒搅拌至用玻璃棒挤压材料能离散时为止，倒去酸液，用清水洗净材料，保存在蒸馏水中，随时取用。

5. 液浸标本的制作方法

液浸标本的制作是保存多浆汁标本或自然色泽标本的重要生物学方法之一，浸制的标本可长期保存使用。

1）福尔马林（甲醛）液浸法

用 5%福尔马林溶液浸泡标本，其优点是配制方便，价格便宜；缺点是标本的自然颜色容易褪变，浸泡过久会使标本变得太柔软而影响观察。

标本制备步骤如下。

（1）准备大小适宜的干净标本瓶。

（2）配制浸液：95 mL 蒸馏水中加入 5 mL 福尔马林溶液（浸液约为标本瓶容量的一半）。

（3）取出标本洗净，轻轻放入标本瓶内，随即倾入浸液，盖好瓶盖。

（4）将铝杯中的石蜡置于酒精灯上熔化，用毛笔蘸熔蜡涂于瓶盖四周，使瓶口封闭。

（5）贴加标签于标本瓶底部。标签格式：

标本名称	
浸液名称	
制作日期	
制作人	

2）70%乙醇液浸法

此方法使标本长期保持性质不变，配制也方便，但标本自然色泽不能保存，且价格较贵。

标本制备步骤如下。

（1）准备好标本瓶。

（2）配制浸液：取 95%乙醇 70 mL，加入蒸馏水 25 mL。之后，按照福尔马林液浸法的步骤（3）～（5）操作。

（3）标本浸入上述两种浸液以前，还可用下列方法处理，使之保持自然的色泽。

红色或黄色标本保存液的配制：①准备好标本瓶；②配制浸液，即将 50 g 氯化锌溶于 1 L 水中，加热使之溶解，冷却后过滤，在过滤液中加入 25 mL 福尔马林，方法同"福尔马林液浸法"。

绿色标本保存液的配制：①准备好标本瓶；②配制浸液，即在 10%冰乙酸中加入乙酸铜粉末，用玻璃棒搅动使之饱和为止。将标本洗净放入标本瓶中，并加入乙酸铜冰乙酸液，3～7 天后，标本将由绿色褪变成黄褐色，然后又变成绿色（注意，植物老嫩不同，所需时间长短也不同），或将乙酸铜冰乙酸液加热至 35℃，把标本放入其中。绿色标本将先褪变为褐色，然后变为绿色。

取出标本，用水洗去标本上的浮色，放入水中浸洗一昼夜，然后将标本置于 5%福尔马林溶液中保存，最后封闭瓶口。

6. 显微测微尺的应用

显微测微尺是在显微镜下用来测定物体的工具，如用于测量细胞的大小、细胞壁的厚薄、淀粉粒大小等。测微尺有两种。

（1）接目测微尺：为一圆玻璃片，内封藏有一刻度尺，常分为 10 大格，共 100 小格，此圆玻璃片安装在接目镜内。

（2）接物测微尺：为一特制载玻片，片上刻有精细的尺度，通常 1 mm，共 100 小格，每格相当于 0.01 mm，即 10 μm。

测量方法如下。

先计算每一小格的数值：将接物测微尺放在载物台上，分别于低倍物镜和高倍物镜下将接物测微尺的刻片调节在视野的中央。

再将接目测微尺小心放入接目镜内，适当移动接目镜或接物测微尺，使目镜测微尺和物镜测微尺的刻度重合，根据两尺刻度重合小格的比值，计算出接目测微尺每一小格的数值（单位为 μm），然后将接物测微尺取下，换以装有待测物体的玻片制片，以接目测微尺测量欲测物，其小格数乘以上述每一小格的微米数即得结果。例如，物镜测微尺 10 刻度与目镜测微尺 5 刻度相重合，物镜测微尺每一刻度为 10 μm，则刻度为 100 μm，用 5 除 100，就是目镜测微尺每一刻度的"值"即等于 20 μm。如果用固定的显微镜工作，最好标出所有目镜和物镜组合时目镜测微尺刻度的值，列成表格贴在显微镜盒的小门上。

附录Ⅲ 常用试剂的制备

1. 常用染色试剂

1）FAA 固定液

70%乙醇 90 mL，福尔马林 5 mL，冰乙酸 5 mL。幼嫩材料可用 50%乙醇代替 70%乙醇，以防材料收缩。

2）钌红溶液

钌红是细胞胞间层的专性染料。5～10 mg 钌红溶于 25～50 mL 蒸馏水中即可。此染液不易保存，应现用现配。

3）番红染液

番红是一种碱性染料，可使木质化、角质化、栓质化的细胞壁及细胞核中的染色质和染色体染成红色。常与固绿配合使用。

番红水溶液：0.1 g 番红溶于 100 mL 蒸馏水中，过滤后备用。

番红乙醇溶液：0.5～1.0 g 番红溶于 100 mL 50%乙醇中，过滤后方可使用。

4）固绿染液

固绿是一种酸性染料，可使纤维素的细胞壁和细胞质染成绿色。常与番红配合使用。0.1 g 固绿溶于 100 mL 95%乙醇溶液，过滤后即可使用。

5）苏丹Ⅲ溶液

苏丹Ⅲ作用于脂肪、角质或栓质时发生橘红色反应。

（1）0.1 g 苏丹Ⅲ溶于 10 mL 95%乙醇中，过滤后再加入 10 mL 甘油。

（2）0.1 g 苏丹Ⅲ溶于 50 mL 丙酮中，再加入 70%乙醇 50mL，即可使用。

6）碘-碘化钾溶液

可将蛋白质染成黄色。若用于淀粉鉴定，需稀释 3～5 倍体积；若用于观察淀粉的轮纹，需稀释 100 倍以上。

3 g 碘化钾溶于 100 mL 蒸馏水中，再加入 1 g 碘，溶解后即可使用。

7）间苯三酚溶液

间苯三酚与木质素相遇时发生桃红色反应。5 g 间苯三酚溶于 100 mL 95%乙醇中即可。染色时要先在材料上加 1 滴盐酸（因间苯三酚在酸性环境中才能与木质素起作用），过 5 min 后再滴加间苯三酚。此液贮存时间不应超过 3 个月，溶液呈黄褐色时失效。

8）碘-氯化锌溶液

碘-氯化锌作用于纤维素时发生蓝色反应。其配制方法是：20 g 氯化锌+6.5 g 碘化钾+1.3 g 碘+10.5 mL 水。试剂配好后避光保存。

9）明胶粘贴剂

在 30～40℃蒸馏水中慢慢加入 1 g 明胶，待全部溶解后再加入 2.0 g 苯酚和 15 mL 甘油，搅拌至完全溶解为止，然后用纱布过滤，贮藏于瓶中备用。

10）乙酸洋红染剂配制法

取 100 mL 乙酸水溶液放入锥形瓶中煮沸，停止加热后，加入 1 g 洋红粉末，待全部放入后再继续煮 1～2 min，然后用棉线缚一铁钉悬入染料中（或三氧化铁溶液）1 min。染料过滤后放入棕色试剂瓶中备用。

2. 常用缓冲溶液

1）甘氨酸-HCl 缓冲液（0.05 mol/L）

pH	X/mL	Y/mL	pH	X/mL	Y/mL
2.2	50	44.0	3.0	50	11.4
2.4	50	32.4	3.2	50	8.2
2.6	50	24.2	3.4	50	6.4
2.8	50	16.8	3.6	50	5.0

甘氨酸：相对分子质量=75.07，0.2 mol/L 甘氨酸溶液为 15.01 g/L。
X mL 0.2 mol/L 甘氨酸+Y mL 0.2 mol/L HCl，加水稀释至 200 mL。

2）Na_2HPO_4-柠檬酸缓冲液

pH	0.2 mol/L Na_2HPO_4/mL	0.1 mol/L 柠檬酸/mL	pH	0.2 mol/L Na_2HPO_4/mL	0.1 mol/L 柠檬酸/mL
2.2	0.40	19.60	4.2	8.28	11.72
2.4	1.24	18.76	4.4	8.82	11.18
2.6	2.18	17.82	4.6	9.35	10.65
2.8	3.17	16.83	4.8	9.86	10.14
3.0	4.11	15.89	5.0	10.30	9.75
3.2	4.94	15.06	5.2	10.72	9.28
3.4	5.70	14.30	5.4	11.15	8.85
3.6	6.44	13.56	5.6	11.60	8.40
3.8	7.10	12.90	5.8	12.09	7.91
4.0	7.71	12.29	6.0	12.63	7.37

续表

pH	0.2 mol/L Na$_2$HPO$_4$/mL	0.1 mol/L 柠檬酸/mL	pH	0.2 mol/L Na$_2$HPO$_4$/mL	0.1 mol/L 柠檬酸/mL
6.2	13.22	6.78	7.2	17.39	2.61
6.4	3.85	6.15	7.4	18.17	1.83
6.6	14.55	5.45	7.6	18.73	1.27
6.8	15.45	4.55	7.8	19.15	0.85
7.0	16.47	3.53	8.0	19.45	0.55

Na$_2$HPO$_4$·2H$_2$O：相对分子质量=178.05，0.2 mol/L 溶液为 35.61 g/L。

柠檬酸（C$_6$H$_8$O$_7$·H$_2$O）：相对分子质量=210.14，0.1 mol/L 溶液为 21.01 g/L。

3）柠檬酸-柠檬酸钠缓冲液（0.1 mol/L）

pH	0.1 mol/L 柠檬酸/mL	0.1 mol/L 柠檬酸钠/mL	pH	0.1 mol/L 柠檬酸/mL	0.1 mol/L 柠檬酸钠/mL
3.0	18.6	1.4	5.0	8.2	11.8
3.2	17.2	2.8	5.2	7.3	12.7
3.4	16.0	4.0	5.4	6.4	13.6
3.6	14.9	5.1	5.6	5.5	14.5
3.8	14.0	6.0	5.8	4.7	15.3
4.0	13.1	6.9	6.0	3.8	16.2
4.2	12.3	7.7	6.2	2.8	17.2
4.4	11.4	8.6	6.4	2.0	18.0
4.6	10.3	9.7	6.6	1.4	18.6
4.8	9.2	10.8			

柠檬酸（C$_6$H$_8$O$_7$·H$_2$O）：相对分子质量=210.14，0.1 mol/L 溶液为 21.02 g/L。

柠檬酸钠（Na$_3$C$_6$H$_5$O$_7$·2H$_2$O）：相对分子质量=294.12，0.1 mol/L 溶液为 29.41 g/L。

4）乙酸（HAc）-乙酸钠（NaAc）缓冲液（0.2 mol/L）

pH	0.2 mol/L NaAc/mL	0.2 mol/L HAc/mL	pH	0.2 mol/L NaAc/mL	0.2 mol/L HAc/mL
3.6	0.75	9.25	4.8	5.90	4.10
3.8	1.20	8.80	5.0	7.00	3.00
4.0	1.80	8.20	5.2	7.90	2.10
4.2	2.65	7.35	5.4	8.60	1.40
4.4	3.70	6.30	5.6	9.10	0.90
4.6	4.90	5.10	5.8	9.40	0.60

NaAc·3H$_2$O：相对分子质量=136.09，0.2 mol/L 溶液为 27.22 g/L。

5）磷酸缓冲液 PBS（0.2 mol/L 磷酸氢二钠-磷酸二氢钠缓冲液）

pH	0.2 mol/L Na$_2$HPO$_4$/mL	0.2 mol/L NaH$_2$PO$_4$/mL	pH	0.2 mol/L Na$_2$HPO$_4$/mL	0.2 mol/L NaH$_2$PO$_4$/mL
5.8	8.0	92.0	7.0	61.0	39.0
5.9	10.0	90.0	7.1	67.0	33.0
6.0	12.3	87.7	7.2	72.0	28.0
6.1	15.0	85.0	7.3	77.0	23.0
6.2	18.5	81.5	7.4	81.0	19.0
6.3	22.5	77.5	7.5	84.0	16.0
6.4	26.5	73.5	7.6	87.0	13.0
6.5	31.5	68.5	7.7	89.5	10.5
6.6	37.5	62.5	7.8	91.5	8.5
6.7	43.5	56.5	7.9	93.0	7.0
6.8	49.5	50.5	8.0	94.7	5.3
6.9	55.0	45.0			

Na$_2$HPO$_4$ · 12H$_2$O：相对分子质量=358.14，0.2 mol/L 溶液为 71.628 g/L。

NaH$_2$PO$_4$ · 2H$_2$O：相对分子质量=156.01，0.2 mol/L 溶液为 31.202 g/L。

配制不同浓度 PBS，只需将 0.2 mol/L PBS 按相应比例适当稀释即可。

6）磷酸缓冲液（1/15 mol/L 磷酸氢二钠-磷酸二氢钾缓冲液）

pH	1/15 mol/L Na$_2$HPO$_4$/mL	1/15 mol/L KH$_2$PO$_4$/mL	pH	1/15 mol/L Na$_2$HPO$_4$/mL	1/15 mol/L KH$_2$PO$_4$/mL
4.92	0.10	9.90	7.17	7.00	3.00
5.29	0.50	9.50	7.38	8.00	2.00
5.91	1.00	9.00	7.73	9.00	1.00
6.24	2.00	8.00	8.04	9.50	0.50
6.47	3.00	7.00	8.34	9.75	0.25
6.64	4.00	6.00	8.67	9.90	0.10
6.81	5.00	5.00	9.18	10.00	0.00
6.89	6.00	4.00			

Na$_2$HPO$_4$ · 12H$_2$O：相对分子质量=358.14，1/15 mol/L 溶液为 23.876 g/L。

KH$_2$PO$_4$ · 3H$_2$O：相对分子质量=228.222，1/15 mol/L 溶液为 15.2148 g/L。

7）硼砂-NaOH 缓冲液（0.05 mol/L 硼酸根）

pH	X/mL	Y/mL	pH	X/mL	Y/mL
9.3	50	0.0	9.8	50	24.0
9.4	50	11.0	10.0	50	43.0
9.6	50	23.0	10.1	50	46.0

硼砂（Na$_2$B$_4$O$_7$ · 10H$_2$O）：相对分子质量=381.43，0.05 mol/L 溶液为 19.07 g/L。

X mL 0.05 mol/L 硼砂+Y mL 0.2 mol/L NaOH，加水稀释至 200 mL。

8）Tris-盐酸缓冲液（0.05 mol/L，25℃）

pH	0.1 mol/L Tris/mL（X）	0.1 mol/L HCl/mL（Y）	pH	0.1 mol/L Tris/mL（X）	0.1 mol/L HCl/mL（Y）
7.10	50	45.7	8.10	50	26.2
7.20	50	44.7	8.20	50	22.9
7.30	50	43.4	8.30	50	19.9
7.40	50	42.0	8.40	50	17.2
7.50	50	40.3	8.50	50	14.7
7.60	50	38.5	8.60	50	12.4
7.70	50	36.6	8.70	50	10.3
7.80	50	34.5	8.80	50	8.5
7.90	50	32.0	8.90	50	7.0
8.00	50	29.2			

三羟甲基氨基甲烷（Tris）：相对分子质量=121.14，0.2 mol/L 溶液为 12.114 g/L。

0.1 mol/L HCl：将 8.58 mL 浓盐酸用蒸馏水定容到 1000 mL。

X mL 0.1 mol/L Tris + Y mL 0.1 mol/L HCl，加水稀释至 100 mL。

配制不同浓度 Tris-盐酸缓冲液，只需将 0.05 mol/L Tris-盐酸缓冲液按相应比例适当稀释即可。

9）硼酸-硼砂缓冲液

pH	0.05 mol/L 硼砂/mL	0.2 mol/L 硼酸/mL	pH	0.05 mol/L 硼砂/mL	0.2 mol/L 硼酸/mL
7.4	1.0	9.0	8.2	3.5	6.5
7.6	1.5	8.5	8.4	4.5	5.5
7.8	2.0	8.0	8.7	6.0	4.0
8.0	3.0	7.0	9.0	8.0	2.0

硼砂（$Na_2B_4O_7 \cdot 10H_2O$）：相对分子质量=381.43，0.05 mol/L 溶液为 19.07 g/L。

硼酸（H_3BO_3）：相对分子质量=61.84，0.2 mol/L 溶液为 12.37 g/L。

硼砂易失去结晶水，必须放带塞的瓶中保存。

10）碳酸钠-碳酸氢钠缓冲液（0.1 mol/L）

pH 20℃	37℃	0.1 mol/L Na₂CO₃/mL	0.1 mol/L NaHCO₃/mL	pH 20℃	37℃	0.1 mol/L Na₂CO₃/mL	0.1 mol/L NaHCO₃/mL
9.16	8.77	1	9	10.14	9.90	6	4
9.40	9.12	2	8	10.28	10.08	7	3
9.51	9.40	3	7	10.53	10.28	8	2
9.78	9.50	4	6	10.83	10.57	9	1
9.90	9.72	5	5				

Na$_2$CO$_3$·10H$_2$O：相对分子质量=286.2，0.1 mol/L 溶液为 28.62 g/L。

NaHCO$_3$：相对分子质量= 84.0，0.1 mol/L 溶液为 3.40 g/L。

3. 常用组织培养试剂

1）组织培养常用植物激素、生长调节物质等配制方法

中文名	英文名	缩写	溶剂	液体试剂贮存条件
脱落酸	abscisic acid	ABA	NaOH	0℃，现用现配
腺嘌呤	adenine	ADE	H$_2$O	0～5℃
6-苄基腺嘌呤	6-benzylaminopurine	BA（6-BA）	HCl/NaOH	常温，2月
油菜素内酯	brassinolide	BL（BR）	乙醇	0～5℃
2, 4-表油菜素内酯	2, 4-epibrassinolide	24-Epi-BL（24-Epi-BR）	乙醇	0～5℃
矮壮素	chlorocholine chloride	CCC	H$_2$O	常温
2, 4-二氯苯氧乙酸	2, 4-dichlorophenoxyacetic acid	2, 4-D	NaOH	常温，3月
2-异戊烯腺嘌呤	2-isopentenyl adenine	2-iP	HCl/NaOH	0℃
赤霉酸（素）	gibberellin（gibberellic acid）	GA	乙醇	0℃，现用现配
吲哚乙酸	indole-3-acetic acid	IAA	乙醇/NaOH	0℃，1周
吲哚丁酸	indole-3-butyric acid	IBA	乙醇/NaOH	0℃，1周
茉莉酸	jasmonic acid	JA	乙醇	常温
激动素	kinetin	KIN（KT）	HCl/NaOH	0℃，2月
萘乙酸	naphthalene acid	NAA	NaOH	0～5℃，1周
玉米素	zeatin	ZEA（ZT）	NaOH	0℃
生物素	biotin		NaOH	0℃
秋水仙碱（素）	colchicine		H$_2$O	0℃
叶酸	folic acid		NaOH	0～5℃
MS 维生素母液			H$_2$O	0～5℃，1月
维生素 A	vitamin A		乙醇	0℃
维生素 D$_3$	vitamin D$_3$		乙醇	0℃
维生素 B$_{12}$	vitamin B$_{12}$		乙醇	0℃

注：①配制试剂时，预先以少量（数滴）溶剂溶解药品后再缓缓加水定容，溶剂 NaOH、HCl 的浓度为 1 mol/L，乙醇为 95%；②无菌操作时，ABA、GA、IAA 宜经过滤灭菌；③激动素又称为 6-糠基腺嘌呤（N^6-furfuryladenine）或 6-糠基氨基腺嘌呤[6-（furfurylamino）purine]。

2）植物组织培养常用的几种基本培养基（单位：mg/L）

成分	AA	B5	MS	N6	NN	White	WPM
(NH$_4$)$_2$SO$_4$		134		463			
NH$_4$NO$_3$			1650		720		400
KNO$_3$	2500	1900	2830	950		80	
Ca(NO$_3$)$_2$					300		556

续表

成分	AA	B5	MS	N6	NN	White	WPM
$CaCl_2 \cdot H_2O$	440	150	440	166	166		96
$MgSO_4 \cdot 7H_2O$	370	250	370	370	185	720	370
Na_2SO_4						200	
K_2SO_4							990
KH_2PO_4	170		170	170	68		170
$NaH_2PO_4\text{-}H_2O$		150				16.5	
KCl	2940						27.8
$FeSO_4 \cdot 7H_2O$	27.8	27.8	27.8	27.8	27.8		37.3
$EDTANa_2$	37.3	37.3	37.3	37.3	37.3		
$Fe_2(SO_4)_3$						2.5	
Sequestrene 330 Fe		28					
KI	0.83	0.75	0.83	0.8		0.75	
$CoCl_2 \cdot 6H_2O$	0.025	0.025	0.025				6.2
H_3BO_3	6.2	3.0	6.2	1.6	10	1.5	0.25
$Na_2MoO_4 \cdot 2H_2O$	0.25	0.25	0.25		0.25		
MoO_3						0.0001	
$MnSO_4 \cdot 4H_2O$			22.3	3.3	25	7.0	22.3
$MnSO_4 \cdot H_2O$	16.9	10					0.25
$CuSO_4 \cdot 5H_2O$	0.025	0.025	0.025		0.025	0.001	8.6
$ZnSO_4 \cdot 7H_2O$	8.6	2	8.6	1.5	10	3.0	100
肌醇（myo-inositol）	100	100	100		100		
烟酰胺（nicotinamide）							0.5
烟酸（nicotinic acid）	0.5	1.0	0.5	0.5	5.0	0.5	
吡哆醇[pyridoxine]	0.1	1.0	0.5	0.5	0.5	0.1	1.6
硫胺素[thiamine]	0.5	10.0	0.1	1.0	0.5	0.1	
D-泛酸钙（D-calciumpantothenate）						1.0	
叶酸（folic acid）					0.5		
生物素（biotin）					0.05		
谷氨酰胺（glutamine）	877						
天冬氨酸（aspartic acid）	266						
精氨酸（arginine）	288						
甘氨酸（glycine）	75		2.0	2.0	2.0	3.0	2000
蔗糖（sucrose）	30 000	2000	3000	5000	2000	2000	5.6
pH	5.8	5.5	5.7	5.8	5.5	5.7	

4. 常用酸碱和其他化合物标准及浓度转换

化合物	相对分子质量	密度/（g/mL）	质量浓度/%	摩尔浓度/（mol/L）
HCl	36.46	1.19	36.0	11.7
HNO_3	63.02	1.42	69.5	15.6

续表

化合物	相对分子质量	密度/（g/mL）	质量浓度/%	摩尔浓度/（mol/L）
H_2SO_4	98.08	1.84	96.0	18.0
CH_3COOH	60.03	1.06	99.5	17.5
NH_4OH	35.04	0.90	58.6	15.1
H_3PO_4	98.00	1.69	85.0	14.7
$HCOOH$	46.63	1.21	97.0	25.5
$HClO_4$	100.50	1.67	70.0	11.65
2-巯基乙醇	78.13	1.14	100.0	14.6
巯基乙酸	92.12	1.26	80.0	10.9
吡啶	79.10	0.98	100.0	12.4

5. 易变质及需要特殊方法保存的试剂

注意事项		试剂名称举例
需要密封	易潮解吸湿	氧化钙、氢氧化钠、氢氧化钾、碘化钾、三氯乙酸
	易失水风化	结晶硫酸钠、硫酸亚铁、含水磷酸氢二钠、硫代硫酸钠
	易挥发	氨水、氯仿、醚、碘、麝香草酚、甲醛、乙醇、丙酮
	易吸收 CO_2	氢氧化钠、氢氧化钾
	易氧化	硫酸亚铁、醚类、酚、抗坏血酸和一切还原剂
	易变质	丙酮酸钠、乙醚和许多生物制品（常需冷藏）
需要避光	见光变色、分解	硝酸银（变黑）、酚（变淡红）、氯仿（产生光气）、茚三酮（变淡红）
	见光氧化	过氧化氢、氯仿、漂白粉、氢氰酸
需要特殊保管	易爆炸	乙醚、醛类、亚铁盐和一切还原剂
	剧毒	苦味酸、硝酸盐类、过氯酸、叠氮化钠
	易燃	氰化钾（钠）、汞、砷化物、溴
	腐蚀	乙醚、甲醇、丙醇、苯、甲苯、二甲苯、汽油
		强酸、强碱